国家级职业教育规划教材
人力资源和社会保障部职业能力建设司推荐
全国高等职业技术院校化工类专业教材

精细化工概论

刘振河　主　编
苗顺玲　副主编

中国劳动社会保障出版社

图书在版编目(CIP)数据

精细化工概论/刘振河主编．—北京：中国劳动社会保障出版社，2012
全国高等职业技术院校化工类专业教材
ISBN 978－7－5045－9581－2

Ⅰ.①精… Ⅱ.①刘… Ⅲ.①精细化工-高等职业教育-教材 Ⅳ.①TQ062

中国版本图书馆 CIP 数据核字(2012)第 046237 号

中国劳动社会保障出版社出版发行
（北京市惠新东街 1 号 邮政编码：100029）
出 版 人：张梦欣
*
中国铁道出版社印刷厂印刷装订 新华书店经销
787 毫米×1092 毫米 16 开本 15 印张 354 千字
2012 年 4 月第 1 版 2012 年 4 月第 1 次印刷
定价：28.00 元
读者服务部电话：010－64929211/64921644/84643933
发行部电话：010－64961894
出版社网址：http://www.class.com.cn

前　言

随着我国化学工业的迅速发展，化工企业对从业人员的知识结构和技能水平提出了更高的要求。为了更好地满足企业的用人需要，促进高等职业技术院校化工类专业教学工作的开展，加快高技能人才培养，我们组织有关院校的骨干教师和行业、企业专家，对专业培养目标、课程设置、教学模式进行了深入研究，开发了全国高等职业技术院校化工类专业教材。

本次开发的教材包括《基础化学》《化工安全与环保》《化工电气与仪表》《化工识图与CAD》《化工分析》《化工生产仿真实训》《化工单元操作》《化工生产技术》《化学分析》《仪器分析》《工业分析》《化验室组织与管理》《精细化工概论》，以及《基础化学习题册》和《化工识图与CAD习题册》。

本次教材开发工作的重点有以下几个方面：

第一，坚持高技能人才培养方向，突出教材的职业特色。以职业能力为本位，从职业（岗位）分析入手，根据高等职业技术院校化工类专业毕业生所从事职业的实际需要，科学确定学生应具备的知识和能力结构，避免专业知识过深、过难，同时进一步加强实践性教学，提高教材的实用性。

第二，体现化工行业发展趋势，突出教材的先进性。根据化工行业的发展现状，尽可能多地在教材中体现本行业的新知识、新技术、新工艺和新设备，并严格执行国家有关技术标准，使教材具有鲜明的时代特征。

第三，创新编写模式，突出教材的直观性。按照学生的认知规律，合理安排教材内容，并尽量采用以图代文的编写形式，注重利用图表、实物照片辅助讲解知识点和技能点，激发学生的学习兴趣。为了配合学校的教学改革，部分教材采用了任务驱动的编写思路。

本套教材可供全国高等职业技术院校化工类专业（应用化工技术专业、化工工艺专业、工业分析与检验专业、精细化学品生产技术专业等）选用，也可作为职业培训教材。本套教材的编写工作得到了山东、四川、河南、广西等省、自治区人力资源和社会保障厅及有关院校的大力支持，在此，我们表示诚挚的谢意。

人力资源和社会保障部教材办公室
2012年2月

简　介

本教材共八章，主要内容包括精细化工产品生产基础、表面活性剂、合成材料助剂、食品添加剂、胶黏剂、涂料、日用化学品和其他精细化工产品等。

本教材紧密结合精细化工工业生产实际，既有必要的理论，又有实际应用。教材第一章作为精细化工生产工艺基础部分，着重介绍了精细化工的分类特点、精细化学品生产过程与技术等；第二～八章是生产工艺部分，选择了具有代表性的几大类精细化工产品。在内容上，教材首先对每一类产品的性能特点、应用范围、发展动向等作了介绍，然后结合该类产品中重要的典型产品实例，对产品的生产工艺路线、反应条件、性能和用途等进行介绍。教材设有知识链接、技能链接等栏目，注重与精细化工生产实际、实验室操作，尤其是与精细化工操作技能培训和考评取证的有机结合。

本教材由刘振河任主编，苗顺玲任副主编，李徐东、亓学建、张武英、赵春霞参加编写，林峰审稿。

目　录

第一章　精细化工产品生产基础

第一节　精细化工与精细化学品分类

学习目标

1. 了解精细化工及精细化学品的特点和在国民经济中的作用。
2. 了解提高精细化工工业生产水平的方法和措施。
3. 掌握原料配比、溶剂、催化剂等对精细化工生产的影响。
4. 了解精细化工生产特点及常用的生产技术。
5. 了解精细化工新产品开发试验及步骤。

一、精细化工与精细化学品

精细化工是生产精细化学品的工业，是现代化学工业的重要组成部分，是发展高新技术的重要基础，也是衡量一个国家科学技术发展水平和综合实力的重要标志之一。因此，世界各国都把精细化工作为化学工业优先发展的重点行业。精细化工产品产值率（精细化工产品产值占全部化工总产值的百分率）在相当程度上反映着一个国家的发达水平、综合技术水平和化学工业集约化的程度。

精细化学品一词是化学工业中用来与通用化工产品或大宗化学品相区分的一个专用术语。前者指一些具有特定性能、合成工艺步骤繁多、反应复杂、产量小而产值高的产品，例如，医药、化学试剂等；后者是指一些应用范围广泛，生产中化工技术要求高，产量大的产品，例如，化学工业中的化工基本原料产品（如“三烯”“三苯”“三酸两碱”）、合成树脂、合成橡胶及合成纤维三大合成材料等。

“精细化学品”迄今尚无统一的科学定义。欧美国家从侧重于产品的功能性来区分，大多将我国所称的精细化学品分为精细化学品和专用化学品。将销售量小的化学产品称为“精细化学品”，有统一的商品标准，强调产品的规格和纯度；将销售量小的功能型产品称为“专用化学品”，强调的是其功能。显然，现代精细化工应该是生产精细化学品和专用化学品的工业。因此，我国将精细化学品和专用化学品纳入精细化工的统一范畴。从产品的制造和技术经济性的角度进行归纳，把凡具有生产规模较小、投资少、合成工艺精细、技术密集度高、品种多、更新换代快、利润率高和附加价值高、功能性强和具有最终使用性能的化学品称为精细化学品。所以，精细化学品也可称为精细化工产品。

二、精细化工产品的分类

目前国际上关于精细化学品的分类缺少通用准则，即使在一个国家内，由于分类的目的不同，包括的范围也不尽相同。随着科学技术的不断发展，一些新兴精细化工行业正在不断出现，行业越分越细、越分越多。为了统一精细化工产品的口径，加快调整产品结构，发展精细化工，并作为今后计划、规划和统计的依据，我国1986年颁布了《关于精细化工产品分类的暂行规定和有关事项的通知》，规定中国精细化工产品包括：农药、染料、涂料（包括油漆和油墨）、颜料、试剂和高纯物、信息化学品（包括感光材料、磁性材料等能接受电磁波的化学品）、食品和饲料添加剂、胶黏剂、催化剂和各种助剂、化工系统生产的化学药品（原料药）和日用化学品、高分子聚合物中的功能高分子材料（包括功能膜、偏光材料等）共11个大类别。

其中，催化剂和各种助剂类包括以下内容：

1. 催化剂。

2. 印染助剂，包括柔软剂、匀染剂、分散剂、抗静电剂、纤维用阻燃剂等。

3. 塑料助剂，包括增塑剂、稳定剂、发泡剂、塑料用阻燃剂等。

4. 橡胶助剂，包括促进剂、防老剂、塑解剂、再生胶活化剂等。

5. 水处理剂，包括水质稳定剂、缓蚀剂、软水剂、杀菌灭藻剂、絮凝剂等。

6. 纤维抽丝用油剂，包括涤纶长丝用油剂、涤纶短丝用油剂、锦纶用油剂、腈纶用油剂、丙纶用油剂、维纶用油剂、玻璃丝用油剂等。

7. 有机抽提剂，包括吡咯烷酮系列、脂肪烃系列、乙腈系列、糠醛系列等。

8. 高分子聚合物添加剂，包括引发剂、阻聚剂、终止剂、调节剂、活化剂等。

9. 表面活性剂，包括除家用洗涤剂以外的阳离子型、阴离子型、两性离子型和非离子型表面活性剂。

10. 皮革助剂，包括合成鞣剂、涂饰剂、加脂剂、光亮剂、软皮油等。

11. 农药用助剂，包括乳化剂、增效剂等。

12. 油田用化学品，包括油田用破乳剂、钻井防塌剂、泥浆用助剂、防蜡用降黏剂等。

13. 混凝土用添加剂，包括减水剂、防水剂、脱模剂、泡沫剂（加气混凝土用）、嵌缝油膏等。

14. 机械、冶金用油剂，包括防锈剂、清净剂、电镀用助剂、各种焊接用助剂、渗碳剂、汽车等机动车防冻剂等。

15. 油品添加剂，包括防水添加剂、增黏添加剂、耐高温添加剂、汽油抗震添加剂、液压传动添加剂、变压器油添加剂、刹车油添加剂等。

16. 炭黑（橡胶制品的补强剂），包括高耐磨炭黑、半补强炭黑、色素炭黑、乙炔炭黑等。

17. 吸附剂，包括稀土分子筛系列、氧化铝系列、天然沸石系列、二氧化硅系列、活性白土系列等。

18. 电子工业专用化学品（包括光刻胶、掺杂物、MOS试剂等高纯物和高纯气体），包括显像管用碳酸钾、氟化物、助焊剂、石墨乳等。

19. 纸张用添加剂，包括增白剂、补强剂、防水剂、填充剂等。

20. 其他助剂，包括玻璃防霉（发花）剂、乳胶凝固剂等。

上述分类并未包含精细化工产品的全部内容，例如，医药制剂、酶、化妆品、香精和香料、精细陶瓷等。由于我国精细化工行业起步较晚，目前精细化工产品所包括的门类比国外还少很多，但这种差距正在逐步缩小。在我国精细化工发展过程中，研究开发新产品时应加强统筹规划，合理布局，不仅要注意数量，更要重视质量，并且要妥善解决三废治理问题，加强剂型加工和复配技术的开发研究。随着科学技术的不断发展，一些新兴的精细化工行业也会不断出现。

第二节　精细化工的特点及其作用

一、精细化工的特点

1. 多品种、小批量

每种精细化工产品都有其特定的功能、专用性质和独特的应用范围，以满足社会的不同需要。从精细化工的范畴和分类可以看到，精细化学品必然具有多品种的特点。多品种既是精细化工的一个特点，又是评价精细化工综合水平的一个重要标志。随着精细化学品应用领域不断扩大以及商品的更新换代，专用品种和特定生产的品种越来越多。以表面活性剂为例，利用其所具有的润湿、洗净、浸渗、乳化、分散、增溶、起泡、凝聚、平滑、柔软、减磨、杀菌、抗静电、防锈和匀染等表面性能，做成多种多样的洗净剂、浸渗剂、扩散剂、起泡剂、消泡剂、乳化剂、破乳剂、分散剂、杀菌剂、润湿剂、柔软剂、抗静电剂、抑制剂、防锈剂、防结块剂、防雾剂、脱皮剂、增溶剂、精炼剂等，并将它们用于国民经济各部门中，如纺织、石油、轻工、印染、造纸、皮革、食品、化纤、化工、冶金、医药、农业等。

这些产品的品种多，产量小。目前国外表面活性剂的品种有5 000种，而法国的化妆品就有2 000多种牌号。由于大多数精细化工产品的产量小，商品竞争性强，更新换代快。因此，不断开发新品种、新剂型、新配方、新用途，提高开发新品种的创新能力，是当前国际上精细化工发展的总趋势。

2. 综合性强、技术密集

精细化学品合成研究开发过程中，需要根据市场需要，不断创新，提出新思维，进行分子设计，采用新颖化工技术优化合成工艺。因此，精细化工产品开发成功率低，时间长，研究开发投资多。

根据市场需求和满足实际应用新要求的精细化学品生产要不断地改进工艺过程，或是对原化学结构进行修饰，或是修改更新配方和设计，其结果是精细化学品生产的新产品或新牌号、新工艺不断涌现，使得建立各种数据库和专家系统，进行计算机仿真模拟和设计成为必然。

因此，精细化学品生产属综合性强的知识密集和技术密集的工业，它一方面要求资料密集、信息快，以适应市场的需要和占领市场；同时也反映在精细化工生产中技术保密性强、专利垄断性高和竞争激烈等方面。

3. 附加值高

附加值是指当产品从原材料经物理化学加工到成品过程中实际增加的价值，它包括工人劳动、动力消耗、技术开发和利润等费用，所以称为附加值。由于精细化学品研究开发费用高，合成工艺精细，开发的时间长，技术密集度高，必然导致附加值高。精细化工产品的附加值一般高达50%以上，比化肥和石油化工的20%～30%的附加值高得多。

4. 商业性强

商业性是由精细化学品特定功能和专门用途决定的。消费者对精细化学品的选择性很强，对其质量和品种不断提出新的要求，使其市场寿命较短、更新换代很快。精细化学品的高利润率，使其技术保密性、专利垄断性较强，导致产品竞争激烈。提高精细化学品市场竞争性，既需要专利法的保护，更需要产品质量作保证。因此，开展市场调查和预测非常重要。以市场为导向研发新品种，加强应用技术研究、推广和服务，不断开拓市场，提高市场占有率和信誉是增强产品商业竞争性的关键。

二、精细化工在国民经济中的作用

精细化工是生产精细化学品的制造工业，是现代化学工业的重要组成部分，也是衡量一个国家的科学技术发展水平和综合实力的重要标志之一。世界各国都把精细化工作为化学工业优先发展的重点行业之一。因此，精细化工是国民经济中不可缺少的组成部分，其主要作用有以下六个方面：

1. 增加或赋予各种材料的特殊性能

如塑料工业所用的增塑剂、阻燃剂、稳定剂等各种助剂，可使塑料具有各种良好的性能。又如人造脏器的高分子材料等。

2. 增进和保障农、林、牧、渔业的丰产丰收

如选种、浸种、育秧、病虫害防治、土壤化学、水质改良、果品早熟和保鲜等都需要借助精细化学品的作用来完成。

3. 直接用做最终产品或它们的主要成分

如医药、农药、染料、香料、食品添加剂（如糖精、味精）等。

4. 丰富人民生活

如保障和增进人类健康、提供优生优育、保护环境洁净卫生，以及为人民生活提供丰富多彩的衣、食、住、行等方面的享受性用品等，都需要添加精细化学品来发挥其特定功能。

5. 渗入其他行业，促进技术进步、更新换代

如胶黏剂的开发使外科缝合手术和制鞋业改观。抗蚀剂的开发使电子存储器的规模极大地改观。

6. 高经济效益

这已影响到一些国家的技术经济政策，不断提高化学工业内部结构中精细化工产品的比重，即精细化工率。我国精细化工率从1985年的23.1%提高到1994年的29.78%，2001年为37.44%，2002年已达39.44%，2004年达到45%。

三、精细化工在高新技术发展中的作用

精细化工是发展高新技术的重要基础，当代高科技领域的研究开发是精细化工发展的战略目标。所谓高科技领域是指当代科学、技术和工程的前沿，对社会经济的发展具有重要的战略意义，从政治意识看是影响力，从经济发展看是生产力，从军事安全看是威慑力，从社会进步看是推动力。精细化工是当代高科技领域中不可缺少的重要组成部分，精细化工与电子信息技术、航空航天技术、自动化技术、生物技术、新能源技术、新材料技术和海洋开发技术等密切相关。

信息技术作为现代社会文明的三大支柱之一，精细化工的发展为微电子信息技术奠定了坚实的基础。例如，电子计算机已大部分采用金属氧化物半导体大规模集成电路作为主存储器。同时薄膜多层结构已大量用于集成电路，而电子陶瓷薄膜作为衬底和封装材料是实现多层结构的支柱。砷化镓（GaAs）作为电子计算机逻辑元件的材料，被认为是最有希望的材料。同时，制造集成电路块时，需要为之提供各种超纯试剂、高纯气体、光刻胶等精细化学品。例如，聚酰亚胺可用于三维化集成电路的制作。目前世界光刻胶年销售额超过10亿

美元。

当代航天工业和空间技术发展很快，各国竞争十分激烈，它体现了一个国家的综合实力。而航天所用的运载火箭、航天飞机、人造卫星、宇宙飞船、空间中继站以及通讯、导航、遥测遥控等设备的功能材料、电子化学品、结构胶黏剂、高纯物质、高能燃料等都属于特种精细化学品。例如，航天运载火箭发动机的喷嘴温度高达2 800℃，产生强大的推动力，喷嘴材料要求耐高温、耐高冲击和耐腐蚀，用石墨和SiC陶瓷可以满足喷嘴材料的要求。火箭的绝热材料可用石墨和Al_2O_3、ZrO_2、SiC陶瓷制作。航天飞机由太空重返大气层时，机体各部分均处在超高温状态，机体的防护层采用碳纤维增强复合材料，并在Al_2O_3－SiC－Si的粉末中进行热处理，使其表面形成SiC保护层，再添入SiO_2以提高防护层的抗氧化性。例如，结构胶黏剂一般常采用聚酰亚胺胶、聚苯并咪唑胶、聚喹恶啉胶、聚氨酯胶、有机硅胶以及特种无机胶黏剂。

精细化工与能源技术的关系十分密切。例如，太阳能电池材料是新能源材料研究的热点。氢能是人类未来的理想能源，资源丰富、干净、无污染，应用范围广。而光解水所用的高效催化剂和各种储氢材料，固体氧化物燃料电池（SOFC）所用的固体电解质薄膜和阴极材料，质子交换膜燃料电池（PEMFC）用的有机质子交换膜等，都是目前研究的热点题目，因此，精细化工必将大有用武之地，它们相互促进、相互发展。

第三节　精细化学品生产过程与技术

精细化工产品的生产，多数需要由基本原料出发，经过深度加工才能制得。其品种多、批量小，反映在生产过程上需要经常更换和更新品种，往往采用间歇式装置生产。精细化学品生产过程一般包括原料的净化处理、化学合成反应、产物分离与提纯、剂型加工和商品化等生产环节。其中反应合成、剂型配方、分离提纯是精细化学品生产过程中最为重要的三大环节和技术。

一、合成反应过程与技术

精细化学品的化学合成多采用液相反应，合成工艺精细，单元反应多，生产流程长，中间过程控制要求严格，精制复杂。由于合成反应步骤多，因而对反应终点控制和产品提纯就成为精细化学品生产的关键之一，为此在生产上常采用大量的各种现代仪器和测试手段。因此，需要精密的、先进的工程技术。如生物化学合成技术、超声化学合成技术、微波化学合成技术、亚临界和超临界合成技术、新型催化合成技术、反应—分离耦合技术等特殊反应技术。

反应—分离耦合技术，包括反应—精馏耦合、反应—萃取耦合、反应—结晶耦合以及反应—膜分离耦合等。反应—分离耦合技术使生成的产物立即得到分离，以打破化学平衡限制，提高反应效率、简化生产工艺。反应—精馏的耦合应用于年产数十万吨级的汽油添加剂甲基叔丁基醚工业合成装置上，反应—萃取耦合应用在中药、香料有效成分的提取，反应—结晶应用在超细超纯纳米颗粒和炸药粒子的制备。

新型催化合成技术如相转移催化、场效催化、生物酶等催化技术等。相转移催化是利用相转移催化剂，将反应物从一相转移到另一相进行反应的技术，在精细化学品非均相合成中经常采用，具有条件温和、收率较高、产物易分离、操作简单等优点。

酶是由细胞产生的具有催化活性的特殊蛋白质，参与生物体内一系列代谢反应。与化学催化剂相比，酶催化剂具有很高的催化活性、专一性、反应条件温和、污染小和能耗低等优点，在医药、农药等具有生物活性的产品合成中，有着特殊的意义。光、电、等离子体等场效催化技术将进入实用阶段。对环境无害的催化工艺与过程，将逐渐替代有害的催化过程，在社会的可持续发展中，环境保护催化剂将发挥更重要的作用。

生物技术是直接利用动物、植物、微生物的机体或模拟其功能进行物质生产的技术。生物技术是精细化工实现可持续发展的关键技术，例如医药、生物农药、食品添加剂、酶制剂、单细胞蛋白、有机酸等精细化学品的生产。

二、产物分离与后处理过程与技术

产物分离与后处理过程是指在化学反应结束后，直到取得所需要的产品所包含的所有过程。不仅包括从反应混合物中分离得到目的产物，而且也包括母液的处理等。它的特点是化学过程较少（如中和等），而多数为化工单元操作过程，如分离、提取、蒸馏、结晶、过滤和干燥等。在工业生产中，有些精细化学品的合成步骤与化学反应并不很多，然而后处理的步骤与工序却很多，操作繁复。因此，搞好反应产物后处理，对于提高反应收率，保证产品质量，减轻劳动强度和提高劳动生产率都有重要意义。

产物分离与后处理方法随反应的性质不同而异。首先，应搞清楚反应产物系统中可能存在的物质种类、组成和数量，找出它们性质上的差异。然后，通过试验，拟定后处理方法，同时还必须考虑到简化工艺操作的可能性，并尽量采用新工艺、新技术和新设备，以提高劳动生产率，降低成本。后处理导致收率或产品质量下降的原因，一般有后处理方法不当和后处理产物损失两种。

后处理方法不恰当会引起产物的分解、变质等，一般可从产品处理前后的数量和质量的分析比较或根据明显的分解变质现象来判别。有些杂质数量虽少，但对下一步反应的收率却常有很大的影响，必须最大限度予以除去。为此应寻找新的更合理的后处理方法以代替原有的后处理方法。

如洗涤溶剂选择不恰当、重结晶溶剂溶解度过大等，均会致使产品流失，这可根据物料平衡找出原因所在。进行物料衡算时应以实际物料的分析结果为依据。有时为了工作方便，如产物或原料含有特殊功能团（或元素）则也可进行功能团（或元素）定量分析，从功能团（或元素）进料和出料的物料衡算，阐明产物、副产物分布及流失情况。对一些更简单的情况，则可由操作的损耗率来判断。对于因后处理损失所引起产物收率降低，除改进后处理方法外，还需要加强溶剂的选择和回收工作，如选择恰当的溶剂、直接回收、母液套用或根据具体情况进行综合利用等。

由于精细化学品的特殊性，使其在生产中，除常用的结晶、吸附、过滤、离子交换、精馏、萃取等分离操作以外，还用到一些特殊的分离技术。

1. 膜分离技术

膜是指两相之间的一个不连续的界面，膜由气相、液相、固相或它们的组合形成，常用的是固膜和液膜。固膜是由聚合物或无机材料构成，液膜是由乳化液膜或支撑液膜形成。不同的膜，具有不同的选择渗透作用。膜分离就是借助于膜的特定选择渗透性能，在不同压力、电场、浓度差等作用下，对混合物中的溶质和溶剂进行分离、分级、提纯和富集的过程。

膜分离有电渗析、超过滤、反渗透等，一般在常温下进行，因为不发生相变化，所以特别适用于热敏性物质的分离、大分子的分离、无机盐的分离、恒沸物等特殊溶液的分离，在精细化工生产中有着特殊的意义。

2. 超临界萃取技术

超临界流体兼有气液两重性，其密度接近于液体，而黏度和扩散系数又与气体相似，既有与液体溶剂相当的萃取能力，又具有传质扩散速率快的特点。超临界萃取通常是在高压下萃取，然后降低压力，使之脱离超临界状态，实现溶剂与被萃取物的分离。超临界萃取的操作温度低、萃取时间短，适用于高沸点、热敏性物质的提取。

最常用的超临界流体是二氧化碳，具有无毒、无污染、所形成的二氧化碳惰性氛围可避免产品的氧化，特别适合于动、植物中天然有效成分的提取与精制，如从咖啡豆中除去咖啡因、天然香料的制备、天然药物中有效成分的提取等。超临界萃取也可用于精细分离，如超临界萃取精馏。

三、精细化学品特殊生产技术

1. 模块式多功能集成生产技术

精细化学品的生产方式以间歇生产为主，间歇操作一方面生产周期较长，存在投料、放料、加热（或加压）、清洗等非生产性操作，操作费用及物料损耗较大；另一方面，虽然精细化工产品品种多，但其合成单元反应及所采用的生产过程和设备，有很多相似之处。为了适应精细化学品和这些生产特点，近年来广泛采用多品种综合生产流程及用途广、功能多的间歇生产装置。模块式多功能集成制造技术，集反应、蒸发、蒸馏、储存、清洗等单元操作于一体，实现流程的综合性、装置的多功能化，具有较强的灵活性和适应性，既保留了间歇操作的优点，又避免其不足，便于多个品种的更替轮换生产。如“无管路化工厂”和“多用途的装备系统”以及多功能生产装置等柔性生产系统。综合性生产流程及多功能生产装置，取得了很好的经济效益，但同时对生产管理、工程技术和操作人员的素质提出了更高的要求。

2. 剂型复配加工技术

为获取具有特定功能性的商品以满足不同的需求，精细化学品生产大量采用复配技术。复配技术又被称为 1 + 1 > 2 技术，即用两种或两种以上主要组分复配或主要组分与助剂复配，获得远优于单一组分性能的效果。

剂型复配技术核心是将单一化合物通过剂型配方而发挥出更为明显、有效的实际应用效果，并降低对非应用对象及环境、生态的有害影响。因此，采用复配技术所得到的产品，具有改性、增效和扩大应用范围等功效。例如，化妆品是由油脂、乳化剂、保湿剂、香料、色素、添加剂等复配而成，若配方不同，其功能和应用对象不同。

精细化工中的剂型复配技术左右着产品的最终性能，因而一直被人们所重视，所不同的是，过去人们仅仅视其为化工生产技术的补充，在我国这一倾向尤为突出，导致我国在此领域与国外差距甚大。实际上剂型复配技术应被视为与分子设计、化学合成及工业制造技术同等重要的精细化工生产技术。主要关键领域如下：

（1）加和增效与助剂增效

在精细化工中，加和增效是较为普遍的现象，其特点是在多组分混合后，各组分比其单独使用时的简单加和效果还要好，如分散染料与荧光增白剂在色光强度上的二组分或多组分的加和增效现象，照相菁染料多组分组合后的超增感现象，农药中二组分或多组分的、专门针对抗性病虫草害的多元配方农药等。前两种与不同分子间轨道的相互作用特性有关，第三种与不同分子靶标作用的差异及协同性有关。而助剂增效是指某些没有应用效果的助剂与精细化学品混合后，可显著增强后者的应用效果，如染料在助剂促进下的载体染色过程，农药中有机磷及拟除虫菊酯（仿生合成杀虫剂）的杀虫活性的助剂促进作用。

（2）固体与液体形态控制与应用

颜料的色光与坚牢度不仅仅取决于分子结构，更与其固体晶型的类别有非常大的关系，而这些都是我国工业及研究开发的弱项。又如为便于使用及运输，固体粉末染料用分散剂可加工成液体染料。此外，固体颗粒的超细化明显会提高染料的上染速度，农药、医药的生物利用度及活性。

（3）控制释放技术

为便于控制使用精细及专用化学品并稳定其使用效果，控制释放技术成为精细化工中极为重要的剂型复配技术，在长效杀虫剂、缓释医用镇痛药、热敏及压敏染料中已有重要应用。目前制约其发展的主要因素是助剂辅料及制备技术的缺乏与不成熟。

3. GMP 生产技术

GMP（Good Manufacturing Practice）技术，也称 GMP 制度，即药品生产和质量管理规范，是制药工业产品质量保证体系中最为重要的技术。GMP 认为，任何药品质量的形成是设计和生产出来的，而非检验出来的。要确保产品质量，令人放心使用，必须坚持预防为主，在生产过程中建立质量保证体系，实行全面质量管理。

GMP 制度内容广泛，包括人员、厂房建筑、设备、环境卫生、原料、生产操作、标签及包装、质量监视、自检、分发记录以及不良反应的申诉和报告等。在药品生产过程中，通过对每一生产操作的原始记录，采取档案的形式，对药品生产全过程进行科学、严密的管理和控制，以保证产品质量稳定，并能始终如一地符合医用规格及质量目标。

4. 绿色精细化工技术

绿色精细化工技术，就是运用绿色化学的原理和技术，尽可能选用无毒无害的原料，开发出绿色合成工艺和环境友好的化工过程，生产出对人类健康和环境无害的精细化学品。总之，就是要努力实现化工原料的绿色化，合成技术和生产工艺的绿色化，精细化工产品的绿色化，使精细化工成为绿色生态工业。

绿色精细化工技术具有：能持续利用、以安全的用之不竭的能源供应为基础、高效率地利用能源和其他资源、高效率地回收利用废旧物质和副产品、越来越智能化和越来越充满活力共六方面的特点。

第四节　精细化学品生产工艺条件分析

精细化学品的生产工艺是各种单元反应与化工单元操作的有机组合和综合应用。各种化学反应的发生和发展都是由它的内因和外因所决定的。从反应物分子到生成物分子的变革过程中，既要弄清或阐明它的内因（如物质的性质），又要探究并掌握它的外因（如反应条件）。在工艺研究中，我们研究的是化学反应条件对反应物质性质起作用的规律。只有对化学反应的内因和外因之间的相互关系深入了解之后，才能正确地指导生产。

化学反应的内因，主要是指参与反应的分子中原子的结合状态、键的性质、立体异构现象、官能团活性、各种原子和官能团之间的相互影响及其物理性质等，它们都是设计和选择合成路线时的理论依据。化学反应的外因包括反应时的原料配比、浓度、溶剂、催化剂、pH 值、压力、加料顺序、反应时间、反应终点控制、设备状况、生成物的后处理以及质量分析检验等。

一、原料配比

原料配比是指产品在生产过程中所需原材料之间的比例。这是经过重复的多次科学试验后确定下来的比例关系，一般不能轻易变动。生产上常用的有摩尔比和质量比两种（质量比为多数）。

化学反应很少是按理论值定量地完成的，也很少是按理论的原料配比进行反应的，这是由于许多反应是可逆的。对于可逆反应而言，适当增加反应物中某一成分的用量，可使平衡向完成反应的方向移动，达到提高收率的目的。这是问题的一个方面；另一方面，反应过程中常伴随有副反应发生，导致部分原料的损失，故需要酌量增加某些原料的用量以资弥补。因此，在生产上为使反应顺利进行并得到较高收率，通常是将价格较低的或供应较便利的原料的投料量较理论值多加一些，一般多加 5% ~20%，个别的甚至多加 2 ~3 倍以上。

原料配比之所以不采用理论值的另一个原因是防止或减少某些副反应的发生。有时候，原料之一兼做溶剂时，就需要过量更多。当然，投入过量的原料必然会增加后处理过程，如洗涤、蒸发、过滤、回收等。因此，必须经过工艺研究，根据反应的具体情况，确定理想的原料配比。

例如磺胺药合成中的对乙酰氨基苯磺酰氯（ASC）是由乙酰苯胺（退热冰）和氯磺酸作用而得。实践证明，氯磺酸用量越多，对 ASC 的生成越有利。如果退热冰和氯磺酸的原料配比为 1. 0∶4. 8，则 ASC 的收率可达 84%，若原料配比再提高到 1. 0∶7. 0，则 ASC 收率达到 87%。

但是工业生产中考虑到氯磺酸的有效利用率和经济核算，一般采用较为经济合理的原料配比，即 1. 0∶(4. 5 ~5. 0)。原因在于氯磺化反应基本上是分两步进行的。第一步，大部分退热冰被氯磺酸磺化而生成对乙酰氨基苯磺酸，伴随此磺化反应的同时，少量退热冰经氯磺化而得 ASC，这一步的反应很快。第二步，对乙酰氨基苯磺酸与氯磺酸继续作用而得 ASC，这一步反应是可逆的，反应速率较慢。为了提高反应速率和 ASC 的收率，就必需应用过量的氯磺酸。从副反应来看，氯磺化的副反应有两个，其中影响 ASC 产量的主要因素是硫酸。硫酸有两个作用，一是降低氯磺酸浓度，并与 ASC 作用而将其转变为相应的磺酸；另一个是硫酸与对乙酰氨基苯磺酸作用后以磺酸基替代乙酰基。副反应的反应式如下。

$$C_6H_5\text{-}NHCOCH_3 \xrightarrow{H_2SO_4} C_6H_5\text{-}NHSO_3H$$

$$p\text{-}(NHCOCH_3)C_6H_4SO_2Cl \xrightarrow{H_2SO_4} p\text{-}(NHSO_3H)C_6H_4SO_2Cl$$

综上所述，增加氯磺酸的投料量，可以大大降低硫酸在反应液中的浓度，从而减少上述副反应。

由此例中可看出，原料配比的确定，必须首先根据副反应的规律。氯磺酸过量的主要目的：一是可提高氯磺化反应的速度和收率，因为氯磺化的第二步反应是可逆反应；二是可降低硫酸在反应中所起的作用；三是弥补退热冰原料中带入的少量水分使氯磺酸发生水解作用的损失；四是氯磺酸在氯磺化反应中还兼溶剂的作用，以降低反应体系黏度。

二、加料顺序

不同的加料顺序，不仅收率不同，而且对设备、操作也提出了不同的要求。对于某些化学反应，物料的加入要求按一定的先后次序，否则会加剧副反应，使收率降低。有些物料在加料时可以一次投入，也有些则要分批缓慢加入。对一些热效应较小的无特殊副反应的反应，加料顺序对收率的影响不大。例如，酯化反应从热效应和副反应的角度来看，对加料顺序并无特殊要求，仅需要从加料的便利上、搅拌的要求上或设备腐蚀的要求上采用比较适宜的加料顺序。若酸的腐蚀性较高，以先加入醇再加酸为好；若酸的腐蚀性较弱，而醇在常温时为固体，又无特殊要求，以先加入酸再加醇较为方便。

对一些热效应较大的同时可能发生副反应的反应，加料顺序成为一个不可忽视的问题，直接影响着收率的高低。热效应和副反应的发生常常是相关联的，往往是由于反应放热较多而提高了反应物温度，促进了副反应。当然发生副反应的原因，还有反应物的浓度、pH 值等。所以必须针对引起副反应发生的原因而采取适宜的加料顺序。应以工业生产中的反应操作控制较为容易、副反应较少、收率较高、设备利用率较高等方面为标准考虑，选择合适的加料顺序。

当然，影响反应条件是多方面的，不能把各个反应条件孤立起来。在解决实际问题时，应该把各有关的反应条件相互联系起来，全面分析，找出较为理想的反应条件，以利于工业化生产。

三、溶剂

溶剂是指能溶解其他物质的物质。在精细化学品合成中，绝大部分化学反应都是在溶剂中进行的。溶剂可以帮助反应散热或传热，使反应物分子能够均匀地分布，以增加分子间碰撞接触机会，加速反应进程。同时溶剂也可以直接影响反应速率、反应方向、反应深度、产物构型等。因此，在精细化学品合成中，对溶剂的选择和使用应予以关注和重视。

1. 溶剂的种类

溶剂的种类很多，一般常用的为有机溶剂、无机溶剂、水溶剂和反应物自身为溶剂等。

（1）有机溶剂

常用的有醇类（甲醇、乙醇、异丙醇等）、苯系类（苯、甲苯、二甲苯等）、醚类（乙醚、四氢呋喃等）、酮类（丙酮等）、卤素化合物类（氯仿、四氯化碳等）、酰胺类（甲酰胺、二甲基甲酰胺等），还有吡啶类、腈类以及砜类等。

（2）无机溶剂

常用的有盐酸、硫酸、多聚磷酸等。

（3）水溶剂

常用的有自来水、深井水和蒸馏水等。

（4）反应物自身

反应物自身为溶剂时，一般要求其是液态或在反应温度下能转化成液态。如硝基化合物加氢还原中的硝基苯、硝基甲苯、硝基苯甲醚等。反应物自身为溶剂时通常是在良好传质条件下或在高效催化剂存在下使用。

2. 溶剂对反应速率的影响

反应物在溶剂中进行反应时，如果选择溶剂不同，反应速率也不同，这是由于不同溶剂的极性大小不同造成的。一般情况下，溶剂极性大，反应速率快；反之亦然。溶剂与反应速率的关系见表 1—1。

表 1—1　　溶剂与反应速率的关系

溶剂名称	相对速率	溶剂名称	相对速率
己烷	1	丁醚—2	160
二乙醚	4	乙醇	200
苯	38	甲醇	285
正丁醇	70	丙酮	340
氯仿	100	硝基甲烷	500
乙酸乙酯	125	二甲基甲酰胺（DMF）	900

从表 1—1 看出，溶剂的极性由上到下依次增大，反应的速率也是由上到下依次增大。若以使用己烷时的反应速率为 1，则应用其他溶剂时，溶剂极性越大，相对反应速率也越大。所以在反应中应该优先考虑选择极性大的溶剂。但是在实际生产中，要在综合考虑经济成本、安全生产、溶剂是否易得、能否回收以及劳动保护、环境污染等诸因素后，才能确定反应的溶剂。可见正确选择和使用溶剂，对提高收率、安全生产等事关重要。

四、物料浓度

参加反应的物料浓度对反应速率有极大的影响，在一般情况下，化学反应速率与各反应物浓度的乘积成正比。如对某一反应而言，在一定的温度下，活化分子（分子能量超过某一极值而能发生反应的分子）的百分数是一定的。单位体积内活化分子数（活化分子数/体积）与单位体积内反应物分子总数（反应物分子总数/体积）成正比，即与反应物浓度成正比。浓度越大，单位体积内活化分子数越多，使单位时间内有效碰撞次数增加，反应速率加快。例如，磺胺中间体对乙酰氨基苯磺酰氯（ASC）生产中，采用过量的氯磺酸，可以通过增加浓度而加快氯磺化过程。

物料的浓度取决于物料配比、投料量、投料速度、投料顺序，乃至投料温度等多种因素。所以一个恰到好处的物料浓度，需要经过大量的科学试验工作才能筛选出来。

在实际生产中，浓度的增加有利于反应速率的加快，但也不能无限度地增加。必须同时考虑副反应问题、因浓度发生变化而有可能导致的安全生产及经济成本等问题。生产所选择、使用的物料浓度应该是既可以加速正反应，又可以阻滞副反应；既经济合理，又安全可靠。

增加反应物的浓度对加速反应是有利的，但不能无限制地增加。有时，盲目增加反应物的浓度，还会带来严重的生产安全事故。例如，在硝基酚钠生产中，提高碱液 NaOH 的浓度，反应剧烈，热量骤增，使反应加速。但如果无限制地增加 NaOH 浓度，就有引起爆炸的危险。所以，在考虑增加反应物浓度时，先要以科学试验为依据，同时考虑副反应、收率、质量及经济成本等诸因素，然后确定反应物最适宜的浓度。常用的增大反应物浓度的方法一是采用过量的反应物，即增加反应物的原料配比；二是增加溶液浓度；三是采用提纯和浓缩方法。若反应物之一是气体，可用压缩、液化、吸收及吸附等方法制得浓度较大的反应物。

在一定条件下，减少某一反应物的浓度，有时也可以提高生成物的收率。减少反应物浓度的方法，一般是反应物分批加料、增加另一反应物的投料量和增加溶剂的用量等。

五、温度

任何一种化工生产过程都伴随着物质的物理和化学性质的改变，都必然有能量的交换和转化，其中最普遍的交换形式是热交换。化学反应的速度都与温度密切相关，很多化学反应的速度，每升温 10℃，就要加快一倍。温度的变化同时影响其他工艺参数，如压力、转化率等，直接影响产品质量甚至发生恶性事故。从小试到中试直到大工业生产，工艺操作温度都是十分重要的，有时，同样的反应使用不同的催化剂，需要控制的温度也不同。因此，温度的测量与控制是保证化工生产过程正常进行与安全运行的重要环节。

温度对化学反应影响的一般规律可以从下述几方面分析：

从标准平衡常数与温度的关系式$\frac{\mathrm{d}\ln K^{\ominus}}{\mathrm{d}T}=\frac{\Delta H^{\ominus}}{RT^2}$可以看出。对于吸热反应，$\Delta H^{\ominus}>0$，$\frac{\mathrm{d}\ln K^{\ominus}}{\mathrm{d}T}>0$，则标准平衡常数值 $K^{\ominus}$ 随温度的上升而增大；反之，对于放热反应 $\Delta H^{\ominus}<0$，$\frac{\mathrm{d}\ln K^{\ominus}}{\mathrm{d}T}<0$，则标准平衡常数 $K^{\ominus}$ 值随温度的上升而减小。所以从化学平衡的角度看，升温有利于提高吸热反应的平衡产率，降温则有利于提高放热反应的平衡产率。其实际意义说明了应该如何改变温度条件去提高反应的限度。

从温度与化学反应速度的关系分析可知，提高温度可以加快化学反应的速度，在同一反应系统中，不论主、副反应皆符合这一规律。但温度的升高相对地更有利于活化能高的反应。由于催化剂的存在，相比之下主反应一定是活化能最低的。因此，温度升得越高，从相对速度看，越有利于副反应的进行。所以在实际生产上，用升温的方法来提高化学反应的速度应有一定的限度，只能在适宜范围内使用。

另外，从温度变化对催化剂性能和使用的影响来看，对某产品的生产过程，只有在其催化剂能正常发挥活性的起始温度以上使用催化剂才是有效的。因此，适宜的反应温度必须在催化剂活性的起始温度以上。此时，若温度提高，催化剂活性也上升，但催化剂的中毒系数也增大，若温度过高，中毒系数会急剧上升，致使催化剂的生产能力即空时收率急速下降。当温度继续上升，达到催化剂使用的终极温度时，催化剂会完全失去活性，主反应难以进行，反应失去控制，而生产也无法进行，有的反应还甚至出现爆炸等危险情况。因而操作温度不仅不能超过终极温度，而且应在安全范围内进行操作。

再从温度对反应效果的影响来看，在催化剂适宜的温度范围内，当温度较低时，反应速度慢，原料转化率比较低，但选择性比较高；随着温度的升高，反应速度加快，可以提高原料的转化率。然而由于副反应速度也随温度的升高而加快，选择性下降，且温度越高，下降越快，导致单程收率下降。由此看，升温对提高反应效果有好处，但不宜升得过高，否则反应效果反而变坏，而且选择性的下降还会使原料消耗量增加。

适宜温度范围的选择首先是根据催化剂的使用条件，在其活性起始温度和终极温度之间，结合操作压力、原料配比和安全生产的要求以及反应的效果等项，综合选择，并经过实验和生产实际的验证最后确定。

六、压力

大多数有机精细化学品的合成反应，是在常压下进行的。从生产工艺的角度出发，应该尽可能在常压或较低压力下进行精细化学反应。但有时由于某些条件的限制，或者为了提高收率，对一些反应必须在加压或较高压力下进行。归纳起来，有下列三种情况：

1. 反应物均为气体

在反应过程中体积缩小，加压有利于反应的完成。

2. 反应物之一为气体

该气体在反应时必须溶于溶剂中或吸附于催化剂上，加压能增加该气体在溶液中或催化剂表面上的浓度而促进反应的进行。

3. 液相反应

反应虽在液相中进行，但所需的反应温度超过了反应物或溶剂的沸点，而使反应物或溶剂汽化，加压后则可以提高反应温度，缩短反应时间。

在化学合成反应中，压力是重要的影响因素之一。有时对某些化学反应，采用加压措施，往往能提高收率，缩短反应时间。特别是目前设备制造技术能力的提高，有条件地采用一些加压反应，是有利于生产的。当然，加压设备的使用，必须严格执行操作规程，违章操作极有可能会带来严重的后果，操作者必须高度重视。适宜的压力条件应根据该反应使用催化剂的性能要求以及化学平衡和化学反应速度随压力变化的规律来确定。若反应有必要进行加压，要结合必要条件和加压的利弊作经济效果的比较，还要考虑物料体系有无爆炸危险，最后确认生产是在安全确有保证的条件下进行，来确定适宜的压力。

七、反应时间

对于每一个化学反应而言，都有一个最适宜的反应时间。当它在规定条件下完成反应后就必须被停止，并使反应生成物立即从反应系统中分离出来；否则，继续反应可能使反应产物分解、破坏，副产物增多或发生其他复杂变化，而使收率降低、产品质量下降。另一方面，若反应时间过短，反应未达到终点，过早地停止反应，也会导致同样不良的后果。同时必须注意，反应时间与生产周期和劳动生产率都有关系。为此，对于每一反应都必须掌握好它的进程，控制好反应的时间和终点。

适宜的反应时间，主要是看反应是否恰好达到反应终点。而对反应终点的控制，主要是测定反应系统中是否尚有未反应的原料或其残存量是否达到规定的限度。一般可用简易快速的化学或物理方法测定，如显色、沉淀、酸碱度等，也可采用薄层色谱、气相色谱和纸色谱等方法测定。

在生产工艺上，反应时间与终点控制是重要的反应条件。它不仅能影响产品的数量、质量和收率，而且还可直接影响到产品进程、设备利用率、劳动生产率等。所以，科学地制定各化学反应的反应时间、终点控制，并正确无误地执行工艺操作规程，以达到最佳的生产效率。

八、催化剂

在化学反应体系中，因加入某种少量物质而改变了化学反应速度，这种加入的物质在反应前后的量和化学性质均不发生变化，则该种物质称为催化剂（或触媒），这种作用称为催化作用。催化剂的作用若是加快反应速度的称为正催化作用，减慢反应速度的称为负催化作用。

在化工生产中催化剂的作用表现在以下几方面：加快化学反应速度，提高生产能力；对于复杂反应，可有选择地加快主反应的速度，抑制副反应，提高目的产物的收率；改善操作条件、降低对设备的要求，改进生产条件；开发新的反应过程，扩大原料的利用途径，简化生产工艺路线，从而提高设备的生产能力和降低产品成本；消除污染，保护环境。

某些化工产品在理论上是可以合成得到的，但由于没有开发出有效的催化剂，反应速度很慢，以至长期以来不能实现工业化生产。此时，只要研究出该化学反应适宜的催化剂，就能有效地加快化学反应速度，使该产品的工业化生产得以实现。因此，催化剂在精细化学品合成工业中的应用十分普遍。

九、酸碱度

工业生产中常用 pH 值的大小表示酸碱的强度。pH 值在精细化学品的生产合成反应中具有最重要的作用，特别是对水解、酯化等反应速率的影响更大。在精细化学品生产中，pH 值常常还对质量和收率起着决定性的作用。所以操作者必须严格执行工艺规程，否则会严重影响产品的质量收率。例如，磺胺嘧啶生产中的酸析精制工序，反应如下：

$$H_2N-\langle\ \rangle-SO_2-\underset{\displaystyle Na}{N}-\langle{}^{N}_{N}\rangle \xrightarrow[pH5.5]{HCl} H_2N-\langle\ \rangle-SO_2-NH-\langle{}^{N}_{N}\rangle$$

磺胺嘧啶为两性化合物，游离状态时为微酸性，用酸中和至 pH 值为 5.5 时溶解度最小，收率高。中和用的盐酸以稀盐酸（10% ~15%）为佳，此浓度下中和，磺胺嘧啶的质量最好。所以磺胺嘧啶生产中质量、收率的高低，pH 值是关键。生产中的某些反应，必须严格按照工艺规程，控制 pH 值，高于或低于特定的 pH 值条件，将会使反应停止、或产生大量的副产物或导致产物分解破坏，影响产品的质量和收率。

十、搅拌

搅拌是使两种或两种以上反应物获得密切接触的重要措施，通过搅拌，可以在一定的限度内加速传热和传质。这样不仅可以达到加快反应速率和缩短反应时间的目的，还可以避免或减少由于局部浓度过大或局部温度过高而引起的某些副反应。搅拌对于不能相互混合的液—液相反应、液—固相反应、固—固相反应（熔融）以及气—液—固三相反应等尤显重要。在结晶、萃取等物理过程中，搅拌也同样具有很重要的作用。

搅拌器的形式和搅拌速度，因各类反应所要求的差异而不尽相同。若反应物较黏稠，则搅拌器形式的选择则颇为重要；也有某些反应，搅拌一经开启，必须继续，不能停止，否则很容易发生安全事故和生产事故。如乙苯的硝化反应中，混酸是在搅拌下加到乙苯中去的，两者互不相溶，搅拌效果对反应影响很大，突然停止搅拌会造成安全事故；又如抗菌素发酵过程中是不能停止搅拌的，否则将造成生产事故。

总之，搅拌在精细化学品生产中的重要性，已经越来越被人们所认识。正确选择搅拌的形式和速度，不仅能使反应顺利进行，提高收率，而且还能做到安全生产；如果搅拌的形式和速度选择不当，不仅产生副反应，降低收率，而且还有发生安全事故和生产事故的可能。所以，对搅拌形式和速度应有足够的认识。

第五节　精细化工生产工艺规程和岗位操作法

生产工艺技术规程和岗位技术安全操作法，是生产企业维持正常生产必须遵守的。它是各级生产指挥人员、生产技术人员、技术经济管理人员及技术工人开展工作的共同依据。各种产品的生产工艺技术规程和岗位技术安全操作法，都是用文字、表格和图纸等形式将产品、原料、工艺过程、工艺设备、工艺指标、安全技术、操作方法、安全防火与劳动保护、异常现象的处理等主要内容加以具体确定和说明，是一项综合性的技术文件，具有技术法规的作用。

一、生产工艺技术规程

生产工艺技术规程的内容包括：产品概述（产品名称、用途以及质量标准等）；原材料及其规格；化学反应过程及生产流程；生产工艺流程叙述（工艺过程）；生产控制和技术检查（包括中间体检查）；技术安全与防火（包括劳动保护、环境卫生）；综合利用（包括副产物回收及处理）与“三废”治理（包括“三废”排放标准）；操作工时与生产周期；劳动组织与岗位定员；设备一览表及主要设备生产能力（设备包括仪表规格型号）；原材料、动力消耗定额和技术经济指标；物料平衡（包括原料利用率的计算）；附页（供修改时登记批准日期、文号和内容等）。

二、岗位安全操作法

岗位安全操作法的内容包括：原材料的规格性能、生产操作方法与要点、重点操作的复核制度、安全防火与劳动保护、异常现象的处理、中间体质量标准、主要设备维护与操作、度量衡器的检查与校正、综合利用与“三废”处理、工艺卫生与环境卫生、附录（有关理化常数、计算公式、换算表等）和附页（供修改时登记批准日期、文号和内容等）。

三、工艺规程的制定、修改和编制

1. 工艺规程的制定与修改

产品的工艺规程和岗位操作法是在产品投产时，比较大量科学试验和新产品试制的结果以及生产经验的总结来确定的。一般来说，它是先进科学技术和操作工先进生产经验的总结。但是，随着生产的发展和科学技术的进步、操作经验的积累及技术革新成果的推广，工艺规程和操作法也需要不断地加以补充和修订。工艺规程和操作法的制定、补充或修改，都要注意总结和吸收生产实践经验，改进工艺技术。对于经过不断的科学试验而改进操作条件和原料配比，使产品的收率提高或原辅料消耗降低等，都需要纳入生产工艺技术规程和岗位操作法。工艺规程和操作法一经制定，要注意相对稳定，若要重新制定和修改，需经过总工程师或技术副厂长的签字同意。重大工艺路线的变更，还需按规定上报主管部门审批后方可实施。

2. 工艺规程及岗位安全操作法编制

编制工艺规程及岗位安全操作法若干规定：

（1）工艺技术参数和技术经济定额的度量衡单位均按国家规定采用公制。

（2）成品名称以国家相关部门批准的法定名为准。

（3）原材料名称一律采用化学名，适当附注商品名或其他通用别名。

（4）成品、中间体、原料相对分子质量一律以最新国际原子量表计算，取两位小数。

（5）规程和操作法用16开新闻纸单面印刷，于左侧装订，长26 cm、宽18.5 cm。

总之，工艺规程和岗位操作法是企业技术管理的基础，是组织指导生产的主要依据，是安全生产的重要保障，可以说，是生产企业的法律，必须严格遵守与执行。因此，企业的技术、教育、安全部门会定期组织操作工和有关管理人员进行认真学习，并定期按操作工的技术等级标准进行考核。对调入新岗位的操作工，须按岗位技术等级标准进行技术考核，考核合格后方可独立操作。

生产企业在贯彻执行工艺规程和岗位操作法过程中，要求做到“五统一”和“三把关”，即：岗位统一操作，原材料统一规格，化验统一方法，计量统一标准，计算统一基础；把好原料关、中间体关、成品关。真正做到人人把关，岗岗把关，使不合格原料不投料，不合格中间体不交下一步岗位，不合格的产品不出厂，保证产品质量。生产企业特别重视工艺规程和岗位操作法，因为工艺规程和岗位操作法体现着产品质量、规模、经济效益和安全生产等因素。所以，只能严格按照工艺规程和岗位操作法办事，任何偏离都会造成不良的后果。

第六节　精细化工新产品开发及提高生产水平的途径

一、精细化工新产品发展方向

精细化工技术目前正经历着由“人与技术”概念向“人与技术及生态环境”概念转变的过程。对产品的要求是对环境、生态、使用对象作用上的高度和谐统一。发展方向表现为在环境友好、生态相容的前提下追求技术的高效、专一；此外，信息科技、生命科学、材料科学、微电子科学、海洋科学、空间科学技术等高新技术产业的发展，对精细化学品的种类、品种、性能和指标，提出了更高的要求，为精细化工发展开辟了广阔的前景，呈现出新的趋势。

1. 拓展精细化工产品新领域

重点发展具有物理功能、化学功能、电气功能、生物功能、生物化学功能等的高分子材料。如功能膜材料、导电功能材料、医用高分子材料、有机电材料、信息转换与记录材料等。

2. 追求产品的高效性和专一性

在环境友好及生态相容的前提下，广泛采用高新技术，使产品向精细化、功能化、高纯化发展。

3. 发展绿色精细化学品生产工艺

开发精细化生产原料的新来源，发展绿色化学生产工艺，使精细化工生产过程由损害环境型向环境协调型发展，实现精细化学品的生产和应用全过程的控制。

二、精细化工新产品开发试验及步骤

精细化工新产品开发是指，从一个新的技术思想的提出，通过实验室试验、中间试验到实现工业化生产取得经济实效并形成一整套技术资料这一全过程。由于化工生产的多样性与复杂性，化工过程开发的目标和内容有所不同，如新产品、新技术、新设备的开发，老技

术、老设备的革新等，但开发的程序或步骤则大同小异。一般精细化工过程开发步骤如图1—1所示。综合来看，一个新产品的过程开发可分为三个阶段，即实验室研究阶段、中间试验阶段、工业化阶段。前面两个阶段需要科研人员做大量的实验，反复实践进行探索，后一阶段是根据前两阶段的研究结果，做出工业装置的基础设计，最终达到将“设想”变为“现实”。精细化工新产品开发的三大阶段分述如下：

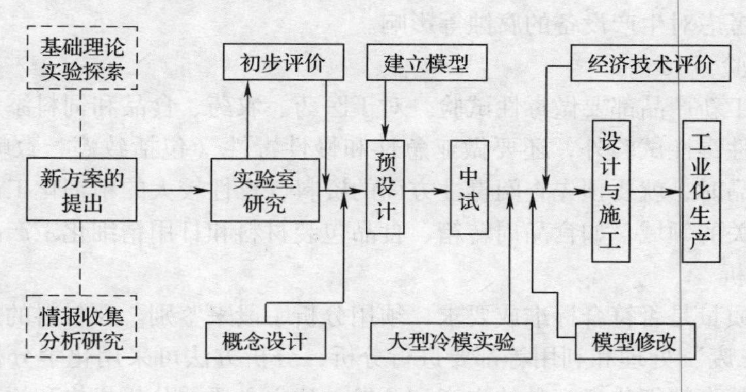

图1—1　精细化工过程开发步骤

1. 实验室研究（小试）

实验室研究阶段包括根据物理和化学的基本理论、或从实验现象的启发与推演、信息资料的分析等出发，提出一个新的技术思路，然后在实验室进行实验探索，明确过程的可能性和合理性，测定基础数据，探索工艺条件等。

（1）选择原料

小试的原料通常用纯试剂（化学纯、分析纯级）。纯试剂杂质少、能本质地显露出反应条件和原料配比对产品收率的影响，减少研制新产品的阻力。在用纯试剂研制取得成功的基础上，逐一改用工业原料。有些工业原料含有的杂质对新产品质量等影响很小，则可直接采用；有些工业原料杂质较多，影响合成新产品的反应或质量，那就要经过提纯或别的方法处理后再用。

（2）选择催化

催化剂可使反应速度大大加快，能使一些不宜用于工业生产的缓慢反应得到加速，建立新的产业。近年来关于制取医药、农药、食品和饲料添加剂等的催化剂专利增长很快。选择催化体系尽量要从省资源、省能源、少污染的角度考虑，尤其要注意采用生物酶做催化剂。

（3）选择工艺条件

提出和验证实施反应的方法、工艺条件范围、最优条件和指标，包括：进料配比和流速、反应温度、压力、接触时间、催化剂负荷、反应的转化率和选择性、催化剂的寿命或失活等，这些大部分可以通过安排多因素正交试验来得出结论。

（4）数据整理

收集或测定必要的物理数据和热力学数据包括密度、黏度、导热系数、扩散系数、比热容、反应的热效应、化学平衡常数、压缩因子、蒸气压、露点、泡点、爆炸极限等。

（5）动力学研究

对于化学反应体系应研究其主反应速度、重要的副反应速度，必要时测定失活速度、处理动力学方程式并得出反应的活化能。

（6）传递过程研究

流体流动的压降、速度分布、混合与返混、停留时间分布、气含率、固含率、固体粒子的磨损、相间交换、传热系数、传质系数以及有内部构件时的影响等。

（7）材料抗腐蚀性能研究

所用原料应考虑对生产设备的腐蚀等影响。

（8）毒性试验

许多精细化工新产品都要做毒性试验。对于医药、农药、食品和饲料添加剂等精细化工产品，除了做急性毒性试验外，还要做亚急性和慢性毒性（包括致癌、致畸）等试验。在开发精细化工产品时，就要预先查阅毒性方面的资料，毒性较大的精细化工产品不能用于与人类生存密切相关的领域，如食品周转箱、食品包装材料和日用精细化工产品等。

（9）质量分析

小试产品的质量是否符合标准或要求，须用分析手段来鉴别。原材料的质量、工艺流程的中间控制、"三废"处理和利用等都要进行分析，分析方法可采用化学分析法和仪器分析法。一个企业要从事精细化工产品的生产和开发，建立必要的分析机构和添置分析仪器设备是非常必要的。

2. 中试放大

从实验室研究到工业生产的开发过程，一般容易理解为量的扩大而忽视其质的方面。为使小试的成果应用于生产，一般都要进行中试放大试验，它是过渡到工业化生产的关键阶段。往往每一级的放大，都伴随有技术质量上的差别，小装置上的措施未必与大装置上的相同，一些操作参数甚至也可能要另作调整。在此阶段中，化学工程和反应工程的知识和手段是十分重要的。中试的时间对一个过程的开发周期往往具有决定性的影响。中试要求研究人员具有丰富的工程知识，掌握先进的测试手段，并能取得提供工业生产装置设计的工程数据，进行数据处理从而修正为放大设计所需的数学模型。此外，对于新过程的经济评价也是中试阶段的重要组成部分。

（1）预设计及评价

结合已有的小试结果、资料或经验，较粗略地预计出全过程的流程和设备，估算出投资、成本和各项技术经济指标，然后加以评价或进行可行性研究。考察其是否有工业化的价值，哪些方面还待大力改进，是要全流程的中试装置还是只要局部中试，能否利用现有的某些生产装置来进行中试等，据此进行设计。

（2）中试的任务

中试是过渡到工业化生产的关键阶段，它的建设和运转要力求经济和高效。中试的任务如下：

1）检验和确定系统的连续运转条件和可靠性。

2）全面提供工程设计数据，包括动力学、传递过程的各方面数据，以供数学模型或直接设计使用。

3）考察设备结构的材质和材料的性能。

4）考察杂质的影响。

5）提供部分产品或副产品的应用研究和市场开发前景。

6）研究解决“三废”的处理问题。

7）研究生产控制方法。

8）确定实际的经济消耗指标。

9）修正和检验数学模型。

（3）中试放大方法

中试放大方法一般分为经验放大法、部分解析法和数学模型放大法，分述如下：

1）经验放大法。这是依靠对类似装置或产品生产的操作经验而建立起来的以经验认识为主实行放大的方法。因此，为了不冒失败的危险，放大的比例常常是比较小的，甚至再有意加大一些安全系数。对一些难于进行的理论解析课题，往往采用此方法。

2）部分解析法。这是一种半经验、半理论的方法，即根据化学反应工程的理论（即动量传递、热量传递、质量传递和反应动力学模型），对反应系统中的某些部分进行分析，确定各影响因素之间的主次关系，并以数学形式做出部分描述，然后在小试装置中进行试验验证，探明这些关系式的偏离程度，找出修正因子，或者结合经验的判断，定出设计方法或所需结果。

3）数学模型放大法。该法是针对一个实际放大过程用数学方程的形式加以描述，即用数学语言来表达过程中各种变量之间的关系，再运用计算机来进行研究、设计和放大。这种数学方程称为数学模型，它通常是一组微分或代数方程式。数学模型的建立是整个放大过程的核心，也是最困难的部分。要建立一个正确的数学模型，需要有生产实践和科学研究两方面积累起来的、直接的和间接的知识，对过程的实质有深刻的认识和确切的掌握，把实际放大过程抽象成为概念、理论和方法，然后才能运用数学手段把有关因素之间的相互关系定量地表示出来。数学模型放大法成功的关键在于数学模型的可靠性，一般从初级模型到预测模型再到设计模型需经过小试、中试到工业试验的多次检验修正，才能达到真正完美的程度。只要能够写出正确的模型，借助电子计算机，一般可以算出结果来。

3. 工业化生产试验

一般正式生产厂的规模为中试装置的10～50倍，当腐蚀情况及物性常数都明确时，规模可扩大到100～200倍。

对于精细化工生产的单元操作和设备，经过中试后，即可比较容易地进行工业设计并投入工业化生产试验。但对于化学反应装置，由于其中进行着多种物理与化学过程，而且相互影响，情况错综复杂，理论解析往往感到困难，甚至实验数据也不易归纳为有把握的规律性的形式，这也是工业化生产的关键。精细化工产品大致分为配方型产品和合成型产品。对于配方型产品，其反应装置内进行的只是一定工艺条件下的复配或只有简单的化学反应，这种产品在经过中试后，可直接进入工业化生产，一般不会存在技术问题。对于合成型产品，尤其是需经过多步合成反应的医药类产品，由于反应过程复杂，影响因素较多，在进行设计时需建立工业反应器的数学模型，然后再进行工业化生产试验。

三、提高精细化工生产水平的途径

改进工艺条件，不断提高精细化工生产水平，这是每个精细化工生产企业都十分重视的问题。而提高生产水平的途径，其内容却极为丰富，并常常受多种因素的影响。

1. 提高收率

收率的提高不仅能降低原辅材料消耗定额，进而降低成本，而且能增加产量和提高工效。提高收率一般可从以下四方面着手：

（1）研究化学反应机理，掌握其客观规律，选择最有利的反应条件，加速正反应，避免或阻滞副反应的发生。

（2）控制原辅材料及中间体的质量，加强分析检验，选用质量合格的原辅材料及中间体。

（3）不断试验，改进工艺，缩短工序，简化操作，在不影响质量情况下，尽量减少物理过程，如过滤、干燥、蒸发等。

（4）循环利用母液（特别是结晶母液）或回收母液中的成品。在保证质量前提下，尽量减少精制工序。

2. 节约原辅材料

经常检查度量工具，做到计量准确，同时加强原辅材料的回收和综合利用。

3. 选择适宜的设备

设备选择的好坏对提高收率和设备利用率极为重要。生产设备（如反应釜等）的材质、形式以及高度（H）和直径（D）的恰当比例、搅拌的形式和转速等，对生产的收率、产品的质量都有直接的关系。

4. 改进生产工艺技术

精细化学品通过试制研究和中型试验之后，已经积累了大量数据和经验，原则上就可以在生产规模中进行生产了。但是，在生产中仍然会遇到一些问题，如收率较低，成本较高，质量不够好甚至不合格等。其原因是多种多样的，这就要求对生产工艺不断地研究提高。即使生产的各项指标已经比较理想，也应在已有的基础上有所创新，有所提高。

通常一个精细化学品的合成反应如果进行得不够理想，可能有以下几个因素：原料质量的影响，反应条件或后处理方法不适当等。不断创新和改进生产工艺技术就是要找出问题的症结，有针对性地提出解决问题的办法。

（1）对比试验技术

选用高纯度的试剂作为原料进行试验，与原反应的收率和质量进行对比。如果两者相差无几，说明反应不正常的原因，不在原料质量问题上；如有明显差别，说明原料质量确有问题。但不同原料对反应产物的质量和收率的影响是不同的，出于对工业生产效益的考虑，要求尽量应用工业规格的原料。因此，必须对所用的各种原料逐个进行对比试验，才能确定可以保证产品质量和收率的原料规格标准。若对反应机理比较熟悉或有一定的了解时，也可仅对几个有可能与质量有关的原料进行对比试验来判断。可见对比试验技术能使原料质量对化学反应收率或产品质量的影响降低到最低限度。

（2）优化技术

1）优化反应条件。反应不理想的原因之一，是反应条件选择得不够合适。可以通过单因次优选法（即固定其他条件，只改变一个条件，观察其对反应的影响）或多因次优选法对原有反应条件进行考查核实。在进行多因次优选法时，可利用正交试验设计法，通过比较少的试验次数，便可找出对反应有较大影响的因素和条件。

2）改用其他试剂。不同的试剂对反应影响很大。例如，氨基酰化，既可以用酸酐酰化，也可以用羧酸、酰卤或酯进行酰化。如果原有试剂在优选条件下的反应效果不理想，而又找不到其他更好的条件，常常可换一种试剂试一试。

3）特殊批号产品分析。在生产中，常会出现某一、二批产品收率特别高，这通常是由于在反应中引入了某些“偶然”的因素。例如，这一、二批的原料特别好、或加料时间因某种因素延长或缩短、或反应温度较高或较低等。这些“偶然”因素，正好是改进反应的一个切入点。这时，就应分析这几批反应与其他几批反应的不同之点，再通过试验来确定这些不同点与提高反应能力之间的关系，通过这些“偶然”因素的查核，找出反应的必然规律。为此，必须在生产或试验中仔细观察整个过程的每一变化，并详细做好原始记录，以便分析、判断。

（3）改进生产技术

改进生产技术是通过寻找和消除反应过程、生产过程中的薄弱环节，有针对性提出的改进生产的方法和措施，从而实现提高产品收率、质量等目的。

1）从反应机理入手，对反应过程的主副反应情况进行深入的了解和研究，找出主副反应的规律及其异同，有目的、有针对性地提出合理、有效的改进方法和措施（如更换试剂、改变反应条件、改进操作方法等），以达到加速正反应，抑制副反应的目的，从而获得提高收率，改善产品质量的良好生产效果。

2）通过生产过程实践，找出影响生产过程的原因，明确生产过程的薄弱环节，提出相应的改进方法和措施。如精细化学品生产时，很多合成反应实际上是由几步反应或几步操作串联起来构成的。如果此种生产模式的收率不高，或产品质量低下，最好将各个反应或操作分解开来，再逐个进行试验，可准确、快捷、简便地找出生产不正常的原因发生在哪一个环节上。找出真正的原因以后，提出相应的改进方法和措施。待找到较好的反应条件和操作方法之后，可再按原来的实际生产情况串联起来。

思考与练习

1. 简述精细化工产品的分类情况。
2. 分析精细化学品生产过程及特点。
3. 精细化学品生产有哪些特殊的生产技术？
4. 影响精细化学品生产的工艺条件有哪些？
5. 精细化工新产品开发程序包括哪些方面？

第二章　表面活性剂

学习目标

1. 掌握表面活性剂的定义、特点和分类。
2. 了解各类型表面活性剂的实际应用以及主要生产方法和工艺。
3. 理解十二烷基苯磺酸钠生产原理及生产工艺。
4. 能够进行十二烷基苯磺酸钠生产工艺条件的分析、判断和选择。
5. 能阅读和绘制十二烷基苯磺酸钠生产工艺流程图。

第一节　表面活性剂概述

一、表面活性剂的定义

表面活性剂是指在溶剂中加入很少量即能显著降低溶剂表面张力，改变体系界面状态的物质。表面活性剂可以产生润湿或反润湿，乳化或破乳，分散或凝集，起泡或消泡，增溶等一系列作用，素有“工业味精”的美称，广泛应用于洗涤剂、纺织、皮革、造纸、塑料、橡胶、医药、冶金、矿业、建筑、化妆品等工业。它是精细化工最重要的产品之一。

二、表面活性剂的分类

表面活性剂的品种多达数千种，其分类方法各异，最常用的是按分子中亲水基团的结构来分类。根据结构中离子的带电特征分为阴离子型、阳离子型、非离子型和两性离子表面活性剂四大类。然后在每一类中再按照官能团的特性加以细分。

1. 阴离子型表面活性剂

这类表面活性剂在水溶液中能解离出带负电荷的亲水性基团，按其亲水基又可分为羧酸盐型（R—COONa）、硫酸酯型（$R—OSO_3Na$）、磺酸盐型（$R—SO_3Na$）和磷酸酯型（$R—OPO_3Na$）。

在阴离子型表面活性剂中，最重要的是直链烷基苯磺酸盐，它是洗涤剂和清洗剂中最重要的表面活性剂。随着生产技术的进步，脂肪醇醚和脂肪醇硫酸盐的产量也有了大幅上升。

2. 阳离子型表面活性剂

这类表面活性剂在水溶液中能解离出带正电荷的亲水性基团，又可分为胺盐型［$R—NH_2 \cdot HCl$、$R—NH(CH_3) \cdot HCl$、$R—N(CH_3)_2 \cdot HCl$］和季铵盐型［$R—N^+(CH_3)_3Cl^-$］。

阳离子型表面活性剂中最重要的是双十八烷基双甲基氯化铵 $(C_{18}H_{37})_2N^+(CH_3)_2Cl^-$，季铵盐氮原子上的正电荷为分子提供了水溶性，它主要用作纺织品的柔软剂和抗静电剂。

3. 非离子型表面活性剂

这类表面活性剂溶于水后不离解成离子，因而没有带电荷的基团，但同样具有亲水性和亲油性。按其亲水基结构可分为以下四类：醚型［$R—O（C_2H_4O）_nH$，其亲水基为氧乙烯基—（OCH_2CH_2）$_n$—］、酯型（多元醇的脂肪酸酯

$$\begin{array}{c} H_2COOR \\ | \\ H—C—OH \\ | \\ H—C—OH \\ | \\ H \end{array}$$

）、醚酯型［多元醇脂肪酸酯的氧乙烯醚 $R—COOR'（OCH_2CH_2）_nOH$］和多元醇型［$R—COOCH_2（CHOH）_3H$］。

4. 两性离子表面活性剂

这类表面活性剂在其分子中同时含有可溶于水的正电性和负电性基团。在酸性溶液中，正电性基团呈阳离子性质，显示阳离子型表面活性剂性质；在碱性溶液中，负电性基团呈阴离子性质，显示阴离子型表面活性剂性质；而在中性溶液中，则呈非离子型表面活性剂性质。它主要包括以下三类：氨基酸型（$R—NHCH_2CH_2COOH$）、甜菜碱型［$R—N^+（CH_3）_2CH_2CH_2COO^-$］和咪唑啉型（

$$\begin{array}{c} N—CH_2 \\ R—C \quad\; | \\ N^+—CH_2 \\ CH_3CH_2CH_2 \quad CH_2COO^- \end{array}$$

）。

5. 特殊表面活性剂

这种表面活性剂是指表面活性剂中含有氟、硅、磷、硼等特种原子的表面活性剂。含氟型是指表面活性剂中的碳氢链中，氢原子全部被氟原子取代。而含硅型是指以聚硅氧烷链为疏水基团，这种特殊用途的表面活性剂均具有很高的表面活性。表面活性剂的分类见表 2—1。

表 2—1　　　　表面活性剂的分类

类别		通式	名称	主要用途
离子型	阴离子型	$R—COONa$	羧酸盐型	皂类洗涤剂、乳化剂
		$R—OSO_3Na$	硫酸酯型	乳化剂、洗涤剂、润湿剂、发泡剂
		$R—SO_3Na$	磺酸盐型	洗涤剂、合成洗衣粉
		$R—OPO_3Na$	磷酸酯型	洗涤剂、乳化剂、抗静电剂、抗蚀剂
	阳离子型	$R—NH_2 \cdot HCl$	伯胺性	乳化剂、纤维助剂、分散剂、矿物浮选剂、抗静电剂、防锈剂等
		$R—NH（CH_3）\cdot HCl$	仲胺性	
		$R—N（CH_3）_2 \cdot HCl$	叔胺性	
		$R—N^+（CH_3）_3Cl^-$	季铵盐型	杀菌剂、消毒剂、清洗剂、防霉剂、柔软剂和助染剂等

续表

类别		通式	名称	主要用途
离子型	两性型	$R—NHCH_2CH_2COOH$	氨基酸型	洗涤剂、杀菌剂及用于化妆品中
		$R—N^+(CH_3)_2CH_2CH_2COO^-$	甜菜碱型	染色助剂、柔软剂和抗静电剂
非离子型	非离子型	$R—O(C_2H_4O)_nH$	脂肪醇聚氧乙烯醚	液状洗涤剂及印染助剂
		$R—COO(C_2H_4O)_nH$	脂肪醇聚氧乙烯酯	乳化剂、分散剂、纤维油剂和染色助剂
		$R—C_6H_4—O(C_2H_4O)_nH$	烷基苯酚聚氧乙烯醚	消泡剂、破乳剂、渗透剂等
		$R_2N—(C_2H_4O)_nH$	聚氧乙烯烷基胺	染色助剂、纤维柔软剂、抗静电剂等
		$R—COOCH_2(CHOH)_3H$	多元醇型	化妆品和纤维油剂

第二节　表面活性原理及活性作用

一、表面活性剂的活性原理

1. 具有双亲媒性结构

物质的性质是由分子结构决定的，表面活性剂的分子具有不对称的双亲媒性结构，即所有表面活性剂分子结构中都含有长的非极性链，一般是长碳链的碳氢化合物；它能溶于油而不溶于水，分子的这一端被称为亲油端或疏水端，另一端则是水溶性的，被称为亲水端。所以表面活性剂分子具有亲水和亲油的双重性质。首先，它有吸附在体系中不同界面上的倾向，且吸附在界面上的表面活性剂分子采取有规律的定向排列；其次，它们在溶液中倾向于聚集在一起，形成束状结构，称做胶束。因此，界面吸附、定向排列、生成胶束和双亲媒性就是表面活性剂的基本性质，也称为表面活性剂的活性。图 2—1 就是典型的表面活性剂的分子结构。

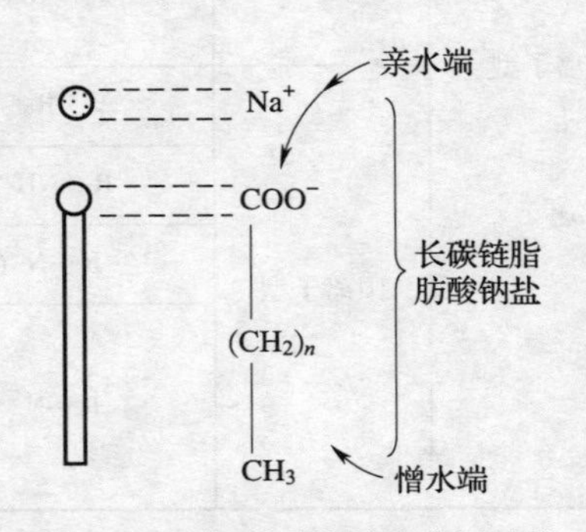

图 2—1　表面活性剂的分子结构

2. 表面张力

通常把垂直作用于液体表面上任一单位长度，并与液面相切的收缩表面的力称为表面张力，表面张力的单位用 N/m 表示。表面活性剂最大特性之一就是即使在较低浓度下也能显著降低溶剂的表面张力。图 2—2 为表面活性剂的浓度变化及其活动情况图。

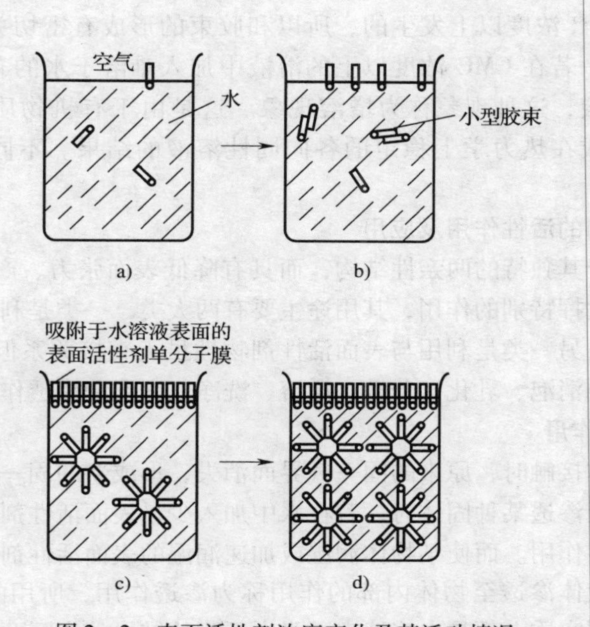

图 2—2　表面活性剂浓度变化及其活动情况

a）极稀溶液　b）稀溶液　c）临界胶束浓度的溶液　d）大于临界胶束浓度的溶液

按图 2—2a 到图 2—2d 的顺序逐渐向水相增加表面活性剂的浓度，当表面活性剂的浓度很低时，此时空气和水几乎还是直接进行相接触，水的表面张力下降很小，接近纯水状态（图 2—2a）；当水中表面活性剂浓度进一步增加时，表面活性剂分子很快聚集到液面上，使表面张力急剧下降，同时溶液中表面活性剂分子的疏水基相互靠近，形成小型胶束（图 2—2b）；再增加表面活性剂的浓度，最终在水的表面形成单分子膜，此时水的表面张力降到最低点（图 2—2c）；若再增加表面活性剂浓度，表面张力不再下降，溶液中表面活性剂分子亲油基团相互聚集在一起形成胶束（图 2—2d）。表面活性剂形成胶束的最低浓度称为临界胶束浓度（CMC）。高于或低于临界胶束浓度时，水溶液的表面张力及其他许多物理性质都有很大的差异。因此，表面活性剂溶液只有当其浓度稍大于临界胶束浓度时，才能充分显示其作用，表面活性剂浓度与溶液性质的关系如图 2—3 所示。

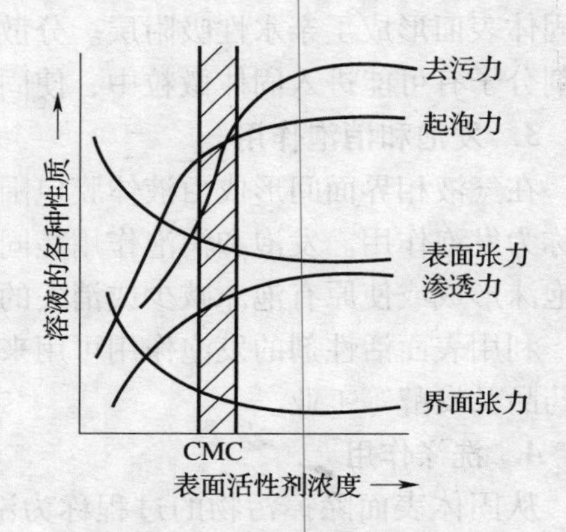

图 2—3　表面活性剂浓度与溶液性质的关系

3. 界面电荷

从电化学可知，一般在两相接触面上的电荷分布是不均匀的，特别是溶剂中加了表面活性剂以后，由于表面活性剂的吸附而产生界面电荷的变化。这种变化对界面张力、接触角等界面现象，或者分散体系特有的凝聚、分散、沉降和扩散等现象有相当明显的影响。

4. 胶束和增溶

加入表面活性剂能使一些不溶于水或微溶于水的有机物在水溶液中的溶解度增大，由于这种现象是在CMC浓度以上发生的，所以和胶束的形成有密切关系，一般认为，胶束内部与液状烃近似，若在CMC浓度以上的溶液中加入难溶于水的有机物质时，有机物就会溶解成透明水溶液，这种现象称为增溶现象。这是由于有机物质进入与它本身性质相同的胶束内部而变成在热力学上稳定的各向同性溶液的结果。不同表面活性剂的增溶能力也不同。

二、表面活性剂的活性作用及应用

表面活性剂由于其独特的两亲性结构，而具有降低表面张力、产生正吸附现象等功能，因而，在应用上可发挥特别的作用，其用途主要有两大类，一类是利用与表面活性剂物性直接相关的基本性质；另一类是利用与表面活性剂物性虽无直接关系但却有间接关系的性质。最主要的包括起泡、消泡、乳化、分散、增溶、洗净、润湿和渗透作用。

1. 润湿与渗透作用

固体表面和液体接触时，原来的固—气界面消失，形成新的固—液界面，这种现象称为润湿。当用水润湿及渗透某种固体时，若在水中加入少量表面活性剂，则润湿及渗透就较容易，此现象称为润湿作用。而使某物体润湿或加速润湿的表面活性剂称为润湿剂。同样借助表面活性剂来增大液体渗透至物体内部的作用称为渗透作用，所用的表面活性剂称为渗透剂。润湿及渗透作用实质上都是水溶液表面张力下降的结果，实际两者所使用的表面活性剂基本相同。润湿剂、渗透剂广泛应用于纺织印染工业，使织物润湿易于染色；在医药中也有应用，可增强医药对植物或虫体的润湿性，以提高杀虫效力。

2. 乳化和分散作用

使非水溶性物质在水中呈均匀乳化或分散状态现象的作用称为乳化作用或分散作用。能使一种液体（如油）均匀分散在水或另一液体中的物质称为乳化剂；能使一种固体呈微粒均匀分散在一种液体或水中的物质称为分散剂。

油与水的乳化形式有两种：一种是水包油型（O/W）；另一种是油包水型（W/O）。前者，水是连续相，油是分散相；而后者，油是连续相，水是分散相。

分散剂的分散作用在于分子的亲水基端伸在水中，疏水基端吸附在固体粒子表面，从而在固体表面形成了亲水性吸附层。分散剂分子的润湿作用破坏了固体微粒间的内聚力，使分散剂分子有可能进入固体微粒中，使固体微粒变成微小质点而分散于水中。

3. 发泡和消泡作用

在气液相界面间形成由液体膜包围的泡孔结构，从而使气液相界面间表面张力下降的现象称为发泡作用。发泡和消泡作用是同过程的两个方面。能提高溶液和悬浮液表面张力，防止泡沫形成或使原有泡沫减少或消失的表面活性剂称为消泡剂。

利用表面活性剂的发泡作用可用来制灭火剂。消泡剂广泛应用于纤维、涂料、金属、无机药品及发酵等工业。

4. 洗涤作用

从固体表面除掉污物的过程称为洗涤。来自生活环境的污垢通常有油污、固体污垢及其他污垢（如奶渍、血渍、汗渍等含蛋白质的污垢）。洗涤去污作用，是由于表面活性剂降低了表面张力而产生的润湿、渗透、乳化、分散、增溶等多种作用的综合结果。把有污垢的物质放入洗涤剂溶液中，在表面活性剂的作用下，污垢物质先被洗涤剂充分润湿、渗透，使溶液进入被沾污的物体内部，使污垢易脱落，洗涤剂再把脱落下来的污垢进行乳化而分散于溶液中，经清水漂洗而达到洗涤效果。去污作用与表面活性剂的全部性能有关，一个去污能力好的表面活性剂不一定其各种性能都好，只能说是上述各种性能协同配合的结果。

5. 增溶作用

表面活性剂在水溶液中形成胶束后，具有能使不溶或微溶于水的有机化合物的溶解度显著增大，使溶液呈透明状的作用，表面活性剂的这种作用称为增溶作用。能产生增溶作用的表面活性剂称为增溶剂，被增溶的有机物称为被增溶物。

三、表面活性剂的亲水亲油平衡（HLB）值

表面活性剂的亲水亲油平衡（HLB）值是一个经验值，是表示表面活性剂的亲水性、亲油性好坏的指标。HLB 值越大，该表面活性剂的亲水性越强；HLB 值越小，该表面活性剂的亲油性越强。表面活性剂的 HLB 值是选择和评价表面活性剂使用性能的主要指标，它有两种表示法：一种以符号表示，亲水性最强的为 HH，强的为 H，中等的为 N；亲油性最强的为 LL，强的为 L。另一种以数值表示，HLB 值为 40 的是亲水性最强的，HLB 值为 1 的是亲水性最弱的表面活性剂。

表面活性剂的 HLB 值直接影响着它的性质和应用。例如，在乳化和去污方面，按照油和污垢的极性、温度不同而有最佳的表面活性剂 HLB 值。表 2—2 是具有不同 HLB 值范围的表面活性剂所适用的场合。

表 2—2　　不同 HLB 值范围的表面活性剂所适用的场合

HLB 值范围	适用的场合	HLB 值范围	适用的场合
3 ~ 6	油包水型乳化剂	13 ~ 15	洗涤
7 ~ 9	润湿、渗透	15 ~ 18	增溶
8 ~ 15	水包油型乳化剂		

表面活性剂的 HLB 值可计算得来，也可测出。常见表面活性剂的 HLB 值可由有关手册或著作中查得。

第三节　阴离子表面活性剂

一、羧酸盐型阴离子表面活性剂

1. 脂肪酸盐

最常用的脂肪酸盐阴离子表面活性剂俗称皂类，是应用最多的表面活性剂之一。肥皂是直链 $C_9 \sim C_{21}$ 烃基羧酸盐，它的分子式是 $RCOO^-M^+$，M^+ 通常是 Na^+、K^+ 或 NH_4^+。肥皂是由天然动植物油脂或它的脂肪酸与碱皂化制得的。

$$
\begin{array}{l}
\text{R—COOCH}_2 \qquad\qquad\qquad\qquad\qquad\qquad \text{CH}_2\text{—OH} \\
\quad\quad | \qquad\qquad\qquad\qquad\qquad\qquad\qquad\quad | \\
\text{R—COOCH} + 3\text{NaOH} \longrightarrow 3\text{R—COONa} + \text{CH—OH} \\
\quad\quad | \qquad\qquad\qquad\qquad\qquad\qquad\qquad\quad | \\
\text{R—COOCH}_2 \qquad\qquad\qquad\qquad\qquad\qquad \text{CH}_2\text{—OH}
\end{array}
$$

肥皂在软水中是良好的洗涤剂，但在硬水中其表面活性就减弱甚至丧失，由于肥皂是长链羧酸盐，在水中离解成弱酸基，与硬水中的钙镁离子相遇生成在水中不溶解的脂肪酸钙、镁盐，吸附在衣服纤维上易发黄并产生不愉快气味。在肥皂内加入适量的钙皂分散剂可防止钙、镁皂的沉积并改善肥皂在硬水中的洗涤性能。

肥皂主要用于家用和个人洗涤用品，如香皂、洗衣皂、皂粉等。肥皂也是纺织工业常用的洗涤剂、煤油的胶凝剂、与蜡基烃类酸制润滑剂以及油漆的干燥剂。

2. 脂肪醇聚烷氧基醚羧酸盐

脂肪醇聚烷氧基醚羧酸盐的典型代表是脂肪醇聚氧乙烯醚羧酸盐，它的分子式是 R—$(OC_2H_4)_nOCH_2COOM$，R 是 $C_{10} \sim C_{18}$烷基或烷基芳基，n 是大于 1 的整数，它是非离子表面活性剂脂肪醇聚氧乙烯醚进行阴离子化后的产品。

脂肪醇聚氧乙烯醚羧酸盐的碱稳定性、润湿、去污力良好，是纺织工业的良好助剂，用于棉花与羊毛的漂煮、洗净。它也是制备化妆品的良好表面活性剂。

二、硫酸酯型阴离子表面活性剂

硫酸酯盐是重要的阴离子型表面活性剂，其亲油基可以是 $C_{10} \sim C_{18}$烃基、烷基聚氧乙烯基、烷基酚聚氧乙烯基、甘油单酯基等。硫酸酯盐是硫酸的半酯盐，因此，比磺酸盐更具有亲水性，它的 C—O—S 键合要比磺酸盐的 C—S 键合更容易水解，在酸性条件下硫酸酯盐不宜长期保存。它的生物降解性好，并有良好的表面活性。近年来随着不少国家要求合成洗涤剂的生物降解性好与限磷配方，脂肪醇硫酸盐与脂肪醇聚氧乙烯醚硫酸盐得到较快发展。

1. 脂肪醇硫酸盐

脂肪醇硫酸盐（简称 FAS）是硫酸的半酯盐，其通式是 $ROSO_3M$，R 是 $C_{12} \sim C_{18}$的烃基，$C_{12} \sim C_{14}$的醇最理想；M 为碱金属、铵或有机胺盐，如二乙醇胺或三乙醇胺。

脂肪醇硫酸盐已成为相当重要的表面活性剂之一，目前约有 40% 的椰油醇用于生产 FAS。除此之外，增塑剂醇和牛油醇硫酸盐也有生产，但产量远不如椰油醇硫酸盐来得大。

工业上 FAS 通常用氯磺酸或二氧化硫将脂肪醇酯化，得到的脂肪醇单酯进一步用氢氧化钠或醇胺中和而成。

$$R—OH + ClSO_3H \longrightarrow R—O—SO_3H + HCl$$

$$R—OH + SO_3 \longrightarrow R—O—SO_3H$$

$$R—OSO_3H + NaOH \longrightarrow R—OSO_3Na + H_2O$$

FAS 的应用性能主要由脂肪醇链的长度以及阳离子的性质来决定。在各种不同的 FAS 中，碳链为 $C_{12} \sim C_{14}$的发泡能力最强，其低温洗涤性能也最佳。随着洗涤温度的提高，达到最佳洗涤性能所需链长也必须增加，乳化能力也随着链长的增加而提高。

天然脂肪醇都是直链醇，与仲醇或支链醇的硫酸盐相比，FAS 的洗涤和发泡性能都比后者强。其润湿性能较低。

FAS 的主要用途是配制液状洗涤剂，餐具洗涤剂，各种香波、牙膏、纺织用润湿和洗涤剂，以及用于化工中的乳化、聚合。此外，粉状的 FAS 可用于配制粉状清洗剂、农药用润湿粉剂。

2．脂肪醇聚氧乙烯醚硫酸盐

脂肪醇聚氧乙烯醚硫酸盐（简称 AES）是近年来发展较快的硫酸酯盐，其通式为 RO$(CH_2CH_2O)_nSO_3M$，R 是 $C_{12}\sim C_{18}$烃基，通常是 $C_{12}\sim C_{14}$烃基，$n=3$，M 是钠、钾、铵或胺盐。由化学式可以看出，AES 与 FAS 不同，其亲水基团是由—SO_3M 和聚氧乙烯醚中的—O—基两部分组成，因而具有更优越的溶解性和表面活性。

脂肪醇聚氧乙烯醚硫酸盐（AES）采用 $C_{12}\sim C_{16}$的椰油醇为原料，有时也用 $C_{12}\sim C_{16}$醇，与 2～4 mol 环氧乙烷缩合，再进一步进行硫酸化，中和时与 FAS（脂肪醇硫酸盐）相似，可用氢氧化钠、氨或乙醇胺。AES 有一系列突出的优点。例如，对水硬度最不敏感；生化降解性能优良；由于在脂肪醇中引入环氧乙烷分子而降低了成本等。

脂肪醇聚氧乙烯醚硫酸盐常以 30%～60% 溶液出售。椰油醇聚氧乙烯醚硫酸钠（或钾、铵、钙与镁）盐是在室温下自由流动的 30% 浓度清液，加入少量电解质可生成高黏度的溶液。

脂肪醇聚氧乙烯醚硫酸盐可认为是家用洗涤剂配方中最重要的表面活性剂之一，AES 大量用于制备液体洗涤剂、洗发香波、餐具洗涤剂，也用于乳胶发泡剂、纺织工业助剂与聚合反应的乳化剂。现在 AES 也逐步进入重垢洗涤剂的领域。这是由于在洗衣粉或洗涤精之类的配方中已出现了降低磷酸盐含量的倾向。它很可能会大量与非离子表面活性剂复配后使用。在未来的一段时间内 AES 是市场需求增长得最快的一种阴离子表面活性剂。

3．烷基酚聚氧乙烯醚硫酸盐

烷基酚聚氧乙烯醚硫酸盐的分子式是 $RC_6H_4(OC_2H_4)_nOSO_3M$，R 是 $C_8\sim C_{12}$烃基，通常是壬基，氧乙烯基的聚合度 $n=4$。当 $n<4$，则硫酸酯盐的水溶性下降；$n>4$，则硫酸酯盐的抗硬水性增大，但泡沫性开始减弱。烷基酚聚氧乙烯醚硫酸盐的商业产品是 30%～60% 浓度的水溶液。

烷基酚聚氧乙烯醚硫酸盐具有良好的去污、润湿、乳化、发泡性能。由于它的生物降解性能比脂肪醇聚氧乙烯醚硫酸盐差，它的用途仅限于工业，可用作纺织工业助剂、聚合反应的乳化剂，以及配制工业清洗剂与机车用的洗涤剂。

三、磺酸盐型阴离子表面活性剂

磺酸盐表面活化剂是阴离子表面活性剂的主要品种，其亲油基可以是长链烃基、烷基芳基，以及含有酯、醚、酰胺基的烃基，其亲水基磺酸的 C—S 键对氧化和水解都较稳定，在硬水下不易生成钙、镁磺酸盐沉淀物。它是生产洗涤剂的主要原料，并广泛用作渗透剂、润湿剂、防锈剂等工业助剂。

1．烷基苯磺酸盐（LAS）

从生产量和消耗量来看，烷基苯磺酸盐仅次于肥皂，在合成表面活性剂中占第一位。早期生产烷基苯磺酸盐是用丙烯齐聚生成四聚丙烯，后者再与苯发生烷基化反应得到直链十二烷基苯，然后再进行磺化、中和而成。这种烷基苯磺酸盐（简称 TPS）的结构如下：

$$
\begin{array}{c}
\quad CH_3 \qquad\qquad CH_3 \qquad\qquad CH_3 \quad CH_3 \\
CH_3—CH—CH_2—\underset{|}{\overset{|}{C}}—CH_2—CH—CH—CH_3 \\
\text{(p-phenylene)} \\
SO_3Na
\end{array}
$$

烷基苯磺酸盐为淡黄色黏稠液体，其钠盐或铵盐呈中性，能溶于水，对水硬度不敏感，对酸、碱的稳定性好。它的钙盐或镁盐在水中的溶解度要低些，但可溶于烃类溶剂中。

2. 仲烷烃磺酸盐（SAS）

仲烷烃磺酸盐是较新的商品表面活性剂。由二氧化硫及空气作用于 C_{12} ~ C_{18} 的正构烷烃制得。其通式为：

$$
\begin{array}{l}
R \\
\quad \diagdown \\
\quad\; CH—SO_3Na \\
\quad \diagup \\
R' \quad (SAS)
\end{array}
$$

。

SAS 与 LAS（直链烷基苯磺酸钠）有类似的发泡性和洗涤性能，且水溶性好。其主要用途是复配成液状洗涤剂，如液体家用餐具洗涤剂。这一工艺最早是由德国赫斯脱公司开发的，商品牌号为 Hastapm SAS60，该产品中含有 60% 的有效成分。SAS 的缺点是用它作为主要组分的洗衣粉易发黏、不松散，因此，只用于液体配方中。

3. α – 烯烃磺酸盐（AOS）

α – 烯烃是采用石蜡油裂解或齐勒格乙烯齐聚制得的。粗分后得到的 C_{12} ~ $C_{18}\alpha$ – 烯烃，用空气稀释后的二氧化硫进行磺化，然后再进行中和而制得。

总体来说，AOS 与 LAS 的性能相似，但 AOS 对皮肤的刺激性稍弱，生化降解的速度也稍快。由于生产工艺简便，原料成本低廉。AOS 一直有很大的吸引力。过去对生产工艺的控制有一定的困难，近年来设备的改进已基本上解决这个问题。从 1980 年开始 AOS 的生产和应用均有上升的趋势。AOS 的主要用途是配制液状洗涤剂和化妆品。

4. 酯、酰胺的磺酸盐

比较重要的品种有丁二酸双酯磺酸盐、*N* – 油酰基 – *N* – 甲基牛磺酸盐，它们都是较重要的纺织印染助剂。

对丁二酸双酯磺酸盐来说，随着酯基上烷基结构不同，性能也有差异，最常见的是渗透剂 T，其生产原料为顺丁烯二酸酐和仲辛醇，首先制成酯，再用亚硫酸氢钠发生双键加成而进行磺化。

$$
\begin{array}{l}
RO—\overset{O}{\overset{\|}{C}}—CH \\
\qquad\qquad\;\, \| \\
RO—\underset{O}{\underset{\|}{C}}—CH
\end{array}
+ NaHSO_3 \longrightarrow
\begin{array}{l}
RO—\overset{O}{\overset{\|}{C}}—CH—SO_3Na \\
\qquad\qquad\;\, | \\
RO—\underset{O}{\underset{\|}{C}}—CH_2
\end{array}
$$

渗透剂 T 为淡黄色至棕黄色黏稠液体，可溶于水。由于分子内有酯键，故不耐强酸、强碱。它的渗透性快速均匀，润湿性、乳化性、起泡性均良好。主要用途有：不需漂白的原棉制品用它处理后，可不经煮炼，直接染色，采用渗透剂 T 可炼、漂、染一次进行。此外，也可用作农药乳化剂等。

N－油酰基－N－甲基牛磺酸盐的商品名称为胰加漂 T。胰加漂 T 为淡黄色胶状液体，活性成分 >18%，有优良的净洗、匀染、渗透和乳化功能。它作为除垢剂和润湿剂广泛用于印染工业中，特别适用于动物纤维，如羊毛的染色和清洗，并能改善织物的手感和光泽。

四、磷酸酯型阴离子表面活性剂

磷酸酯阴离子表面活性剂有磷酸单酯和双酯。烷基磷酸酯不耐酸、硬水，它的钙和镁盐是不溶的。酸式磷酸酯在水中的溶解度较低，但其碱金属盐的溶解度则较大。它们的表面活性作用很好。为改善其性能，R 基也可用聚氧乙烯醚基。

$$\mathrm{(RO)(HO)_2P{=}O} \qquad \mathrm{(RO)_2(HO)P{=}O}$$

磷酸酯阴离子表面活性剂由于价格高并有上述局限性，所以只在一些特殊的情况下使用。

磷酸酯及其盐可用作乳化剂、润湿剂、助溶剂、分散剂、洗涤剂。烷基（烷基酚基、烷基聚氧乙烯）磷酸酯盐是良好的油溶性乳化剂，可用于化妆品配方。聚氧乙烯醚磷酸盐是乳液聚合的乳化剂，此外，磷酸酯盐还是良好的干洗剂，也是合成纤维的抗静电剂。

第四节　阳离子表面活性剂

阳离子表面活性剂就形式来看，正好与阴离子表面活性剂结构相反。其憎水基另一端的亲水基是阳离子。它的化学结构中至少含有一个长链亲油基和一个带正电荷的亲水基。长链亲油基通常是由脂肪酸或石化产品化生而来，表面活性阳离子的正电荷除由氮原子携带外，也可由硫原子及磷原子携带，但目前应用较多的阳离子表面活性剂其正电荷都是由氮原子携带的。脂肪胺与季铵盐是主要的阳离子表面活性剂，它们的氨基与季铵基带有正电荷。氨基低碳烷基取代的仲、叔胺水溶解性增大，季铵盐是强碱，溶于酸或碱液，胺、季铵与盐酸、硫酸、羧酸形成中性盐。阳离子表面活性剂通常不与阴离子表面活性剂混合使用，两者易生成不溶于水的高分子盐。

阳离子表面活性剂可在界面或表面上吸附，达到一定的浓度时，在溶液下形成胶束，降低溶液的表面张力，具有表面活性，因此具有乳化、润湿、分散等作用，它几乎没有洗涤作用。阳离子表面活性剂的最大特征是其表面吸附力在表面活性剂中最强，具有杀菌消毒性，对织物、染料、金属、矿石有强吸附作用，可作织物柔软剂、抗静电剂、染料固定剂、金属防锈剂、矿石浮选剂与沥青乳化剂。

一、胺盐型阳离子表面活性剂

长链脂肪烃的单胺、二胺和多胺属于此类表面活性剂。脂肪伯胺和烷基丙二胺是常用的缓蚀剂。脂肪胺类在吸收酸中的质子后形成的铵盐能定向排列在金属或管道内壁与酸液的界面上，这种紧密排列的脂肪链基团形成一种厚度只有 1~2 个分子的保护薄膜，使金属免受酸的腐蚀。

除脂肪伯胺外，N－烷基丙二胺也有广泛的应用，与此类似的还有醚胺。它们可由脂肪胺或醇与丙烯腈加成后再加氢还原而成。

脂肪胺溶解于酸生成盐，以醋酸盐、油酸盐、环烷酸盐等商品出售，因此，称为胺盐型阳离子表面活性剂。这类表面活性剂可在金属表面形成紧密的憎水基膜，是金属的防锈剂，它也可用作矿石浮选剂、化肥防结块剂、沥青乳化剂和防水处理剂等。

二、季铵盐阳离子表面活性剂

季铵盐是阳离子表面活性剂中最重要的一类，有强碱性，它使表面活性剂有强亲水性，能溶于水与碱液。它的结构式是：

$$\left(\begin{array}{ccc} R_1 & & R_3 \\ & N^+ & \\ R_2 & & R_4 \end{array}\right) Cl^-$$

其中 R_1 是高碳烷基（$C_{12} \sim C_{18}$），R_2 可以是高碳烷基或甲基，R_3 是甲基，R_4 可以是甲基、苄基、烯丙基等。

季铵盐由脂肪叔胺再进一步烷基化而成。常用的烷基化剂为氯甲烷或磷酸二甲酯，它们的种类繁多，产量在各种阳离子表面活性剂中占首位。在工业上有实用价值的季铵盐有三类：长碳链季铵盐、咪唑啉季铵盐和吡啶季铵盐。

季铵盐阳离子本身的亲水性要比脂肪伯胺、脂肪仲胺和脂肪叔胺大得多。它足以使表面活性作用所需的疏水端溶于水中。季铵盐阳离子上所带的正电荷使它能牢固地被吸附在带负电荷的表面上。

目前，季铵盐最大的用途是作为家用织物柔软剂。

长碳链季铵盐中一般都含有一个以上的长碳链烷基。它们在阳离子表面活性剂中产量最高。典型的例子是双十八烷基双甲基氯化铵

$$\begin{array}{ccc} H_{37}C_{18} & & CH_3 \\ & N^{\oplus} & \\ H_{37}C_{18} & & CH_3 \end{array} \quad Cl^{\ominus}$$

烷基中的碳原子数主要为 16～18，平衡离子除氯离子外，也有采用甲基硫酸盐离子的。

双十八烷基双甲基季铵盐主要用在洗涤衣物中作为柔软剂。柔软作用来自纤维表面吸附的分子中脂肪尾基的排列状态，可使纤维平滑，使被洗的衣物达到所需的柔软性和良好的手感。同时，由阳离子引起的稍具有憎水性的表面，能使衣物在干燥时使所含有的小水滴不会合并在一起，从而使厚绒布表面的绒毛变得更加柔软。

长链的季铵盐的第二个用途是用于有机膨润土。有机膨润土是一种流变性调节剂，它在涂料工业中用于控制油漆的流变性，在油田钻探中用来配制钻井液以及用作各种金属加工的润滑剂。有机膨润土控制流变性的原理是因为其分子结构中有羟基，在静置的介质中能生成氢键，使浆料成为均匀的胶状物，并有一定的黏度，当有外力作用（如搅拌）时，氢键被破坏，黏度变小，这种特性就叫流变性。

长链季铵盐的第三个用途是杀菌。用作杀菌的季铵盐在结构中多数含有苄基。用于杀菌的领域有：家用、医用和工业用杀菌、消毒、防霉；游泳池中灭藻类；洗衣过程中消毒；油田杀微生物等。

三、其他阳离子表面活性剂

氧化叔胺 R（CH_3）$_2N \rightarrow O$，也称为胺氧化物，它是烷基二甲基叔胺或烷基二羟乙基叔胺的氧化物，烷基为 $C_{16}\sim C_{18}$ 烃基。氧化叔胺的胺氧基是极性的，易于结合 H^+，形成羟基铵离子 R（CH_3）$_2N^+$—OH，因此，它在酸性溶液中是阳离子，在中性与碱性溶液中是非离子，在酸液中与阴离子表面活性剂相遇，会产生沉淀物。在中性与碱性溶液中能与阴离子表面活性剂混合使用。

胺氧化物采用脂肪叔胺为原料，用双氧水进行氧化而成：

$$R-\underset{CH_3}{\overset{CH_3}{\underset{|}{\overset{|}{N}}}} + H_2O_2 \longrightarrow R-\underset{CH_3}{\overset{CH_3}{\underset{|}{\overset{|}{N}}}} \rightarrow O + H_2O$$

从胺氧化物的结构式中看到，在氧原子周围会形成很高的电荷密度，它很容易生成氢键，在酸性介质中生成阳离子，而在中性或碱性介质中是非离子型。

$$R-\underset{CH_3}{\overset{CH_3}{\underset{|}{\overset{|}{N}}}} \rightarrow O + H^+ \longrightarrow R-\underset{CH_3}{\overset{CH_3}{\underset{|}{\overset{|}{N}}}}-OH$$

胺氧化物复配成洗涤剂后是稳定的，虽然它属于有机氮氧化物，但它本身不会起氧化剂的作用。

作为应用性能的特点，胺氧化物的发泡能力强，不刺激皮肤。它最主要的用途是用来代替脂肪醇酰胺配制家用餐具洗涤剂。还用于棉纺织物净洗，适用于高电解质浓度下的润湿和乳化。此外，也常用于配制洗发香波。

第五节　两性离子表面活性剂

两性离子表面活性剂的亲水部分至少含有一个阳离子基与一个阴离子基，理论上它在酸性介质中表现为阳离子性，在碱性介质中表现为阴离子性，在中性溶液中表现为两性活性，实际上，受阴离子基或阳离子基的强弱的影响，它不像阴离子与阳离子表面活性剂相互配伍时会形成电荷中性的沉淀复合物，它可以与阴离子型或阳离子型表面活性剂混合使用。两性离子表面活性剂的阳离子基，通常是仲胺、叔胺或季铵基，阴离子基通常是—COOH、—SO_3H、—OSO_3H。

两性离子表面活性剂耐硬水性好，具有较好的抗静电能力，以及低刺激性、高生物降解性等，因此，其应用范围正在不断扩大，特别是在抗静电、纤维柔软、特种洗涤剂以及香波、化妆品等领域。

一、咪唑啉型两性离子表面活性剂

咪唑啉型是两性离子表面活性剂中产量和商品种类最多，应用最广的一种，制备这类表面活性剂，首先是由脂肪酸与多胺缩合，脱去 2 mol 水而形成 2－烷基－2－咪唑啉，脂肪酸通常为 $C_{12}\sim C_{18}$ 的脂肪酸，多胺通常是羟乙基乙二胺、二亚甲基二胺等。然后在 2－烷基－2－

咪唑啉的基础上引入羧基成为羧酸咪唑啉型，引入磺酸基成为磺酸咪唑啉型。

咪唑啉羧酸盐的典型代表是2－烷基－1－（2－羟乙基）－2－咪唑啉乙酸盐，其结构式如下：

$$HOCH_2CH_2-\overset{\oplus}{N}\text{(}-C(R)=\text{)}N-CH_2COO^- \quad (\text{ring: } N-CH_2-CH_2-N,\ C\text{ bearing } R)$$

咪唑啉羧酸盐对皮肤亲和无毒，对眼无刺激，用于制备婴儿香波、洗发香波、调理剂与化妆品。它有温和杀菌性能，毒性比阳离子型表面活性剂小，也可用作沥青乳化剂。

二、甜菜碱型两性离子表面活性剂

烷基甜菜碱的结构式是 $R(CH_3)_2N^+CH_2COO^-$，它是有一个季铵阳离子与一个羧基阴离子的内铵盐，R 是 $C_8\sim C_{18}$的饱和或不饱和烷基。烷基甜菜碱在 pH 值较低时，呈阳离子性质，但在碱性溶液中并不显示阴离子性质。在水中有较好的溶解度，即使在等电点其溶解度也不会明显降低。烷基甜菜碱型两性离子表面活性剂有羧酸型、磺酸型、硫酸酯型等，其中最有商业价值的是羧酸甜菜碱两性离子表面活性剂，其他类型的也正迅速地发展。甜菜碱型两性离子表面活性剂中最典型的是 *N*－烷基二甲基甜菜碱。

烷基甜菜碱在硬水、酸碱液中都有良好的泡沫性能，与阴离子型表面活性剂合用有增效作用；它是钙皂分散剂，与肥皂混合使用起协和作用，提高去污力；对皮肤柔和、刺激性小，可用于家用及个人洗涤剂，还可用作氯代烃为溶剂的干洗剂。它是合成纤维的抗静电剂、织物柔软剂，纺织品加工的匀染剂、润湿剂与洗涤剂。

三、氨基酸型两性离子表面活性剂

这类两性离子表面活性剂包括β－氨基丙酸型和α－亚氨基型，它们大都是烷基氨基酸的盐类，具有良好的水溶性，洗涤性能良好，并具有杀菌作用，它们的毒性比阳离子型表面活性剂低，常用于洗发膏及洗涤剂中。其最简单的品种为烷基甘氨酸，由脂肪胺和氯乙酸直接合成。

$$RNH_2 + ClCH_2COONa \longrightarrow RNHCH_2COONa$$

脂肪胺与两分子氯乙酸反应，可得到：

$$RNH_2 + 2ClCH_2COONa \longrightarrow RN\begin{matrix} CH_2COONa \\ CH_2COONa \end{matrix}$$

其商品名为 TEGO，是很好的杀菌剂，也是典型的两性离子表面活性剂。

氨基酸型两性离子表面活性剂不刺激皮肤和眼睛；在相当宽的 pH 值范围内都有良好的表面活性作用；它们与阴离子、阳离子、非离子表面活性剂都可兼容，它可用作洗涤剂、乳化剂、润湿剂、发型剂、杀菌剂等，也大量用作化妆品的原料。

第六节　非离子表面活性剂

在非离子表面活性剂中，分子的亲水基团完全不是一种离子，而是聚氧乙烯醚链，亦即

$R(OCH_2CH_2)_nOH$。链中的氧原子和羟基都有与水分子生成氢键的能力，使化合物具有水溶性，水溶性的大小与聚氧乙烯醚基的多少有很大的关系。

非离子表面活性剂有优异的润湿和洗涤功能，可与阴离子和阳离子表面活性剂兼容，又不受水中钙、镁离子的影响。由于有上述优点，非离子表面活性剂从20世纪70年代起发展很快，它的缺点是通常都是低熔点的蜡状物或液体，故很难复配成粉状，另一个缺点是温度上升或增加电解质浓度时，聚氧乙烯醚链的溶剂化效力会下降，有时会产生沉淀。

一、聚氧乙烯型非离子表面活性剂

1. 脂肪醇聚氧乙烯醚（AEO）

脂肪醇聚氧乙烯醚是近代非离子表面活性剂中最重要的产品，在最近十几年中，AEO产量的增长速度非常快，其主要原因有：家用重垢洗涤剂消耗量很大；而AEO的生化降解性优良；价格低廉；大量消耗于加工AES。

AEO的外观随生产的原料和工艺而异，可以是液状或蜡状，黏度随环氧乙烷的含量增加而增加。若分子中环氧乙烷含量为65%～70%时，产品在室温下即可溶解于水。

生产AEO的起始原料可以从 C_{10}～C_{18} 的伯醇或仲醇开始。

$$C_{14}H_{29}OH + n\underset{\backslash\ O\ /}{CH_2—CH_2} \longrightarrow C_{14}H_{29}—(OCH_2CH_2)_nOH$$

$$C_7H_{15}—\underset{OH}{\underset{|}{CH}}—C_6H_{13} + n\underset{\backslash\ O\ /}{CH_2—CH_2} \longrightarrow C_7H_{15}—\underset{(OCH_2CH_2)_nOH}{\underset{|}{CH}}—C_6H_{13}$$

AEO的物理性能使之不利于配成洗衣粉，但却是液状洗涤剂的理想原料。它对各种纤维去污能力都较LAS为高，特别适用于从合成纤维上洗去人体排泄出的油脂污垢。在国外AEO的主要用途是配制合成洗涤剂，国内的商品牌号为平平加系列产品，除部分用于复配液状洗涤剂外，主要用在印染行业中作匀染剂、剥色剂，在毛纺工业中用作原毛净洗剂，而在化纤工业中用作纺丝油剂。根据国外预测，AEO将继续增长，并有可能成为家用洗涤剂中的主导品种。

2. 烷基酚聚氧乙烯醚

烷基酚聚氧乙烯醚的物理性质和应用性能基本上与AEO类似，烷基酚的结构都属于在酚的羟基对位有一个带支链的烷基，其碳数通常在8～9。与AEO相比，由于烷基为支链，所以生化降解性能差。另一方面，低碳支链的烷基却能提高水溶性和洗涤效能。烷基酚聚氧乙烯醚在非离子型表面活性剂中仅次于AEO，占第二位，其中最重要的是壬基酚聚氧乙烯醚。商品牌号为乳化剂OP系列产品。

壬烯可由丙烯三聚而成，然后用三氟化硼为催化剂与苯酚发生烷基化反应生成壬基酚，再进一步与环氧乙烷发生乙氧基化反应：

$$C_9H_{18} + \text{C}_6\text{H}_5—OH \xrightarrow{BF_3} C_9H_{19}—\text{C}_6\text{H}_4—OH \xrightarrow{\underset{\backslash\ O\ /}{CH_2—CH_2}} C_9H_{19}—\text{C}_6\text{H}_4—O(CH_2CH_2O)_n—H$$

苯酚的酸度较脂肪醇高，生成一加成物的速度快，所以在最终生成物中不含有游离苯酚，聚氧乙烯醚聚合度的分布也窄。

乳化剂OP的化学稳定性好，表面活性强，它常用于复配成各种含酸、碱的金属表面清洗剂、农药用乳化剂、钻井液用乳化剂、水性漆等。在纺织工业中主要作O/W相乳化剂、清洗剂、润湿剂等。

二、多元醇酯型非离子表面活性剂

脂肪酸多元醇酯简称羧酸酯，是多元醇的部分脂肪酸酯，它的亲油基是脂肪酸的烃基，而多元醇的未反应羟基与氧结合的酯基给分子以亲水性，它溶于芳烃溶剂与矿物油，是 O/W 型的良好乳化剂；但泡沫性能差，在酸、碱液中易水解。

1. 脂肪酸羧酸酯

其中主要有脂肪酸甘油酯和脂肪酸聚乙二醇酯。

$$\begin{array}{l} CH_2OOC_{17}H_{37} \\ | \\ CHOH \\ | \\ CH_2OH \end{array}\quad \text{硬脂酸甘油单酯} \qquad \begin{array}{l} CH_2OOC_{17}H_{37} \\ | \\ CHOOC_{17}H_{37} \\ | \\ CH_2OH \end{array}\quad \text{硬脂酸甘油双酯}$$

硬脂酸甘油单酯或双酯都不是纯品，而是随工艺条件变化有不同组分比的混合物。一般都采用脂肪酸与甘油在碱性催化剂作用下加热到 180 ~ 250℃ 反应制得。它的应用性能有乳化、分散、增溶和润湿。在食品工业中常用它作烘烤制品时的脱模剂，以及制备各种冷饮制品的乳化剂；在化妆品方面用它作乳膏的基质；在金属加工中作润滑和缓蚀剂。

与脂肪酸甘油酯相似，脂肪酸聚乙二醇酯也是多组分的混合物，并含有未酯化的聚乙二醇。

$H(OCH_2CH_2)_nOH$　　聚乙二醇

$H(OCH_2CH_2)_nOOCR$　　脂肪酸聚乙二醇单酯

$RCO(OCH_2CH_2)_nOOCR$　　脂肪酸聚乙二醇双酯

脂肪酸聚乙二醇酯的性能与脂肪酸的碳链有关，但更重要的是聚乙二醇的相对分子质量。它的用途主要是在纺织工业中作为乳化剂使用。

2. 脂肪酸失水山梨醇酯

失水山梨醇由山梨醇脱水而成，它是以下两种化合物的混合物：

```
                OH
       O      CHCH2OH                      O
    /     \  /                          /     \
  CH2      CH                         CH       CH—CH—OH
   |        |                          |        |
HO—CH——CH—OH                    HO—CH——CH    CH
                                           \  /
                                            O
```

山梨醇在 225 ~ 250℃ 下用酸催化剂使脂肪酸与反应中生成的失水山梨醇酯化生成脂肪酸失水山梨醇酯。产品是单、双三酯的混合物。商品牌号为乳化剂 S 系列产品。它不溶于水，但溶于许多矿物油和植物油中，是 W/O 型乳化剂。主要用于纤维、农药、食品、化妆品，以及在石油化工中作乳化剂。

3. 天然油脂聚氧乙烯醚

在这一类产品中占主导地位的是蓖麻油聚氧乙烯醚，商品牌号为乳化剂 EL 系列。它采用蓖麻油为原料，利用蓖麻油中含有的羟基与环氧乙烷发生氧乙基化反应制成。主要用途是配制纺丝用油剂以及油脂的乳化剂。

第七节 特种表面活性剂

近年来发展了一些在分子的亲油基中除碳、氢外还含有其他一些元素的表面活性剂，如含有氟、硅、锡、硼等表面活性剂。它们数量不大，也不符合前述之电荷分类法，其用途又特殊，故通称为特种表面活性剂。特种表面活性剂可分为氟碳表面活性剂、含硅表面活性剂、生物表面活性剂及高分子表面活性剂等。

一、氟碳表面活性剂

从分子结构上看，氟碳表面活性剂与碳氢表面活性剂的差别在于亲油基的不同，合成方法的差别也主要在亲油基上，合成的关键是得到一定结构的氟碳链。通常碳原子数为 6 ~ 12；然后再按设计要求，引入亲水基，引入亲水基的方法与碳氢表面活性剂相类似。工业上制取氟碳链主要有电解氟化法、调聚法和全氟烯烃齐聚法。

由于氟碳表面活性剂具有优良的表面活性和高稳定性，因而用途甚广。它可用于氟树脂的乳液聚合和化妆品的乳液稳定，也可用于灭火剂、塑料调匀剂、油墨润湿剂等。此类表面活性剂具有憎水、憎油性，故常用于既防水又防油的纺织品、纸张及皮革等。

二、含硅表面活性剂

以硅烷基链或硅氧烷基链为亲油基，聚氧乙烯链、羧基、磺酸基或其他极性基团为亲水基构成的表面活性剂称为含硅表面活性剂。含硅表面活性剂按其亲油基不同又可分为硅烷基型和硅氧烷基型；若按亲水基来分，则和其他表面活性剂类似，有阴离子型、阳离子型和非离子型。含硅表面活性剂的合成也包括有机硅亲油链的合成和亲水基团的引入两步。由于含硅表面活性剂具有良好的表面活性和较高的热稳定性，可用于合成纤维油剂及织物的防水剂、抗静电剂、柔软剂，在化妆品中可用作消泡剂、调理剂等。含硅阳离子型表面活性剂也具有很强的杀菌作用等。

三、生物表面活性剂

微生物在一定条件下，可将某些特定物质转化为具有表面活性的代谢产物，即生物表面活性剂。生物表面活性剂也具有降低表面张力的能力，加上它无毒、生物降解性能好等特性，使其在一些特殊工业领域和环境保护方面受到关注，并有可能成为化学合成表面活性剂的替代品或升级换代产品。

生物表面活性剂是由细菌、酵母菌和真菌等多种微生物在一定条件下分泌出的代谢产物，如糖脂、多糖脂、脂肽或中性类脂衍生物等，它们与一般表面活性剂分子在结构上类似，即分子中不仅有脂肪烃链构成的亲油基，同时也含有极性的亲水基，如磷酸根或多羟基基团等。根据其亲水基的类别，生物表面活性剂可分为 5 类：糖脂类（亲水基可以是单糖、低聚糖或多糖）、氨基酸酯类（以低缩氨基酸为亲水基）、中性脂及脂肪酸类、磷脂类和聚合物类，其代表物有脂杂多糖、脂多糖复合物、蛋白质—多糖复合物等。

生物表面活性剂能显著降低表面张力和油水界面张力，具有良好的抗菌性能，由于其独特性能，可应用于石油工业提高采油率、清除油污等，而且它在纺织、医药、化妆品和食品等工业领域也都有重要应用。

第八节　十二烷基苯磺酸钠生产

一、产品的性质、规格及用途

十二烷基苯磺酸钠（LAS）是目前主要的阴离子表面活性剂，分子式为 $C_{12}H_{25}C_6H_4SO_3Na$，相对分子质量为348。其疏水基为十二烷基苯基，亲水基为磺酸基。LAS为白色浆状物或粉末，具有强力去污、湿润、发泡、乳化、分散等性能，在较宽的pH值范围内比较稳定。其钠或铵盐呈中性，能溶于水，对水硬度不敏感，对酸、碱水解的稳定性好。它的钙盐或镁盐在水中的溶解度要低一些，但可溶于烃类溶剂中，在这方面也有一定的应用价值。

直链的十二烷基苯磺酸盐对氧化剂十分稳定，适用于目前在国际上流行的加氧化漂白剂的洗衣粉配方，并且其发泡能力强，可与增洁剂进行复配。直链的十二烷基苯磺酸钠较直链的去污力强、溶解度好，难于生物降解，而直链十二烷基苯磺酸钠可生物降解，生物降解度>90%。

根据用户需要将十二烷基苯磺酸合成浓度不同的钠盐溶液（总固形物≤55%），中和产物中除活性物十二烷基苯磺酸钠外，还有无机盐（如芒硝等）、不皂化物（如石蜡烃、高级烷基苯、砜等）以及大量的水。而实际中，用户为了适应不同配方的需要，往往更喜欢直接购买十二烷基苯磺酸，再根据产品的特点和工艺的不同作进一步应用。

由于以上种种特点，加上生产成本低廉，质量稳定，使它至今仍在家用洗衣粉的消费中占主导地位，是合成洗涤剂活性物的主要成分。广泛用于日化、造纸、油田、油、水泥外加剂、防水建材、农药、塑料、金属清洗、香波、泡沫浴、纺织工业的清洗剂、染色助剂和电镀工业的脱脂剂等。

二、原料路线和生产方法

十二烷基苯磺酸钠的生产路线如图2—4所示，具体分为以下四种：

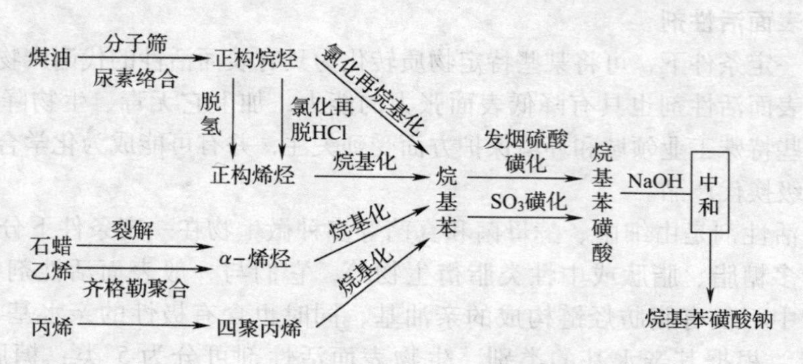

图2—4　十二烷基苯磺酸钠生产工艺路线图

1. 丙烯齐聚法

丙烯齐聚得到四聚丙烯，再与苯烷基化，然后磺化、中和而得到高度直链化的十二烷基苯磺酸钠（TPS）。

TPS不易生物降解，造成环境公害，20世纪60年代已被正构烷基苯所取代，现只有少量生产作农药乳化剂用。

2. 石蜡裂解法

3. 乙烯齐格勒聚合法

由乙烯先制得 α－烯烃，由 α－烯烃作为烷基化试剂与苯反应得到烷基苯。这样生产的烷基苯多为 2－烷基苯，作洗涤剂时性能不理想。

4. 煤油原料路线

该路线应用最多，原料成本低，工艺成熟，产品质量也好。

三、生产工艺原理

1. 反应原理

（1）主反应

以浓硫酸为磺化剂：

$$R-C_6H_5 + H_2SO_4 \longrightarrow R-C_6H_4-SO_3H + H_2O \qquad \Delta_r H_m^{\ominus} = 48\ \mathrm{kJ/mol}$$

以发烟硫酸为磺化剂：

$$R-C_6H_5 + H_2SO_4 \cdot SO_3 \longrightarrow R-C_6H_4-SO_3H + H_2SO_4 \qquad \Delta_r H_m^{\ominus} = 112\ \mathrm{kJ/mol}$$

以 SO_3 为磺化剂：

$$R-C_6H_5 + SO_3 \longrightarrow R-C_6H_4-SO_3H \qquad \Delta_r H_m^{\ominus} = 170\ \mathrm{kJ/mol}$$

（2）副反应

十二烷基苯采用三氧化硫或发烟硫酸作磺化剂，当反应温度较高或反应时间过长时，砜的生成是重要的副反应。

以发烟硫酸为磺化剂：

$$R-C_6H_5 + R-C_6H_4-SO_3H \longrightarrow R-C_6H_4-SO_2-C_6H_4-R + H_2O$$

以 SO_3 为磺化剂：

$$R-C_6H_4-SO_3H \xrightleftharpoons{SO_3} R-C_6H_4-S_3O_9H \xrightarrow{R-C_6H_5} R-C_6H_4-SO_2-C_6H_4-R + H_2SO_4 \cdot SO_3$$

砜是黑色有焦味的物质，它的产生对磺酸的色泽影响很大；同时，它不和烧碱反应，使最终产品的不皂化物含量增高。

2. 反应特点分析

十二烷基苯磺酸钠是以直链十二烷基苯进行磺化反应生产所得。磺化剂可以采用浓硫酸、发烟硫酸和三氧化硫等。磺化反应属亲电取代反应，磺化剂缺乏电子，呈阳离子，很容易进攻具有亲和性能的苯分子，在电子云密度大的地方和苯环上易发生取代反应，接受电子，形成共价键。由于磺化剂的种类、被磺化对象的性质和反应条件的影响，有的磺化剂（如发烟硫酸）本身就是很强的氧化剂，因此在主反应进行的同时，还有一系列二次副反应（串联反应）和平行副反应发生，情况十分复杂。直链烷基苯进行磺化，当反应温度过高或反应时间过长时，主要的副反应是生成砜。

以硫酸为磺化剂，反应中生成的水使硫酸浓度降低，酸耗量大，反应速度减慢，转化率低，生成的废酸多，产品质量差。通常不用硫酸作磺化剂。

以发烟硫酸为磺化剂，生成硫酸，该反应亦是可逆反应，为使反应向右移动，需加入过量的发烟硫酸，其结果会产生大量的废酸。但其工艺成熟，产品质量较稳定，工艺操作易于控制，所以至今仍有采用。

以 SO_3 作为磺化剂，反应可按化学计算量定量进行，三氧化硫利用率高，没有废酸、没有水生成，中和时省碱，单耗低。因此，目前生产十二烷基苯磺酸钠主要以 SO_3 作为磺化剂。本章主要介绍以 SO_3 为磺化剂的十二烷基苯磺酸钠生产技术。

3. 热力学和动力学分析

（1）热力学分析

磺化反应是一个强放热反应。根据范特霍夫等压方程式 $\frac{\mathrm{dln}K^{\ominus}}{\mathrm{d}T}=\frac{\Delta_r H_m^{\ominus}}{RT^2}$，温度升高，标准平衡常数 $K^{\ominus}$ 下降，对直链烷基苯的转化不利。温度太低，产物磺酸的黏度增加，对传质和传热不利，亦会影响到产物的质量。

（2）动力学分析

以 SO_3 作为磺化剂，磺化反应的速率方程可以表达为：$r=k[\mathrm{ArH}][SO_3]$，根据阿伦尼乌斯公式反应速率常数 $k=A\mathrm{e}^{-\frac{E_a}{RT}}$，该式中表观活化能 E_a 对 k 的影响很大。如根据公式 $E_a=48.15-0.25|\Delta_r H_m^{\ominus}|$，则 SO_3 磺化时，反应速率比发烟硫酸和浓硫酸大得多，因此，SO_3 磺化时不仅应严格控制气体中的 SO_3 浓度和它与烷基苯的摩尔比，而且应强化反应物料的传质和传热过程，以确保反应温度得到有效的控制。

4. 工艺条件和控制分析

（1）SO_3 浓度和它与烷基苯的摩尔比

三氧化硫磺化为气—液相反应，反应速度快，放热量大，磺化物料黏度可达 1 200 mPa · s，SO_3 与烷基苯的摩尔比对磺化产物的影响如图 2—5 所示。由图知 SO_3 用量接近理论量时磺化产品质量最佳，因此磺化配比为摩尔比 1:（1.03 ~ 1.05）。为了易于控制反应，避免生成砜等副产物，三氧化硫常被干燥空气稀释至浓度为 3% ~5% 。

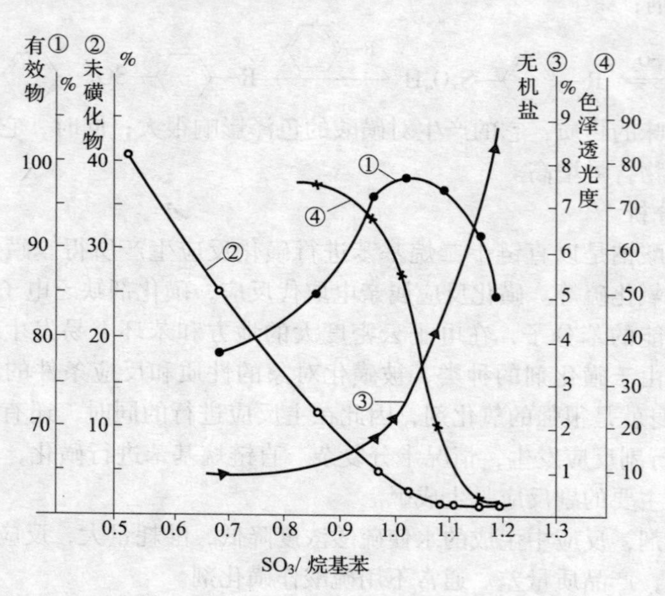

图 2—5　不同 SO_3/烷基苯摩尔比对磺化产品有效物、未磺化物、无机盐含量及色泽的影响

①有效物含量　②未磺化物含量　③无机盐含量　④色泽透光度

（2）温度

磺化反应属气—液非均相反应，主要发生在液体表面，扩散是主要控制因素。而反应为强放热瞬时反应，温度升高对直链烷基苯的转化不利，工业上反应温度控制在25℃，不超过30℃。

四、典型生产设备

三氧化硫磺化反应属气—液非均相反应，主要发生在液体表面或内部。在大多数情况下，扩散速度是主要控制因素，反应为强放热瞬时反应，大部分反应热是在反应的初始阶段放出。因此如何控制反应速度，迅速移走反应热成为生产的关键。在反应过程中副反应极易发生，反应系统黏度急剧增加，烷基苯在50℃时其黏度为1 mPa·s，而三氧化硫磺化产物的黏度为1.2 Pa·s。因此，带来物料间传质和传热的困难，使之产生局部过热和过磺化。同时磺酸黏度与温度有关，温度过低，黏度加大，因此反应温度的控制又不能过低。以上特点正是考虑磺化反应器设计和磺化工艺控制的基础。

目前，已工业化的磺化反应器主要有多釜串联式和膜式两大类。多釜串联式，也称罐式，20世纪50年代开发成功。它具有反应器容量大，操作弹性大，结构简单，易于维修，无需静电除雾和硫酸吸收装置，投资较省的优点。缺点是仅适合于处理热敏性好的有机原料，对热敏性差的有机物料则不适宜。

膜式反应器生产的产品质量好，品种范围广，已成为发展趋势。膜式反应器的种类有升膜、降膜、单膜、多膜等多种形式。单膜多管磺化反应器是由许多根直立的管子组合在一起，共用一个冷却夹套。其液体有机物料通过小孔和缝隙均匀分配到管子内壁上形成液膜。反应管内径为8~18 mm，管高0.8~5 m，反应管内通入用空气稀释的3%~7%的三氧化硫气体，气速在20~80 m/s。气流在通过管内时扩散至有机物料液膜，发生磺化反应，液膜下降到管的出口时，反应基本完成。单膜多管式反应器的构造设计专利有许多公司拥有。

如图2—6所示为意大利Mazzoni公司多管式薄膜磺化反应器示意图。双膜隙缝式磺化反应器由两个同心的不锈钢圆筒构成，并且有内外冷却水夹套。两圆筒环隙的所有表面均为流动着的反应物所覆盖。反应段高度一般在5 m以上。空气—三氧化硫通过环形空间的气速为12~90 m/s，气浓为4%左右。整个反应器分为三部分：顶部为分配部分，用以分配物料形成液膜；中间为反应部分，物料在环形空间完成反应；底部为尾气分离部分，反应产物磺酸与尾气在此分离。其结构简图如图2—7所示。目前以日本研制生产的TO反应器（也称等温反应器）最先进。其进料分配体系是一种环状的多孔材料，孔径10~50 μm。它不但加工、制造、安装简单，而且形成的液膜更均匀。此反应装置还采用了二次保护风新技术，即在液膜和三氧化硫气流之间，吹入一层空气流，这样可以使三氧化硫得到稀释，并在主风和有机物料之间起了隔离作用，使反应速度减慢，延长了反应段。它不但消除了温度高峰，而且在整个反应段内温度分布都比较平稳，接近一个等温反应过程，显著地改善了产品的色泽并减少了副反应。

五、工艺流程分析

1. 十二烷基苯制备（LAB）

（1）正十二烷烃的提取

天然煤油中正构烷烃仅占30%左右，将其提取出来的方法有两种，尿素络合法和分子筛提蜡法。

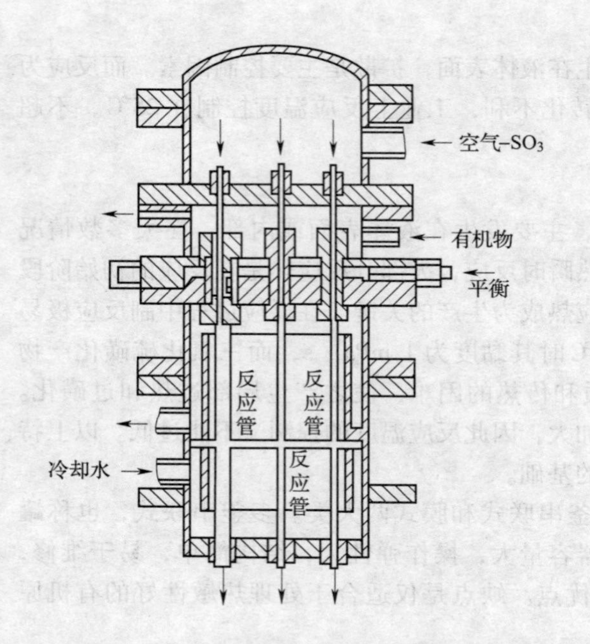

图 2—6　Mazzoni 多管式薄膜磺化反应器

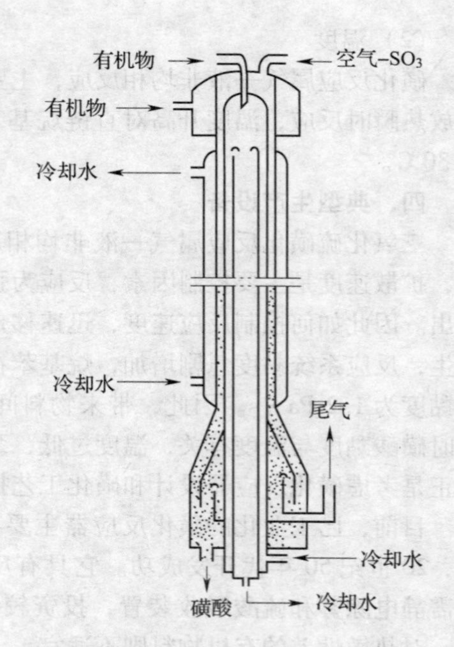

图 2—7　双膜隙缝式薄膜磺化反应器

1）尿素络合法。尿素络合法是利用尿素能和直链烷烃及其衍生物形成结晶络合物的特性而将正构烷烃与支链异构物分离的方法。在有直链烷烃和其衍生物存在时，尿素可以由四面晶体转化形成直径为 0. 55 nm，内壁为六方晶格的孔道。例如，C_{12}正构烷烃的横向尺寸约在 0. 49 nm，如果增加一个甲基支链，它的横向尺寸就增加到 0. 56 nm，分支链越大，横向尺寸越大，苯环或环烷烃环的尺寸更大，如苯的直径达 0. 59 nm。这样一来煤油中只有小于尿素晶格的正构烷烃分子才能被尿素吸附入晶格中，而比尿素晶格大的支链烃、芳烃、环烷烃就被阻挡在尿素晶格之外。然后再将这些不溶性固体加合物用过滤或沉降的办法将它们从原料油中分离出来。将加合物加热分解，即可得到正构烷烃，而尿素可以重复使用。

2）分子筛提蜡法。应用分子筛吸附和脱附的原理，将煤油馏分中的正构烷烃与其他非正构烷烃分离提纯的方法称为分子筛提蜡。这是制备洗涤剂轻蜡的主要工艺。分子筛也称人造沸石，是一种高效能高选择性的超微孔型吸附剂。它能选择性地吸附小于分子筛空穴直径的物质，即临界分子直径小于分子筛孔径的物质才能被吸附。在分子筛脱蜡工艺中选用 5A 分子筛就是基于此点。5A 分子筛的孔径为 0. 5 ~ 0. 55 nm，因此它只能吸附正构烷烃，而不能吸附非正构烷烃。吸附了正构烷烃的分子筛经脱附得到正构烷烃。脱附方法有很多：如可以通过热切换脱附、压力切换脱附、用非吸附物质吹扫脱附、用非吸附物质置换脱附等，吸附性更强的物料也可用吸附性弱的物料进行置换脱附。现较多采用低级烷烃等更易吸附的物质进行置换脱附。

（2）苯烷基化反应

由上述方法得到的正构烷烃可经两条途径制得烷基苯：一为氯化法，二为脱氢法。

1）氯化法。此法是将正构烷烃用氯气进行氯化，生成氯代烷。氯代烷在催化剂三氯化铝存在下与苯发生烷基化反应而制得烷基苯。流程简图如图 2—8 所示。反应混合物经分离精制除去催化剂络合物和重烃组成的褐色油泥状物质（泥脚），再分离出未反应的苯和未反应的正构烷烃，分别循环利用，得到粗烷基苯。粗烷基苯虽已可以使用，但为了提高产品质量，仍需精制处理，以除去大部分茚满、萘满等不饱和杂质。这样产品可避免着色和异味。

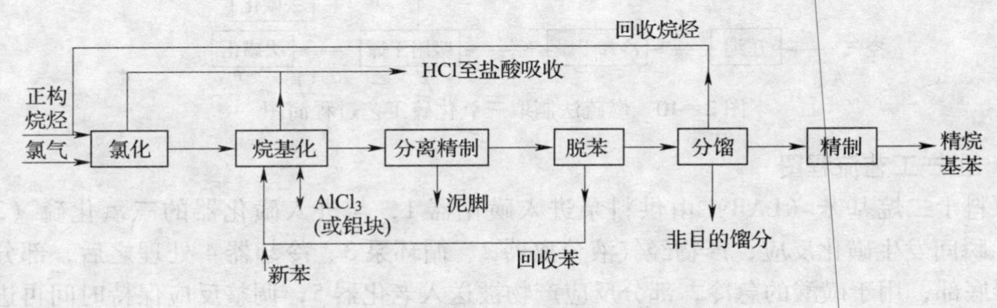

图 2—8　氯化法制烷基苯流程简图

2）脱氢法。脱氢法生产烷基苯是美国环球油品公司（UOP）开发并于 1970 年实现工业化的一种生产洗涤剂烷基苯的方法。由于其生产的烷基苯内在质量比氯化法的好，又不存在使用氯气和副产盐酸的处理与利用问题，因此这一技术较快地在许多国家被采用和推广。生产过程大致如图 2—9 所示。

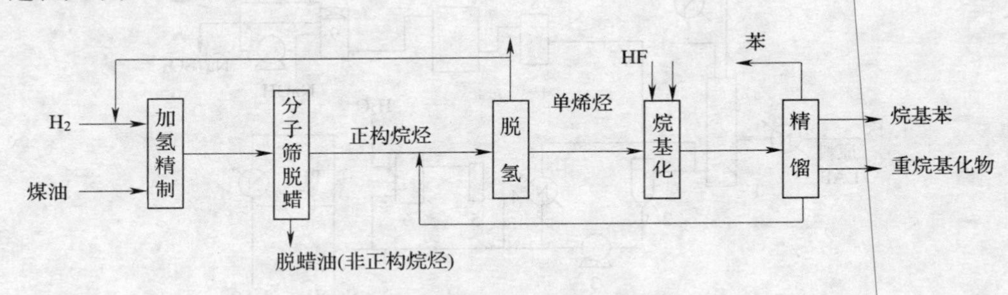

图 2—9　脱氢法生产烷基苯流程简图

煤油经过选择性加氢精制，除去所含的 S、N、O、双键、金属、卤素、芳烃等杂质。高纯度正构烷烃提出后，经催化脱氢制取相应的单烯烃，单烯烃作为烷基化剂在 HF 催化剂作用下与苯进行烷基化反应，制得烷基苯。精馏未反应的苯和烷烃，使其循环利用，此时便得到品质优良的精烷基苯。

2. 三氧化硫制备

三氧化硫可由三种方法得到：液体三氧化硫蒸发，发烟硫酸蒸发和燃硫法。燃硫法是采用燃烧硫磺来产生三氧化硫的。硫磺在过量空气存在下直接燃烧成二氧化硫，再经催化转化为三氧化硫。此法技术比较成熟，生产成本较低。

首先将固体硫磺在 150℃左右熔融、过滤，送入燃硫炉燃烧，在 600～800℃与经过干燥处理的空气中的氧气反应生成二氧化硫。炉气冷却至 420～430℃进入转化炉，在 V_2O_5 催化下，二氧化硫与氧反应转化为三氧化硫。进入系统的空气中所含微量水经冷却，会与三氧化硫形成酸雾，必须经过玻璃纤维静电除雾器除去，否则将影响磺化操作和产品质量。不稳定的三氧化硫气体被引入到制酸装置。工艺过程简图如 2—10 所示。

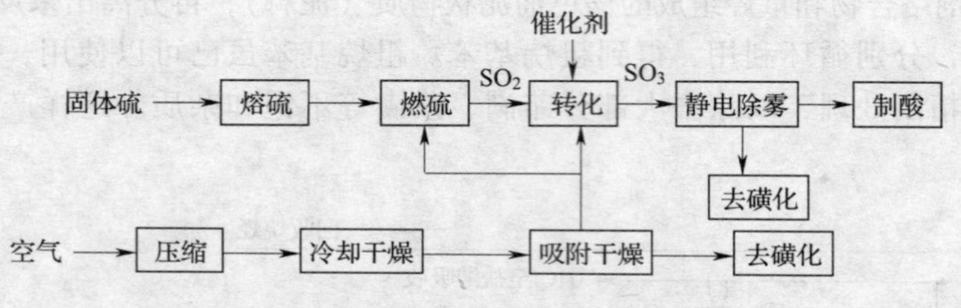

图 2—10　燃硫法制取三氧化硫工艺过程简图

3. 生产工艺流程图

原料十二烷基苯（LAB）由供料泵进入磺化器 1，与进入磺化器的三氧化硫（3% ~ 5%），瞬间发生磺化反应，产物经气液分离器 2、循环泵 3、冷却器 4 处理之后，部分回到反应器底部，用于磺酸的急冷，部分反应产物被送入老化器 5，调整反应保持时间再进入水化器 6 成酸，最后经中和器 7 制得烷基苯磺酸钠（LAS）。尾气经除雾器 8 除去酸雾，再经吸收塔 9 吸收后放空。工艺过程简图如图 2—11 所示。

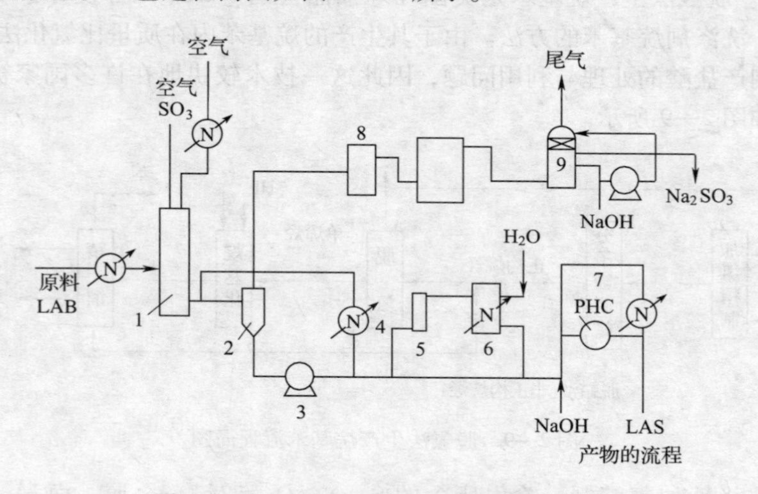

图 2—11　TO 反应器制取磺化产物的流程图

1—反应器　2—分离器　3—循环泵　4—冷却器　5—老化器　6—水化器　7—中和器　8—除雾器　9—吸收塔

六、LAS 生产三废治理和安全卫生防护

1. 三废治理

LAS 的生产除工艺尾气外，没有其他废弃物产生。工艺尾气主要是空气，气中夹带微量的烷基苯磺酸和三氧化硫，经除雾器、吸收塔处理后，完全达到排放标准。

2. 安全卫生防护

磺化剂是氧化剂，特别是 SO_3 一旦遇水则生成硫酸，同时放出大量的热量。因此，使用磺化剂严格防水防潮，防止接触各种易燃物，以免发生火灾爆炸，防止设备腐蚀。

磺化反应是强放热反应，超温导致燃烧反应，造成爆炸或引起火灾事故。因此严格控制原料纯度（含水）、投料顺序，速度不能过快，保证磺化反应系统有良好的搅拌和有效的冷却装置，及时移走热量，避免温度失控。磺化反应应设置安全防爆装置。

被烷基化的物质以及烷基化剂大都具有着火爆炸危险。因此，烷基化车间厂房设计应符合国家爆炸危险场所安全规定，应严格控制各种火源，车间内电气设备须防爆，通风良好，易燃易爆设备和部位应安装可燃气体监测报警仪，设置完善的消防设施。妥善保存催化剂，避免与水、水蒸气和乙醇等物质接触。

十二烷基苯磺酸钠三废治理和安全卫生防护情况见表2—3。

表2—3　　十二烷基苯磺酸钠安全卫生防护

危险性概述	健康危害	生产品基本无毒。其浓溶液对皮肤有一定刺激作用。目前，未见职业中毒报道
	燃爆危险	生产品可燃，具刺激性
急救措施	皮肤接触	脱去污染的衣物，用大量流动清水冲洗
	眼睛接触	提起眼睑，用流动清水或生理盐水冲洗。就医
	吸入	脱离现场至空气新鲜处。如呼吸困难，给输氧。就医
	食入	饮足量温水，催吐。就医
消防措施	危险特性	遇明火、高热可燃。与氧化剂可发生反应。受高热分解放出有毒的气体
	有害燃烧产物	一氧化碳、二氧化碳、硫化物、氧化钠
	灭火方法	消防人员须佩戴防毒面具、穿全身消防服，在上风向灭火。灭火剂：雾状水、泡沫、干粉、二氧化碳、砂土
泄漏应急处理	应急处理	隔离泄漏污染区，限制出入。切断火源。建议应急处理人员戴防尘面具（全面罩），穿防毒服。避免扬尘，小心扫起，置于袋中转移至安全场所。若大量泄漏，用塑料布、帆布覆盖。收集回收或运至废物处理场所处置
操作处置与储存	操作注意事项	密闭操作，加强通风。操作人员必须经过专门培训，严格遵守操作规程。建议操作人员佩戴自吸过滤式防尘口罩，戴化学安全防护眼镜，穿防毒物渗透工作服，戴橡胶手套。远离火种、热源，工作场所严禁吸烟。使用防爆型的通风系统和设备。避免产生粉尘。避免与氧化剂接触。搬运时要轻装轻卸，防止包装及容器损坏。配备相应品种和数量的消防器材及泄漏应急处理设备。倒空的容器可能残留有害物
	储存注意事项	储存于阴凉、通风的库房。远离火种、热源。应与氧化剂分开存放，切忌混储。配备相应品种和数量的消防器材。储区应备有合适的材料收容泄漏物
接触控制/个体防护	工程控制	生产过程密闭，加强通风
	呼吸系统防护	空气中粉尘浓度超标时，必须佩戴自吸过滤式防尘口罩。紧急事态抢救或撤离时，应该佩戴空气呼吸器
	眼睛防护	戴化学安全防护眼镜
	身体防护	穿防毒物渗透工作服
	手防护	戴橡胶手套
	其他防护	及时换洗工作服。保持良好的卫生习惯
理化特性	主要成分	纯品
	外观与性状	白色至淡黄色薄片、无臭、小颗粒或粉末状
运输信息	运输注意事项	起运时包装要完整，装载应稳妥。运输过程中要确保容器不泄漏、不倒塌、不坠落、不损坏。严禁与氧化剂、食用化学品等混装混运。运输途中应防暴晒、雨淋，防高温。车辆运输完毕应进行彻底清扫

思考与练习

1. 什么叫表面活性剂？它有哪些结构特点？

2. 表面活性剂分为哪几类？

3. 表面活性剂有哪些作用？影响其活性作用的因素有哪些？

4. HLB 是指什么？它有什么应用？

5. 阴离子型表面活性剂有哪几类？试列举一例说明阴离子型表面活性剂产品的性能及生产方法。

6. 举例说明一种磺酸盐型阴离子表面活性剂从实验室合成到工业生产要考虑哪些因素？

7. 简述生产十二烷基苯磺酸钠的原料路线、生产方法以及各自的特点。

8. 试分析十二烷基苯磺酸钠的生产原理和影响反应的因素。

9. 简述十二烷基苯磺酸钠的生产工艺过程。

10. 以三氧化硫作磺化剂在磺化过程中应注意哪些影响因素，在操作过程中应如何加以控制？

技能链接

有机合成工岗位职责

按照生产规程（工艺规程、操作规程、安全规程）和作业计划，使用仪表，操纵和看管反应设备、机泵等，控制一个或多个间歇或连续的有机化学反应过程和其他化工过程，将原料制成具有特定性质的有机中间体或成品物料。包括备料、投料、出料，调节控制工艺参数，进行观察、判断、检查、记录、测试、分析、统计、核算，协调岗位之间、工种内外人员的工作。

有机合成工技能要求

一、工艺操作能力

1. 熟练进行生产产品各岗位开停车及正常运行操作，大修或改造后以及同类工艺装置的试车和试生产工作。

2. 能进行生产产品各岗位的调优操作，使生产技术经济指标稳定在先进合理的范围。

3. 能全面分析判断产品生产状况，总结推广先进操作经验，组织技革技改措施的实现。

二、应变和事故处理能力

1. 能及时发现和消除产品生产中各种事故隐患，正确分析、判断和处理异常现象和重大事故，并提出预防和改进措施。

2. 对产品生产进行全面安全检查，提出并落实安全措施，确保生产安全。

三、设备及仪表使用维护能力

1. 提出生产产品设备及机、电、仪、计算机系统及计量器具的大、中修项目和改进方案。

2. 生产产品和同类工艺装置的安装、施工及验收等工作。

四、工艺（工程）计算能力

生产产品各生产工序的物料计算、热量计算及有关过程的计算（如物料停留时间、管道阻力、静压头、传热等）。

五、识图制图能力

识阅化工施工图（平、立面布置图，配管图等）、设备装配图，绘制生产产品的工艺流程草图、设备简图和零部件草图。

六、管理能力

能完成生产产品各项生产管理，使生产状况正常、合理、安全，并能运用全面质量管理方法分析产品生产情况，提出课题组织攻关，不断提高生产水平。

七、语言文字领会与表达能力

阅读和理解有关技术报告及管理文件，并能写出技术报告和通报有关情况等。

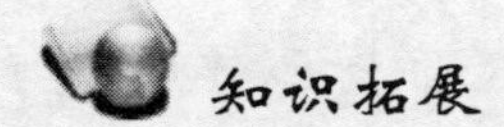

知识拓展

表面活性剂与绿色化工

化学工业产品及制造过程的安全性的基础是绿色化学与化工，表面活性剂工业的可持续发展也必须注重“绿色化”，即以“绿色化”来支撑行业的可持续发展。表面活性剂绿色化工主要有产品的绿色化，原料及制备工艺的绿色化及产品的绿色化应用几个方面的内容。

一、表面活性剂绿色化品种的研究与开发

从化学角度看，表面活性剂均以最终产品的形式存在于各类配方中被广泛应用，很多应用领域直接接触人体，如洗涤剂、化妆品及其他日化产品，且几乎所有表面活性剂产品都在使用后被排入自然界，因此，表面活性剂产品必须要有良好的人体及环境相容性。所谓人体相容性主要指产品对人体的低毒性，对皮肤的温和性及对人体器官的低刺激性；环境相容性主要是指要有较低的生态毒性及良好的生物降解性。

二、表面活性剂绿色化制备工艺的研究与开发

化工产品制造工艺的绿色化是“绿色化工”最核心的内容，主要有绿色原料的选取，制备工艺路线的优化及产品纯度提高等几方面。

1. 采用原子经济反应，实现制造过程零排放。原子经济反应是绿色化学的核心内容，该类反应也为绿色化工奠定了良好的基础。表面活性剂工业一些类型的反应符合原子经济反应的定义，即几种原料加合成产品而没有副产物生成。

2. 减少反应步骤，缩短工艺流程，减少过程排放，比较典型的例子集中在脂肪胺工业。

3. 采用无毒无害原料，提高制造过程及产品的安全性。典型的例子是用碳酸二甲酯替代硫酸二甲酯或氯甲烷作季铵化剂制备季铵盐。

三、表面活性剂绿色化应用技术开发

表面活性剂物化性能的基础是其在界面的富集和在溶液中的聚集，尤其是其表面富集的性能使其具有改变界面状态的功能，具有广泛的应用。在许多领域应用表面活性剂可以明显提高产品的绿色化性能，减少污染。

随着化工产品安全问题的压力日益紧迫，表面活性剂行业的发展也面临着安全性制约，尤其是表面活性剂的应用很多都和人民生活直接关联，要实现行业的可持续发展，从技术的角度必须要注重产品及生产过程的安全性，即对人体及环境的相容性。

化学与化工的绿色化是当今世界化学工业发展方向，表面活性剂工业作为精细化工的重要组成，必须坚持绿色化的发展方向，才能实现行业可持续发展。表面活性剂工业的绿色化要选用绿色化的原料，采用绿色化的工艺，制备高性能的绿色化产品，这些方面都构成表面活性剂绿色化的主要环节。同时也要拓宽表面活性剂绿色化应用的范围，开辟更广阔的市场，为国民经济发展作出更大贡献。

第三章　合成材料助剂

学习目标

1. 掌握合成材料助剂的定义、特点和分类。
2. 了解各类型合成材料助剂的实际应用以及主要生产方法和工艺。
3. 理解邻苯二甲酸二辛酯生产原理及生产工艺。
4. 能够进行邻苯二甲酸二辛酯生产工艺条件的分析、判断和选择。
5. 能阅读和绘制邻苯二甲酸二辛酯生产工艺流程图。

第一节　合成材料助剂概述

合成材料助剂也称“助剂”，又常称做“添加剂”或“配合剂”。在塑料、橡胶、合成纤维等合成材料以及纺织、印染、涂料、食品、农药、皮革、水泥、石油等工业部门，都需要各自的助剂。广义地说，助剂是某些产品或材料在生产或加工过程中所需添加的各种辅助化学品，用以改善生产工艺和提高产品的性能或赋予产品某种特性。大部分助剂是添加型的，在加工过程中添加于材料或产品中。

一、合成材料助剂的分类

随着合成材料的飞速发展，加工技术的不断进步和用途的日益扩大，助剂的类别和品种也日趋增加，成为一个品种十分繁杂的化工行业。从助剂的化学结构看，既有无机物，又有有机物；既有单一的化合物，又有混合物；既有单体物，又有聚合物。从助剂的应用对象看，有用于塑料的，有用于橡胶的，也有用于合成纤维等方面的。目前比较通用的是按助剂的功能分类，在功能相同的一类中，再按作用机理或化学结构分成小类。合成材料所用的助剂按照其功能分类大致可归纳如下：

1. 稳定化助剂

稳定化助剂也称为稳定剂，作用是防止或延缓聚合物在加工、储存和使用过程中老化变质。由于引起老化的因素较多（氧、光、热、微生物、高能辐射和机械疲劳等），以及老化的机理各异，所以稳定化助剂又分为不同的种类，具体见表3—1。

2. 改善力学性能的助剂

合成材料的力学性能包括抗张强度、硬度、刚性、热变形性、冲击强度等。例如，树脂的交联剂可以使高聚物的线型结构变成网状结构，从而改变高聚物材料的机械和理化性能，这个过程对橡胶来说习惯称为“硫化”，其所用的助剂有硫化剂、硫化促进剂、硫化活性剂和防焦剂等。又如，为了改善硬质塑料制品抗冲击性能而添加的抗冲击剂；在塑料和橡胶制品中具有增量作用和改善力学性能的填充剂和偶联剂等。

表 3—1　　　　　　　　　　　　　　稳定化助剂

名称	分类	化学类型	说明
抗氧化剂	自由基抑制剂	胺类和酚类	又称为主抗氧化剂
	过氧化物分解剂	硫代二羧酸酯和亚磷酸酯	又称为辅抗氧化剂，通常与主抗氧化剂并用
光稳定剂	光屏蔽剂	炭黑、氧化锌、无机颜料	受阻胺类光稳定剂具有自由基、猝灭激发态分子等多种能力
	紫外光吸收剂	水杨酸酯类、二苯甲酮类、苯并三唑类、取代丙烯腈类、三嗪类	
	激发态能量猝灭剂	镍的有机螯合物	
热稳定剂	主稳定剂	盐基性铅盐、金属皂类和盐类、有机锡化合物	主稳定剂与辅助稳定剂、其他稳定化助剂组成的复合稳定剂，在热稳定剂中占据很重要地位
	有机辅助稳定剂	环氧化合物、亚磷酸酯、多元醇	
防霉剂		元素有机化合物、含氮有机物、二硫代氨基甲酸盐、二卤代甲基硫化物、有机卤化物和酚类衍生物等	由于加工中添加了增塑剂、润滑剂、脂肪酸皂类热稳定剂等可以滋生霉菌的物质，从而具有霉菌易感受性

3．改善加工性能的助剂

在聚合物树脂进行加工时，聚合物的热降解、黏度、与加工设备和金属之间的摩擦力等因素，使加工发生困难。增塑剂也有改善聚合物加工性能的作用。塑解剂、软化剂主要用于橡胶加工。润滑剂可以改善聚合物加热形成时的流动性和脱模性，包括烃类、脂肪酸及其酰胺、酯、金属皂等衍生物。脱模剂涂布于模具表面，使模制品易于脱模，并使其表面光洁，常用的有硅油。

4．柔软化和轻质化的助剂

在塑料（特别是聚氯乙烯）加工时，需要添加增塑剂，以改善其塑性和柔软性。增塑剂是消耗量最大的助剂，以邻苯二甲酸酯类为主，其他还有脂肪族二元酸酯、偏苯三酸酯、磷酸酯、环氧酯、聚酯、烷基苯磺酸酯和氯化石蜡等。另外，在生产泡沫塑料和海绵橡胶时要添加发泡剂。发泡剂包括物理发泡剂和化学发泡剂两大类。其中化学发泡剂，尤其是有机发泡剂的应用最广。常用的发泡剂有偶氮化合物、亚硝基化合物、磺酰肼等类。用于调整发泡剂分解温度的发泡助剂有尿素类、有机酸类和脂肪酸皂类。

5．难燃助剂

“难燃”包含不燃和阻燃两个概念。目前使用的难燃助剂主要指阻燃剂。阻燃剂由添加型和反应型两大类。添加型阻燃剂分为无机类和有机类，无机类阻燃剂如氢氧化铝、氧化锑、氢氧化镁、聚磷酸铵等；有机类阻燃剂如氯化石蜡、环状脂肪族氯化物、有机溴化物、磷酸酯、含卤磷酸酯等。反应型阻燃剂如卤代酸酐，卤代双酚和含磷多元醇等。

6．改善表面性能和外观的助剂

防止制品在加工及使用过程中产生静电危害的抗静电剂、防止食品包装用及农业温床覆盖用塑料膜内壁形成雾滴的防雾滴剂以及着色剂等都属于此类助剂。

以上按照主要助剂的基本功能，把它们归纳为六大类。当然，这种归纳的方法不是唯一的。

二、选择合成材料助剂的基本要求

1. 助剂与聚合物的相容性

如果相容性不好，助剂就容易析出。固体助剂的析出，俗称“喷霜”；液体助剂的析出，称为“渗出”或“出汗”。助剂析出后即失去助剂的作用，而且影响塑料制品的外观。因此，润滑剂的相容性就不宜过大，否则就会起增塑剂的作用，使聚合物软化。

2. 助剂与聚合物在稳定性方面的相互影响

助剂必须长期稳定地存在于塑料制品中，因此应该注意助剂与聚合物在稳定性方面的相互影响。有些聚合物（如聚氯乙烯）的分解产物带酸碱性而分解助剂；也有一些助剂能加速聚合物的降解。

3. 助剂的耐久性

助剂主要通过挥发、抽出和迁移三条途径损失。挥发性的大小取决于助剂的结构，例如，由于邻苯二甲酸丁酯的相对分子质量小于邻苯二甲酸辛酯，故前者的挥发性较后者大得多；助剂的抽出性与其在不同介质中的溶解度直接相关，应根据制品的使用环境来选择适当的助剂品种；迁移性是指助剂由制品中向邻近物品的转移，其迁移可能性的大小与助剂在不同聚合物中的溶解度相关。

4. 助剂对加工条件的适应性

加工条件对助剂的要求，主要是耐热性，即要求助剂在加工温度下不分解、不易挥发和升华，同时，还要注意助剂对加工设备和模具可能产生的腐蚀作用。

5. 制品用途与选择助剂的关系

选用助剂的重要依据是制品的最终用途。不同用途的制品对所采用助剂的外观、气味、耐久性、污染性、电气性能、热性能、耐候性、毒性等都有一定的要求。特别是食品和药物包装材料、医疗器械、水管、玩具等塑料制品的卫生安全问题，越来越受到人们的重视，各国对上述塑料制品所采用的助剂，严格规定了品种及其用量。

6. 助剂的协同作用和相抗作用

在同一聚合物中的多种助剂如配合适当，助剂之间常会相互增效，起“协同作用”；配方选择不当，则有可能产生助剂之间的“相抗作用”，而且不同助剂之间可能发生化学反应、引起变色等情况也应避免。

三、合成材料助剂发展方向

1. 大吨位品种向连续化大型化方向发展

增塑剂邻苯二甲酸酯类向连续化大型化生产的方向发展，邻苯二甲酸酯连续化生产最大装置的生产能力已达 10 万吨/年。

2. 品种构成发生重大变化

高效和低毒的品种所占的比重日益增大。热稳定剂和防老剂的毒性问题日益受到重视，促使品种结构发生变化。例如，钡镉热稳定剂，由于镉的严重毒性，各国对其使用加以限制，以致其产量大幅度下降。而无毒的钙锌稳定剂增长迅速，还有直链醇的邻苯二甲酸酯增塑剂、偏苯三酸酯增塑剂、有机锡稳定剂、钡锌复合稳定剂等增长速度也比较快。

3. 阻燃剂和填充剂发展迅速

随着建筑、汽车、航空、家用电器、包装材料等部门对阻燃塑料和填充塑料的需求急剧增加，阻燃剂和填充剂迅速发展。阻燃剂的产量中添加型阻燃剂占 90%，反应型阻燃剂占 10%。填充剂在不影响塑料质量的前提下，不仅能降低成本，而且能赋予材料以阻燃、耐热、耐微生物和改善物理力学性能，因此，发展迅速，在热塑性塑料填充改性蓬勃发展的今天，填充剂的重要性已充分显示出来。

4. 研究动向

高效、低毒、耐热、耐抽出的稳定化助剂，是研究开发的主要方向。在抗氧化剂方面，研究开发的方向是寻求高效、低毒、价廉的新品种，相对分子质量大的、含磷的、多功能抗氧化剂的研究格外引人注目。在光稳定剂方面，高效的受阻胺类仍是研究开发的重点；而热稳定剂中的有机锡稳定剂、复合稳定剂，预期将有新的发展。对于阻燃效果好、用量少，并且能抑制发烟的阻燃剂的研究开发极受关注。无机阻燃剂新品种，如氢氧化镁和钼化合物的研究开发特别受关注。有机阻燃剂方面，无卤阻燃剂、磷氮阻燃剂、相对分子质量大的磷系化合物以及齐聚物新品种的研究日益活跃。溴系阻燃剂主要是开发综合性能优良的高分子型阻燃剂。溴系阻燃剂虽然发烟量较大，但其阻燃效果好，用量少，故在今后相当长的时间内仍为主要的阻燃剂品种。对于阻燃系统的配方研究也是阻燃技术研究的重要内容。为了改善塑料的冲击强度和改善加工温度较高的某些工程塑料以及聚丙烯、硬质聚氯乙烯的加工性能，冲击改性剂和加工助剂的研究也将有新的发展。

第二节　增　塑　剂

一、增塑剂与增塑机理

增塑剂是在合成材料中增加塑性物质，所谓塑性是指聚合物材料在应力作用下发生永久变形的性质。一般认为，高分子材料的增塑，是由于材料中高聚物分子链间聚集作用的削弱而造成的。增塑剂分子插入到聚合物分子链之间，削弱了聚合物分子链间的引力，即范德华力，结果增加了聚合物分子链的移动性，降低了聚合物分子链的结晶性，即增加了聚合物的塑性。表现为聚合物的硬度、模量、转化温度和脆化温度的下降以及伸长率、曲挠性和柔韧性的提高。

增塑剂的用途非常广泛，除用于聚氯乙烯树脂外，还用于纤维素、聚醋酸乙烯、ABS、聚酰胺、聚丙烯酸酯、聚氨基甲酸酯、聚碳酸酯、不饱和聚酯、环氧树脂、酚醛树脂、醇酸树脂、三聚氰胺树脂和某些橡胶。

二、增塑剂分类及常用增塑剂

增塑剂分为内增塑剂和外增塑剂。内增塑剂是在聚合物的聚合过程中引入的第二单体。由于第二单体共聚在聚合物的分子结构中，故降低了聚合物分子链的结晶度。内增塑剂的另一种类型是在聚合物分子上引入支链（或取代基或接枝的分枝），而支链可以降低聚合物链与链之间的作用力，从而增加了合成材料的塑性。内增塑剂必须在聚合过程中加入，它的使用温度范围比较窄，故通常仅用于略可挠曲的塑料制品中。外增塑剂一般为高沸点的较难挥发的液体或低熔点固体物质，绝大多数是酯类有机化合物，通常不与聚合物起化学反应，在温度升高时和聚合物的相互作用主要是溶胀作用，与聚合物形成一种固熔体。外增塑剂的性能较全面，生产和使用方便，应用广泛。常说的增塑剂均指外增塑剂。

1. 邻苯二甲酸酯类

邻苯二甲酸酯类增塑剂是增塑剂的主体，产量约占增塑剂总量的70%以上。它们性能优良，应用广泛，是由邻苯二甲酸酐和醇反应制得。有良好的混溶性、优异加工性、低温性、低挥发性、光和热的稳定性以及成本低廉。其通式为：

$$C_6H_4(COOR^1)(COOR^2)$$

式中，R^1，R^2为$C_1\sim C_{13}$的烷基、环烷基、苯基、苄基等。

R^1、R^2为C_5及以下为低碳醇酯，常作为PVC增塑剂，如邻苯二甲酸二丁酯（DBP）是相对分子质量最小的增塑剂，因为它的挥发度太大、热损耗大、耐久性差，近年来已在PVC工业中逐渐淘汰，而转向于胶黏剂和乳胶漆中用作增塑剂。邻苯二甲酸二异丁酯（DIBP）性能与DBP相似，但对秧苗、蔬菜等危害较大，不宜用于农膜中。

邻苯二甲酸二辛酯（DOP）属于高碳酯，是目前增塑性能比较全面的一种，与聚合物树脂相容性最好，挥发性及吸水性均低，电绝缘性较好。但耐寒性略差，可加入癸二酸二辛酯（DOS）加以改进。DOP可单独用做主增塑剂，制各种软制品。邻苯二甲酸二异辛酯（DIOP）、邻苯二甲酸二仲辛酯（DCP）等，性能与DOP有些相似，但性能较差，价格较低。

2. 脂肪族二元酸酯

脂肪族二元酸酯的化学结构可用如下通式表示：$ROOC—(CH_2)_n—COOR'$，式中n一般为$2\sim11$，即由丁二酸至十三烷二酸。R与R′一般为$C_4\sim C_{11}$烷基或环烷基，R与R′可以相同也可以不同。常用长链二元酸与短链一元醇或用短链二元酸与长链一元醇进行酯化，使总碳原子数在$18\sim26$之间，以保证增塑剂与树脂获得较好的相容性和低挥发性。

脂肪族二元酸酯的产量约为增塑剂总产量的5%左右。我国生产的这一系列品种主要有癸二酸二丁酯（DBS）、己二酸二（2－乙基）己酯（DOA）和癸二酸二（2－乙基）己酯（DOS），其中DOS占90%以上。DOS的耐寒性最好，但价格比较昂贵，因而限制了它的用途。在己二酸酯中，DOA相对分子质量较小，挥发性大，耐水性也较差，而DOS相对分子质量与DOA相同，耐寒性与DOA相当，而挥发性小，耐水耐油也较好，所以用量正在日益增加。在美国已二酸酯广泛用于食品包装。

由于脂肪族二元酸价格较高，所以脂肪族二元酸酯的成本也较高。目前，从制取己二酸母液中所获得的尼龙酸作为增塑剂的原料受到人们注意。据称这种C_4以上的混合二元酸的脂类用作PVC增塑剂具有良好的低温性能，且来源丰富，成本低廉。癸二酸除了传统的蓖麻油裂解法生产外，还可以用电解己二酸的方法生产，国内还进行了用正癸烷发酵生产的试验。

3. 磷酸酯

磷酸酯的化学结构可用以下通式表示：

$$O{=}P(O{-}R^1)(O{-}R^2)(O{-}R^3)$$

R^1、R^2、R^3为烷基、卤代烷基或芳基。磷酸酯与聚氯乙烯、纤维素、聚乙烯、聚苯乙烯等多种树脂和合成橡胶有良好的相容性。磷酸酯最大的特点是有良好的阻燃性和抗菌性。芳香族磷酸酯的低温性能很差；脂肪族磷酸酯的许多性能均和芳香族磷酸酯相似，但低温性能却有很大改善。另外，磷酸酯类增塑剂挥发性较低，多数磷酸酯都有耐菌性和耐候性。但其主要缺点是价格较高，耐寒性较差，大多数磷酸酯类的毒性都较大，特别是 TCP 不能用于和食品相接触的场合。

4. 环氧化合物

作为增塑剂的环氧化物主要有环氧化油类、环氧脂肪酸单酯和环氧四氢邻苯二甲酸酯三大类，在它们的分子中都含有环氧结构（—CH—CH—，两个 CH 之间经 O 桥连），主要用在 PVC 中以改善制品对光和热的稳定性。它不仅对 PVC 有增塑作用，而且可以使 PVC 链上的活泼氯原子稳定化，阻滞 PVC 的连续分解，这种稳定化作用如果是将环氧化合物和金属盐稳定剂同时应用，将进一步产生协同效应而使之更为加强。环氧化油的原料是含不饱和双键的天然油，其中最主要的是大豆油，由于产量多、价廉、制成的增塑性能好，因此环氧化大豆油占环氧增塑剂总量的 70%，其次是亚麻油、玉米油、棉子油、菜子油和花生油等。

在最近开发的新的环氧增塑剂中，较突出的有环氧化 -1，2 - 聚丁二烯，它因为分子含有多个环氧基及乙烯基，用离子反应或自由基反应能使这些官能团进行交联反应，因而所得到的制品具有优良的耐水性和耐药品性。此外，因具有环氧基，故使树脂配合物也有良好的黏合性，能用于涂料、电气零件以及天花板材料中。用于 PVC 增塑糊中，不仅增塑糊的黏度储存稳定性好，而且能帮助填充剂分散，使高填充量成为可能。

5. 聚酯增塑剂

聚酯类增塑剂是属于聚合型的增塑剂，它是由二元酸和二元醇缩聚而制得，其结构为：$H(OR^1OOCR^2CO)_nOH$，式中 R^1 与 R^2 分别代表二元醇（如1，3 - 丙二醇，1，3 - 或1，4 - 丁二醇、乙二醇等）和二元酸（如己二酸、癸二酸、苯二甲酸等）的烃基。有时为了通过封闭基进行改性，使相对分子质量稳定，则需加入少量一元醇或一元酸。聚酯增塑剂的最大特点是其耐久性突出，因而有永久型增塑剂之称。聚酯增塑剂近些年来一直在稳步发展，年产量约占增塑剂总消耗量的 3%，其中大部分用于 PVC 制品上，少量用于橡胶制品、黏合剂和涂料中。

目前的研究方向是尽力解决耐久性与加工性、低温性之间的矛盾，研制出具有较低黏度和较好低温性能的聚酯。

6. 含氯增塑剂

含氯化合物作为增塑剂最重要的是氯化石蜡，其次为含氯脂肪酸酯等。它们最大的优点是具有良好的电绝缘性和阻燃性；其缺点是与 PVC 相容性差，热稳定性也不好，因而一般作辅助增塑剂用。高含氯量（70%）的氯化石蜡可作阻燃剂用。氯化石蜡对光、热、氧的稳定性差，长时间在光和热的作用下易分解产生氯化氢，并伴有氧化、断链和交联反应发生。要提高稳定性，可以提高原料石蜡的含正构烷烃的纯度（百分比）；适当降低氧化反应温度；加入适量稳定剂以及对氯化石蜡进行分子改性（引入—OH、—SH、—NH、—CN 等极性基团）。此外，氯化石蜡耐低温，作润滑剂的添加剂可以抗严寒，当含氯量在 50% 以下时尤为突出。

7. 其他类别的增塑剂

除上述的增塑剂种类以外，还有烷基苯磺酸类（力学性能好，耐皂化，迁移性低，电性能好，耐候等）、多元醇酯类（耐寒）、柠檬酸酯（无毒）、丁烷三羧酸酯（耐热性和耐久性好）、氧化脂肪族二元酸酯（耐寒性、耐水性好）、环烷酸酯（耐热性好）等。

三、增塑剂的选择及应用

要想选择一个综合性能良好的增塑剂，许多因素要综合考虑，必须在选用前全面了解增塑剂的性能和市场情况（如商品质量、供求情况、价格）以及制品的性能要求等。为了满足制品的多种性能，有时还要采用两个或两个以上增塑剂按一定比例混合来形成综合性能。有时一种增塑剂虽然较好，但由于性能上的某种缺陷（如相容性差或塑化效率差），而只能作辅助增塑剂用。

1. 当 PVC 塑料用做食品包装材料、冰箱密封垫、人造革制品时，就要选用无毒和耐久性好的聚酯、环氧大豆油、柠檬酸三丁酯等，但后者的价格较高，影响了其使用价值。

2. 在选择增塑剂时，价格因素往往是关键性条件。因此价格和性能之间的综合评价就显得很重要。对于增塑剂的最大使用对象 PVC 制品来说，DOP 由于综合性能好，无特殊缺点，价格适中，生产技术成熟、产量大等特点成为 PVC 的主要增塑剂，一般情况下对无特殊性能要求的增塑 PVC 制品都可采用 DOP 增塑剂。

3. 增塑剂用量主要根据其对制品性能的要求来确定，此外，还要考虑加工性能问题。DOP 用量越大，则制品越柔软，PVC 软化点下降越多，则流动性越好，但过量添加会使增塑剂渗出。对 PVC 增塑中，还要加入填料、颜料等其他成分，这些组分对增塑剂的用量是有影响的，因为这些填料和颜料都具有不同的吸收增塑剂的性能，使增塑剂量有不同程度的增加，以获得同样柔软程度的制品。

4. 在选用某种增塑剂来部分或全部代替 DOP 时，一般应注意下述问题：

（1）新选用的增塑剂在主要性能上要满足制品的要求，但在其他性能上最好不下降，否则就需要采取弥补措施。

（2）新选用的增塑剂必须与 PVC 相容性好，否则就不能取代 DOP，或只能部分取代。

（3）由于增塑效率不同，因而用新增塑剂去取代 DOP 的量必须要经过计算。

（4）由于增塑剂选用的影响因素很多，因此配方经过调整以后，还需经各项性能的综合测试才能最后确定，不能只用数学计算来进行配方设计。

第三节　阻　燃　剂

一、阻燃剂的阻燃机理

阻燃剂用以提高材料抗燃性，即阻止材料被引燃及抑制火焰传播的助剂。阻燃剂主要用于阻燃和合成天然高分子材料（包括塑料、橡胶、纤维、木材、纸张、涂料等）。

塑料、橡胶、纤维都是有机化合物，均具有可燃性，极易在一定条件下燃烧。含有阻燃剂的这些材料并非是不燃材料，它们在大火中仍能猛烈燃烧，阻燃剂的存在可防止小火发展成灾难性的大火，即只能减少火灾危险，但不能消除火灾危险。阻燃剂大多是元素周期表中第Ⅴ、Ⅶ和Ⅲ族元素的化合物，如第Ⅴ族氮、磷、锑、铋的化合物，第Ⅶ族氯、溴的化合物，第Ⅲ族硼、铝的化合物。此外，硅和钼的化合物也作为阻燃剂使用，其中最常用和最重要的是磷、溴、氯、锑和铝的化合物。

阻燃剂的作用机理是复杂的，包含各种因素，但其作用主要是以通过物理途径和化学途径来达到切断燃烧循环的目的。无机阻燃剂主要以降低燃烧所产生的热量来达到阻燃的目的。氧化锌、氧化锑、氢氧化铝、硼酸盐是常用的阻燃剂。这些无机化合物可以磨成很细的粉末与组分混合，它们有很高的沸点，不易着火，在材料燃烧时发生复杂的变化。氧化锑阻燃机理是当材料燃烧时，在材料的热分解层上，氧化锑发生熔融（其熔点为650℃）生成一层气体透不过的薄膜，而达到阻燃效果。氢氧化铝分子中含有大量的化学结合的结晶水，当材料燃烧时，结晶水分解放出，同时吸收热量，反应生成的氧化铝和材料燃烧所生成的碳化物结合，形成保护膜，断绝了材料继续燃烧所需的氧气；同时，放出的水蒸气又稀释了可燃气体，从而达到较好的阻燃效果。

有机阻燃剂的阻燃机理随组分不同而不同。磷化物的阻燃机理是能消耗聚合物燃烧时的分解气体，促进不易燃烧的碳化物生成，阻止氧化反应的进行，从而抑制燃烧的进行。而卤化物则可以抑制聚合物燃烧的基本反应，稀释可燃气体，以达到阻燃目的。

二、阻燃剂的分类

按阻燃剂与被阻燃基材的关系，阻燃剂可分为添加型阻燃剂和反应型阻燃剂两大类，其中前者用量占85%，后者用量占15%。

添加型阻燃剂是在被阻燃基材（一般为高聚物）的加工过程中加入的，与基材及基材中的其他组分不发生化学反应，只是以物理方式分散于基材中而赋予基材以阻燃性。主要包括无机化合物，如氧化锑、氢氧化铝、氢氧化镁、滑石粉等；有机卤素化合物，如十溴联苯醚、四溴双酚A、氯化石蜡（含氯70%）；有机磷化合物，如磷酸三（2，3－二氯丙基）酯、磷酸三（2，3－二溴丙基）酯等。添加型阻燃剂多用于热塑性高聚物，其优点是阻燃的工艺简单、使用方便、适应面广。能满足使用要求的阻燃剂品种很多，但需要解决阻燃剂的分散性、相容性、界面性等一系列问题。

反应型阻燃剂是在被阻燃基材制备过程中加入的，它们或者作为高聚物的单体，或者作为交联剂而参与化学反应，成为聚合物分子链的一部分而赋予高聚物以阻燃性。主要包括卤代酸酐和含磷多元醇、乙烯基衍生物、含环氧基化合物等。反应型阻燃剂多用于热固性高聚物，所获得的阻燃性具有相对的永久性，它对聚合物使用性能影响小，毒性较低，但工艺复杂。

按阻燃元素种类分类，分为有机阻燃剂、无机阻燃剂两大类。有机阻燃剂包括有机卤化物（约占31%）、有机磷化物（约22%）等；无机阻燃剂主要包括氧化锑、水合氧化铝、氢氧化镁、硼化合物等。

目前在工业上用量最大的阻燃剂是有机卤化物、磷酸酯（包括含卤磷酸酯）、氧化锑、氢氧化铝及硼酸锌。近年来，出现了一类新的所谓膨胀型阻燃剂，它们是磷—氮化合物或复合物。

1. 有机磷化物阻燃剂

（1）磷酸酯类

此类阻燃剂可以由氧氯化磷和酚类或醇类反应制取，其反应式为：

$$POCl_3 + 3ROH \longrightarrow O{=}P(OR)_3 + 3HCl$$

式中的R可以是相同或不相同的芳基或烷基，如：磷酸二苯异辛酯，磷酸三丁酯等。磷酸二苯异辛酯几乎能与工业用的所有树脂相容，与PVC的相容性更优；挥发性低、耐候性和耐寒性好；这是唯一允许用于食品包装材料的磷酸酯。

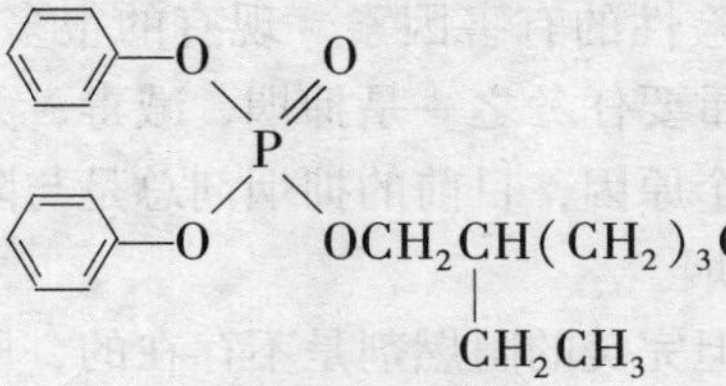

$$(C_6H_5O)_2P(=O)OCH_2CH(CH_2)_3CH_3\ (\text{CH上带}\ CH_2CH_3)$$

磷酸二苯异辛酯（ODP）

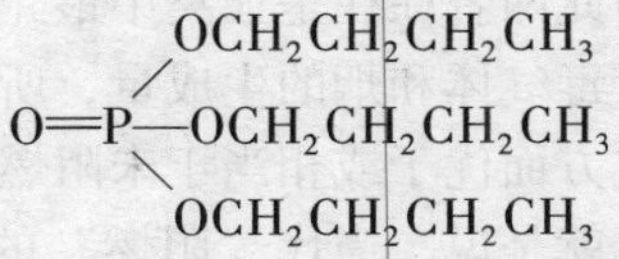

$$O{=}P(OCH_2CH_2CH_2CH_3)_3$$

磷酸三丁酯（TEP）

（2）含卤磷酸酯类

含卤磷酸酯分子中含有卤素和磷，由于卤素和磷具有协同作用，所以阻燃效果好，是一类优良的添加型阻燃剂。主要品种有磷酸三（2，3－二氯丙基）酯、三（2，4，6－三溴苯酚）磷酸酯等。前者是应用广泛的添加型阻燃剂，挥发性小，耐油性和耐水性好，阻燃效能高。适用于软质和硬质聚氨酯泡沫塑料、聚氯乙烯、环氧树脂、不饱和聚酯、酚醛树脂等塑料。在PVC中添加本品10%，在聚氨酯泡沫塑料中添加本品5%即可自熄，添加10%可达到离火自熄或不燃。后者阻燃效果好，还具有抗静电、增塑和防老化作用，并有良好的稳定性和抗冲击性能。主要用于各种聚酯和工程塑料的阻燃。

2. 有机卤化物阻燃剂

有机卤化物阻燃剂是阻燃剂中的一个重要系列，特别是有机溴化物在阻燃剂中占有特别重要的位置，例如氯化聚乙烯，它本身是聚合材料，故作为阻燃剂使用不会降低塑料的力学性能，其耐久性良好，可作聚烯烃、ABS树脂等的阻燃剂。

3. 无机阻燃剂

无机阻燃剂的阻燃机理主要是通过吸收热量和稀释氧气或可燃气体两种途径达到阻燃效果。它们大多为元素周期表第Ⅴ、Ⅶ和Ⅲ主族元素的化合物，即氮、磷、锑、铋、氯、溴、硼、铝等的化合物，硅和钼也有阻燃作用。在无机阻燃剂中占主导地位的是三氧化二锑和氢氧化铝。

三氧化二锑已成为发展工程塑料和其他树脂的重要品种。三氧化二锑用作阻燃剂时，将其添加到树脂中去，对固体粒度要求很高。一般均在0.5 μm以下，对特殊需要的品种，已出现有0.02 μm超微粒子新品种。氢氧化铝主要用于聚酯、环氧树脂等热固性树脂以及聚氯乙烯、聚乙烯、聚苯乙烯和乙烯—乙酸乙烯共聚物等热塑性树脂的阻燃。其特点是燃烧时不产生有害气体。现在也有用金属氧化物（如ZnS、ZnO、Fe_2O_3、硫脲乙酸锌、SnO_2）与卤系阻燃剂共用代替三氧化二锑，以产生协同效应。

由于无机阻燃剂稳定性较高，不易挥发，低毒，消烟作用突出，随着超细化和表面处理技术的进一步发展，无机阻燃剂的复配将成为阻燃领域的研究重点。

三、阻燃剂使用基本要求

为了使被阻燃材料达到一定的阻燃要求，一般需加入相当量的阻燃剂，但这往往较大幅度地恶化材料的力学性能、电气性能和热稳定性，同时还会引起材料加工工艺方面的一些问题。因此，人们应当根据材料的使用环境及使用需求，对材料进行适当程度的阻燃，而不能不分实际情况，一味要求材料具有过高的阻燃级别，换言之，应在材料的阻燃性及其他使用性能间求得最佳的综合平衡，而不能以过多降低材料原有优异性能的代价，来满足阻燃性能过高的要求。

此外，在提高材料阻燃性的同时，应尽量减少材料热分解或燃烧时生成的有毒气体量及烟量，因为此两者往往是火灾中最先产生且最具危险性的有害因素。现有的很多阻燃体系，往往增加有毒气体和烟的生成量，所以阻燃技术的重要任务之一是抑烟、减毒，力求使被阻燃材料在这方面优于或相当于未阻燃材料。由于这个原因，目前的抑烟剂总是与阻燃剂相提并论的，也就是说，当代“阻燃”的含义也包括抑烟。

一个理想的阻燃剂最好能同时满足下述条件，但完美的阻燃剂是不存在的，所以选择实用的阻燃剂时大多是在满足基本要求的前提下，在其他要求间折中和求得最佳的平衡。

1. 阻燃效率高，获得单位阻燃效能所需的用量少。

2. 本身低毒或基本无毒，燃烧时生成的有毒和腐蚀性气体量及烟量尽可能少。

3. 与被阻燃基材的相容性好，不易迁移和渗出。

4. 具有足够高的热稳定性，在被阻燃基材加工温度下不分解，但分解温度也不宜过高，以 250 ~400℃为宜。

5. 阻燃基材的加工性能和最后产品的力学性能及电气性能不恶化。可以认为，现有的阻燃剂和阻燃工艺无一不或多或少地对被阻燃高聚物的某一性能或某几种性能会产生不利的影响，而且阻燃剂用量越多，影响越大，所以性能优良的阻燃剂和合理的阻燃剂配方将能在材料阻燃性与实用性间求得和谐的统一。

6. 具有可接受的紫外线稳定性和光稳定性。

7. 原料来源充足，制造工艺简单，价格低廉。因为阻燃剂的用量一般比较大，所以它的价格也是一个不可忽视的考虑因素。一个性能较优而价格偏高的阻燃剂在与一个性能尚能满足使用要求但不甚理想而价格低廉的阻燃剂竞争时，前者往往败北。

四、阻燃剂的发展情况

随着工程塑料、化学建材用量的增加，对阻燃剂需求量也大增，阻燃剂研究的新方向包括：

1. 多种阻燃剂的协同

复配阻燃体系前景看好，有磷系和卤系的复配、溴系和磷系复配。除保持自身阻燃特性外，在燃烧过程中会产生溴磷化合物及其水合物，这些气相物质具有更大的阻燃效果；卤系和无机阻燃剂的复配，此复配体系集中了卤系阻燃剂的高效和无机阻燃剂的抑烟、无毒、价廉等功能。典型例子是锑氧化物和卤化物的复配，不但具有协同效应，提高材料的阻燃性能，并减少了卤系阻燃剂用量。无机阻燃剂间复配，如 ATH 与氢氧化镁或硼酸锌复配。用硼酸锌和磷酸锌增效的氯化物有机阻燃剂，密度低，不结垢，紫外稳定性好，可添加于 PS 中。

2. 消烟、无粉尘、低毒或无毒、非卤系阻燃剂

如生态学阻燃剂的研究：PVC 用金属氧化物、金属水合物产生低烟化效果；水合金属化合物减量助剂研究；无卤素、低发烟的硅酮系阻燃剂的研究，如硅酮聚合物、发烟二氧化

硅、有机铅化合物对聚烯烃的阻燃化，硅酮聚合物粉末的阻燃化，硅酮胶粉与碳酸钾对聚合物的阻燃化等。

3. 多功能化、防止二次污染的新型阻燃剂

除了其阻燃性能外，还兼具有良好的流动性、加工性、力学强度、耐热性、耐老化性、着色性、稳定性和不结垢、不喷霜等特点。同时要保护好环境，防止二次污染。

第四节　抗 氧 化 剂

一、抗氧化剂及其分类

高分子材料在保存和使用过程中，由于光、氧、热等因素的作用，造成聚合物的自动氧化反应和热分解反应，从而引起聚合物的降解。由于自动氧化反应可以在较低的温度下发生，因而氧化降解比纯热降解更为重要。

为了延长高分子材料的寿命，抑制或者延缓聚合物的氧化降解，通常使用抗氧化剂。所谓抗氧化剂是指那些仅以少量添加入材料当中，就能减缓高分子材料自动氧化反应速度的物质（橡胶行业中，抗氧化剂也称为防老剂）。抗氧化剂除了用于塑料、橡胶外，还广泛用于石油、油脂及食品工业。

抗氧化剂品种繁多，按照作用机理不同可分为链终止型抗氧化剂（或称自由基抑制剂）和预防型抗氧化剂（包括过氧化物分解剂、金属离子钝化剂等），前者称为主抗氧化剂，后者称为辅助抗氧化剂。

抗氧化剂按照化学结构不同，可分为胺类、酚类、含硫化合物类、含磷化合物类等。其中，胺类抗氧化剂主要用于橡胶工业，其中对苯二胺类和酮胺类产量最大。酚类抗氧化剂主要是受阻酚类，发展最景气，其增加速度超过胺类抗氧化剂，主要用于塑料和浅色橡胶。胺类抗氧化剂和酚类抗氧化剂约占总量90%以上，是抗氧化剂主体，属于主抗氧化剂。而硫代酯类和亚磷酸酯类抗氧化剂属于辅助抗氧化剂，如与酚类抗氧化剂并用，能产生协同作用，主要用于聚烯烃。

高分子聚合物使用的抗氧化剂应满足以下要求：有优越的抗氧化性能；与聚合物相容性好；不影响聚合物的其他性能、不与其他化学助剂发生反应；不变色，不污染或污染小，无毒或低毒。

1. 胺类抗氧化剂

胺类抗氧化剂可分为醛胺类、酮胺类、二芳基仲胺类、对苯二胺类、二苯胺类、脂肪胺类等。胺类抗氧化剂对氧、臭氧的防护作用很好，对热、光、曲挠、铜害等的防护也很突出，是一类发展最早、效果最好的抗氧化剂。因此，广泛应用于橡胶工业中。但因其污染性，故在塑料工业中仅用于电缆护层、机械零件等方面。

醛胺类防老剂是防老剂中最老的品种；酮胺类是一类极重要的橡胶防老剂，对热、氧和疲劳老化有显著的防护效果；二芳基仲胺类防老剂中苯基萘胺有很好的抗热、抗氧、抗挠曲老化的性能，只是毒性严重，故国外的产量下降；苯胺类防老剂的性能不够全面，因而应用不广。对苯二胺类的防护作用很广，对热、氧、臭氧、机械疲劳、有害金属均有很好的防护作用。例如，目前橡胶工业常用的防老剂有：

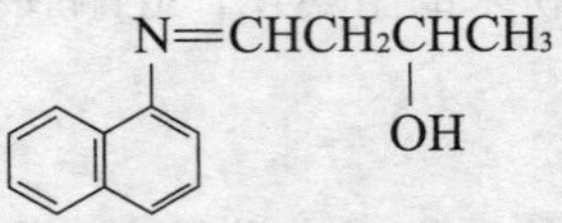

丁间醇醛萘胺 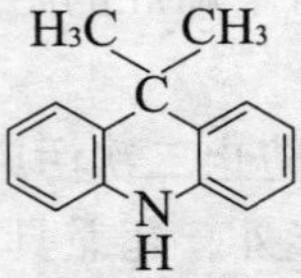　　防老剂BLT

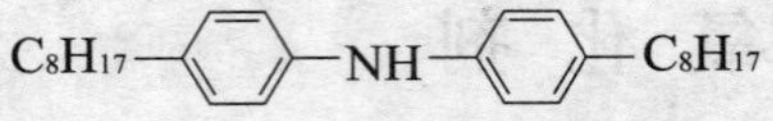

防老剂OD 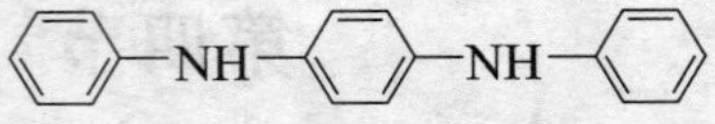　　防老剂H

2. 酚类抗氧化剂

酚类抗氧化剂具有不变色、不污染的特点，因而大量用于塑料工业。大多数酚类抗氧化剂带有受阻酚结构。

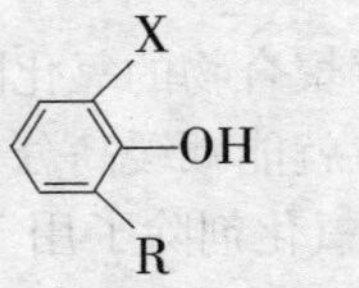

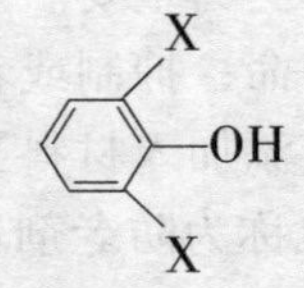

式中，R 为—CH_3、—CH_2、—S—，X 为—C（CH_3）$_3$。

酚类抗氧化剂包括烷基单酚、烷基多酚（亚烷基双酚）、硫代双酚以及多元酚、氨基酚衍生物等。其中，烷基单酚不变色、不污染，但挥发和抽出损失较大；烷基单酚没有抗臭氧效能，烷基单酚中的烷基主要是叔烷基和仲烷基，也可以是芳基。烷基多酚类是抗氧化剂最好的一类，其挥发和抽出损失较小，热稳定性好。双酚类抗氧化剂有不变色、不污染的优点，且抗氧化效率较高，与紫外线吸收剂、炭黑有良好的协同作用，故广泛地用于橡胶、乳胶及塑料工业。多元酚衍生物的防老化性能与烷基单酚相似，但有轻微的污染及喷霜，多用于浅色乳胶制品中。

常用的酚类抗氧化剂有：

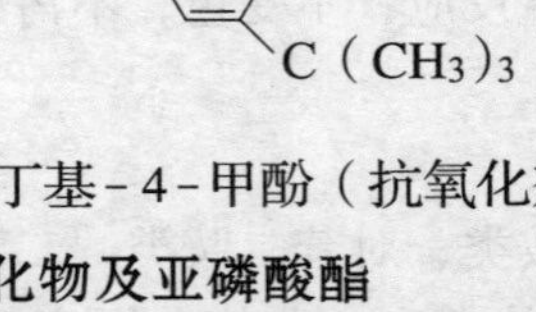

2,6-二叔丁基-4-甲酚（抗氧化剂264） 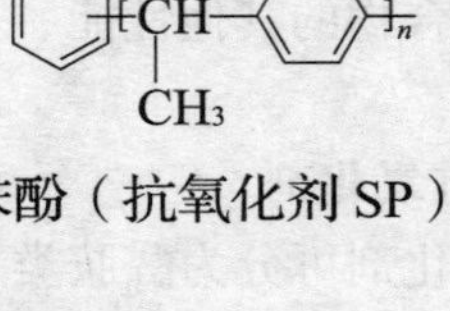　　苯乙烯化苯酚（抗氧化剂SP），n=1~3

3. 二价硫化物及亚磷酸酯

二价硫化物和亚磷酸酯是一类过氧化物分解剂，因而属于辅助抗氧化剂。它们能分解氢过氧化物产生稳定化合物，从而阻止氧化作用，主要品种有：

$$(C_{12}H_{25}—O—\overset{O}{\overset{\|}{C}}—CH_2—CH_2)_2S$$

硫代二丙酸二月桂酯（抗氧化剂DLTP）

$$(C_{18}H_{37}—O—\overset{O}{\overset{\|}{C}}—CH_2—CH_2)_2S$$

硫代二丙酸双十八酯（抗氧化剂DSTP）

二、抗氧化剂的选择应用

在高分子合成材料中，抗氧化剂的主要使用对象是塑料和橡胶，而它们两者使用的抗氧化剂品种、类型却有所不同。胺类抗氧化剂防护效果比酚类高，但易变色且有污染，不适宜浅色、艳色、透明制品，因此，目前我国塑料制品使用抗氧化剂的生产以受阻酚类为主，辅助抗氧化剂以亚磷酸酯、硫代酯为主；而橡胶制品所用的防老剂则主要采用胺类化合物，其次是酚类化合物和少数其他品种防老剂。无论塑料还是橡胶材料，在选择抗氧化剂时都应从多方面综合考虑。

1. 污染性和变色性

选择抗氧化剂首先应考虑它的污染性和变色性能否满足要求。作为一种抗氧化剂应该是无色的，应用于塑料制品中长期使用后可能出现的包污现象应该极少。抗氧化剂的污染性与抗氧化剂的化学性质、流动性和迁移性有关。胺类抗氧化剂由于有较强的变色性及污染性，故不宜用于浅色塑料制品。而酚类为不污染性抗氧化剂（无色或浅色），故可用于无色或浅色的塑料制品。如果制品中添加了炭黑，则可选用效率极高、污染性大的胺类抗氧化剂。当然，导致变色污染的原因较为复杂，应事先研究清楚。对于许多类型的变色均可通过添加某种亚磷酸酯或硫醚的办法予以克服。

2. 挥发性

挥发性与物质的分子结构和相对分子质量有密切关系，相对分子质量较大的抗氧化剂，其挥发性较低。挥发性还和温度、暴露表面的大小、空气流动情况有关。如果其他条件相同，相对分子质量较大的抗氧化剂，挥发性较低。受阻酚和某些胺的衍生物有较大的挥发性，而受阻多元酚在较高温度下的挥发性较低。

3. 溶解性与迁移性

抗氧化剂的溶解性（相容性）是选择抗氧化剂的重要方面之一。对其要求是：在聚合物中的溶解度高，在其他介质中的溶解度低。相容性取决于抗氧化剂的化学结构、聚合物种类、温度等因素。

抗氧化剂在水中或其他溶剂中的溶解度如何，十分重要。例如，橡胶制品因长期存放水中，其中的防老剂将被萃取出来，降低了其抗氧化效率。抗氧化剂的迁移速度取决于抗氧化剂的相对分子质量和溶解度。

由于抗氧化剂等添加剂使用量超出了它们在高聚物中的溶解度，其在高聚物中呈过饱和溶液，且能以较高的扩散速率向表面进行迁移，就可能出现在制品表面析出形成云雾状或白色粉末物质的喷霜现象。为防止喷霜，包括抗氧化剂在内的各种配合剂用量控制要适当。某些高聚物如低密度聚乙烯和聚氨酯，经常出现喷霜现象。

4. 稳定性

抗氧化剂对光、热、氧、水的稳定性非常重要。胺类抗氧化剂在光和氧的作用下会变色。受阻酚不能在酸性物质存在下加热，否则将发生脱烃反应，造成抗氧化效率下降。亚磷酸酯类抗氧化剂的水解稳定性较差，为解决亚磷酸酯应用中可能出现的水解，可掺入少量碱以改善其储存稳定性；也可渗入一定量的防水蜡或其他适当的憎水化合物。

实际采用的各种抗氧化剂在300～320℃温度下，都具有短时间的热稳定性。

5. 物理状态

优先选用液态的、易乳化的抗氧化剂。如果以液体形式添加抗氧化剂，可用辅助抗氧化剂（如亚磷酸酯或硫醚）作其溶剂。对于ABS乳液聚合工艺，抗氧化剂最好配制成乳剂添加。如果在聚合物合成阶段添加抗氧化剂，也可以溶解于单体或聚合溶剂的形式进行添加。

6. 毒性

抗氧化剂的毒性也是一个重要因素，特别对于与食品等接触的塑料制品，必须选择符合卫生标准的抗氧化剂品种。

7. 抗氧化剂使用的环境因素

不同结构的聚合物具有不同的抗氧化能力，在选择抗氧化剂时应考虑这种差异。线型结构的聚合物比支链结构的聚合物有较大的抗氧化能力；分子链分布越广的聚合物越易氧化。

热的影响极其重要。温度每上升10℃，氧化速度大约提高1倍。100℃时的氧化速度将是室温（20℃）时的256倍。故经常在较高温度下工作的塑料制品，必须选择高温性能良好的抗氧化剂品种。二氢喹啉类在高温下有良好的抗氧化能力，而受阻酚抗氧化剂的耐高温性能较差。若考虑到疲劳影响，以及产生的热造成的加速氧化作用，也必须选用耐热性好的抗氧化剂。

微量存在的变价金属离子如铜、锰、铁会加速聚合物的氧化，应采用金属离子钝化剂进行抑制。大气中的臭氧与塑料分子含的双键反应很快，可以采用石蜡及微晶蜡的物理防护法及添加抗臭氧剂的化学防护法进行防护。

8. 协同效应和对抗效应

链终止型抗氧化剂如胺类或酚类与过氧化物分解剂（如亚磷酸酯）配合使用可提高聚合物抗热氧老化的性能，产生协同效应。协同效应是指两种或两种以上的抗氧化剂配合使用时，其总效应大于单独使用时各个效应的总和。具有相同机理但活性不同的两个化合物之间的协同效应称为均匀协同效应。具有两个或几个不同机理的抗氧化剂之间的协同效应称为不均匀协同效应。前者如邻位上不同取代基的两个受阻酚之间的协同效应、两个不同结构的胺类之间的协同效应，以及仲芳胺类与受阻酚类之间的协同效应。后者如2，6－二叔丁苯－4－甲酚与硫代二丙酸二月桂酯之间的协同效应，以及2－硫醇基苯并咪唑与胺或酚类的协同效应。

有时几个抗氧化剂配合使用时，也会产生一种有害的效应，称为抗氧化剂的对抗作用。如仲芳胺、受阻酚与炭黑在聚乙烯或弹性体中并用，胺或酚的抗氧化能力将下降。

9. 抗氧化剂的使用量

抗氧化剂及其用量，与聚合物的类型、加工条件、应用条件，以及抗氧化剂本身的性能（如抗氧化效率、挥发性、相容性、毒性等）有关。

塑料制品中抗氧化剂的用量取决于聚合物的种类、交联体系、抗氧化剂的效率、协同效应，以及制品的使用条件和成本等因素。大多数抗氧化剂都有一个最适宜的浓度和相应的最适宜用量。超过适宜浓度则有不利影响。此外，还要考虑许多次要过程的影响，如抗氧化剂的挥发、抽出、氧化损失等。在这些情况下，应该增加抗氧化剂的用量以保证最适宜的浓度。例如挥发性大的抗氧化剂和高温等环境条件下，应加大抗氧化剂的用量。不饱和度大的聚合物亦需要较多的抗氧化剂。

新型抗氧化剂发展较快，高效、低毒、加工性能好、污染小、价廉是发展的主要方向。

第五节 热稳定剂

一、热稳定剂概述

在化学品与材料的加工、储存与使用过程中，不改变其使用条件，向其中加入少量的某种物质，使得这些材料和物质在加工或使用过程中不因受热而发生化学变化，或延缓这些变化以达到延长其使用寿命的目的，这种少量的物质被称做某种材料的热稳定剂。

热稳定剂是合成材料加工（如塑料、橡胶、树脂、胶黏剂以及涂料等行业）时所必不可少的一类助剂。其主要作用是防止高分子材料在加工过程中由于热和机械剪切所引起的降解，还能防止制品在长期使用过程中热、光和氧的破坏。因此，热稳定剂的选用必须根据加工工艺的需要和最终产品性能的要求来考虑。

二、热稳定剂的分类

热稳定剂的种类很多，归纳起来可以分为铅类、金属皂类、有机锡类、液体复合系列、稀土类以及其他类型，品种繁多。

1. 铅类热稳定剂

铅类热稳定剂是热稳定剂的主要类别。我国铅类热稳定剂占各类热稳定剂总量的65%。二价的铅具有形成络合物的能力。氧化铅与氯化氢的结合能力很强，而且形成的氯化铅对PVC的稳定性无有害作用。

铅类热稳定剂的主要优点是：热稳定性优良；电绝缘性好；具有白色颜料的性能，覆盖力大；价格低廉。它主要用于PVC管材、板材等硬质不透明制品及电缆护套，其主要缺点是有毒性，相容性和分散性差，所得制品不透明；没有润滑性，需与金属皂、硬脂酸等润滑剂并用；容易产生硫化污染等。有毒性表现在加工毒性和使用毒性这两方面。可以将铅类热稳定剂制成润湿性粉末、膏状物或粒状物而消除加工毒性。应避免将铅类热稳定剂用于水管制造，以免由于铅从塑料中抽出而产生毒性。耐候性差的缺点现在尚无有效对策。尽管有这些缺点，铅类热稳定剂仍大量用于各种不透明的软硬制品和耐热电线、电缆料中，也有用于泡沫塑料和增塑糊中。

碱性铅盐是目前应用最广泛的类别，如三碱式硫酸铅（$3PbO \cdot PbSO_4 \cdot H_2O$）、碱式亚硫酸铅（$nPbO \cdot PbSO_3$）等。碱性铅盐一般都是白色（或浅黄色）细粉、有毒，为安全起见，工厂在使用时要加强通风，最好是将其与增塑剂先配制成预分散体后再使用。

2. 金属皂类

金属皂类热稳定剂是高级脂肪酸金属盐的总称，其品种极多。我国所使用的热稳定剂有大约20%属于此类。金属皂一般是钙、镁、锌、钡、镉等的硬脂酸盐、棕榈酸盐和月桂酸盐。此外，还可以是芳香族酸、脂肪族酸、酚和醇的金属盐等。如苯甲酸、水杨酸、环烷酸、烷基酸等金属盐类，实际上后面这些金属盐并非属于皂类，而是金属盐类。

这类化合物与PVC配合进行热加工时起着氯化氢受体的作用，有机羧酸基与氯原子发生置换反应，由于酯化作用而使PVC稳定化。酯化反应速率随金属不同而异，其顺序为：$Zn > Cd > Pb > Ca > Ba$。

脂肪酸根中碳数多的，一般热稳定性与加工性能较好，但与PVC的相容性较差，容易出现喷霜现象；水与溶剂抽出性也减小，脂肪酸的臭味也减轻。金属皂稳定剂性能随金属种类和酸根不同而异，金属皂大多用于半透明制品。

3. 有机锡类热稳定剂

有机锡类热稳定剂有含硫有机锡和有机锡羧酸盐。含硫有机锡稳定剂主要是硫醇有机锡和有机锡硫化物，是目前最有效和最通用的热稳定剂。在我国热稳定剂使用中，有机锡的量约占5%，有机锡化合物通式如下：

$$\mathrm{Y{-}\underset{R}{\overset{R}{\underset{|}{\overset{|}{Sn}}}}{-}\!\left(X{-}\underset{R}{\overset{R}{\underset{|}{\overset{|}{Sn}}}}\right)_{n}\!{-}Y}$$

式中，R为甲基、正丁基、正辛基等烷基；Y为脂肪酸根（如月桂酸、马来酸等）；X为氧、硫、马来酸等。

工业上用作PVC热稳定剂的有机锡化合物大多为羧酸、二羧酸单酯、硫醇、巯基酸酯等的二烷基锡盐。烷基主要是正丁基或正辛基。作为热稳定剂的商品，一般是复配物而不用纯有机锡化合物。有机锡类热稳定剂大多数不具备润滑性质，使用时需添加适量润滑剂。当使用硫醇锡时，要注意防止铅化合物与硫醇锡能生成铅的硫化物并形成污染。

有机锡类热稳定剂为高效热稳定剂，最大的优点是具有高度透明性，突出的耐热性，耐硫化污染。缺点是价格高，但其使用量较少，通常每100份硬制品料的用量不超过两份，软制品还可更少些。因此，很有竞争力，如乙烯基塑料透明硬管只能用锡系稳定剂。

有机锡类热稳定剂在硬质PVC中极少迁移，而且毒性低，因此有些品种已被批准用于食品包装和饮用水管上，如双（巯基乙酸异辛酯）二正辛基锡。有机锡羧酸盐主要有脂肪酸锡盐和马来酸锡盐。与硫锡稳定剂相比，羧酸锡能赋予制品优良的光稳定性，如果配方合适，可以获得高透明性。通过加入抗氧化剂，可以提高无硫锡稳定剂的效率。低挥发性的受阻酚最适用，已被指定用于露天使用的软、硬PVC制品中。

4. 液体复合热稳定剂

液体复合热稳定剂是一种复配物，其主要成分是金属盐，其次配合以亚磷酸酯、多元醇、抗氧化剂和溶剂等多种组分。从金属盐的种类来说，有锡—钡（通用型）、钡—锌（耐硫化污染等）、钙—锌（无毒型）以及钙—锡和钡—锡复合物等类型。有机酸也有很多种类，如合成脂肪酸、油酸、环烷酸、辛酸以及苯甲酸、水杨酸、苯酚、烷基酚等。亚磷酸酯可以采用亚磷酸三苯酯、亚磷酸三异辛酯、三壬基苯基亚磷酸酯等。抗氧化剂可用双酚A等。溶剂则采用矿物油、液体石蜡以及高级醇或增塑剂等。配方上的不同，可以生产出多种性能和用途的不同牌号产品。

液体复合热稳定剂从配方上来看，它与树脂和增塑剂的相容性是很好的；其次，透明性好，不易析出，用量较少，使用方便，用于软质透明制品比用有机锡便宜，耐候性好；用于增塑糊时黏度稳定性高。其缺点是缺乏润滑性，因而常与金属皂和硬脂酸合用，这样会使软化点降低，长期储存不稳定。

5. 稀土类热稳定剂

稀土类热稳定剂是近年来新开发的，是我国最早实现大规模工业化生产的PVC热稳定剂。其使用已占我国热稳定剂量的8%左右。主要有油酸稀土稳定剂、硬脂酸稀土—锌系列复合热稳定剂等。

稀土类热稳定剂具有优异的热稳定性能与加工性能，独特的偶联增溶作用与增塑、增韧、补强功能，无毒、价格适中、用量少等优点。例如，L518 硬脂酸稀土—锌系复合热稳定剂，可广泛用于 PVC 管材、板材、异型材、电缆料及各种 PVC 透明制品。

6. 其他类型的热稳定剂

作为热稳定剂使用的品种还有一些，比起上述品种，它们有的在综合性能上还有差距，尚处于发展状态，因而还不能作为主稳定剂使用。在这类化合物中，有环氧化合物，亚磷酸酯类，多元醇类以及某些含氮、硫有机物等。

热稳定剂要求具有耐热性、耐候性和易加工性等基本性能，此外还应考虑它的透明性、机械强度、电绝缘性、耐硫化性、毒性以及热稳定剂与其他助剂的相互作用等性能。结构（链端双键、相对分子质量及其分布）、氧、残存单体和引发剂、共聚、接枝和共混、添加剂和其他共混材料、溶剂，这些因素都会对高分子材料的稳定性有影响。

三、热稳定剂发展方向

近年来热稳定剂的发展很快，从总体看有以下趋向：

1. 提高稳定化效能

提高稳定化效能不仅能延长制品使用寿命，而且可改善高温加工性，减少稳定剂的添加量。特别是在一些无毒稳定剂的开发中，将发展新型的有机辅助稳定剂。同时，要提高复配技术，创优质产品，开发耐候性助剂和光稳定剂的复配技术。开发无金属稳定剂，减少金属皂，特别是锌皂的使用量。

2. 降低成本

提高稳定化效能，无疑可以降低成本，但人们还在继续努力，将生产集中化、自动化，开发多功能的优良稳定剂新品种，以降低成本。另一方面，应充分利用廉价原料。但它的缺点是耐候性差，这需要克服。目前锑产品的销售量正在增加。稀土热稳定剂是当今世界稳定剂系列中的新秀，且无污染、无毒性，具有良好的光、热稳定性。我国稀土资源十分丰富，应加强这方面的研究。最近研究开发的复合稀土系 PVC 热稳定剂，其效果比单一组分好得多，并具有广阔的应用前景。

3. 提高安全性

热稳定剂的安全性问题已越来越受到人们的重视。热稳定剂的安全性应从三方面考虑，一是使用原材料加工者的安全，二是成品使用者的安全，三是废弃物对环境的安全。关于加工者的安全防护，可通过稳定剂的液状化、膏状化、颗粒化等措施加以解决。对于使用者的安全防护，可采用相对分子质量高的稳定剂或制备反应性稳定剂来提高其耐抽出性，但考虑到稳定化作用是分子级的化学反应，最好的方法还是选用高安全性的稳定剂。在选择稳定剂时，还必须考虑稳定化过程中树脂与稳定剂或稳定剂相互间发生反应所生成的化学物质的安全性。从各类稳定剂的安全性看，镉类稳定剂在不久的将来预计会停止使用。铅类稳定剂因其抽出性极小，故使用时的安全性不成问题，但存在危害环境的安全性问题。因而各国铅类稳定剂的市场正在缩小。

第六节 发 泡 剂

发泡剂是具有微孔结构的泡沫塑料，它具有固体和气体的典型特性，有质轻、隔音、隔热、良好的电性能和优良的机械阻尼特性，用途十分广泛。发泡剂是一类能使在一定黏度范围内的液态或塑性状态结构的塑料、橡胶形成微孔结构的物质，它们可以是固体、液体或气体。根据气孔产生的方式不同，发泡剂可以分为物理发泡剂和化学发泡剂两大类。

物理发泡剂是依靠发泡过程中其本身物理状态的变化来达到发泡目的的物质。它包括压缩气体（如氮气、二氧化碳等），挥发性液体以及可溶性固体等。其中挥发性液体，特别是常压下沸点低于110℃的芳香烃和卤代脂肪烃最为重要。低沸点的醇、醚、酮和芳香烃也可以作为发泡剂。目前，氟代烃类（即氟利昂类）因对大气臭氧层有破坏作用，故正逐渐被淘汰。常用的发泡树脂有聚苯乙烯、聚氨酯、聚乙烯、聚氯乙烯等。就挥发性的液体发泡剂而言，理想的物理发泡剂应满足：无味、无毒、无腐蚀、不燃；不破坏聚合物的物理的化学性质、有热稳定性和化学惰性；常温下蒸气压低、具有较快的蒸发速率；相对分子质量小、密度大、气态下通过聚合物的扩散速率必须比空气低，而且价廉易得的要求。

化学发泡剂产生发泡气体有两种方法。一种是发泡的气体从聚合物的基体中发生。另一种方法是采用化学发泡剂产生发泡的气体。化学发泡剂是一类无机或有机的热敏性化合物，在一定温度下热分解而产生一种或几种气体，从而使聚合物发泡。发泡剂必须使用简便，易于发泡。理想的发泡剂应具备如下条件：分解产气温度范围窄，且可以调节；释放气体的时间短，速度可调；放出的气体无腐蚀（最好是 N_2）；发气量大而稳定；易分散于聚合物体系中，最好是可以溶解于其中；储存性好；无毒无公害；不污染树脂，无残存臭味；分解时放热少；对硫化和交联无影响；压强不影响分解速度；分解残渣不影响聚合物材料的物理和化学性能；粒径小而均匀，易分散；分解残渣与聚合物材料相溶。其中分解温度和发气量是化学发泡剂的两个重要特性。发泡剂的分解温度不仅决定一种发泡剂在各种聚合物中的应用范围，而且还限定了发泡和加工时的条件。

化学发泡剂包括无机发泡剂和有机发泡剂两大类。无机发泡剂主要包括碳酸铵、碳酸氢铵和碳酸氢钠等；有机发泡剂主要包括亚硝基化合物（如二亚硝基五亚甲基四胺）、偶氮化合物（如偶氮二甲酰胺）、偶氮异丁腈、偶氮二碳酸二异丙酯和磺酰肼类（如对甲苯磺酰肼、二磺酰肼二苯醚）等。亚硝基化合物主要用于橡胶，偶氮化合物和磺酰肼类则主要用于塑料。

凡与发泡剂并用，能改变发泡剂的分解温度和分解速度的物质，都能称为发泡助剂。也可称做发泡促进剂或发泡抑制剂。能改进发泡工艺、稳定泡沫结构和提高发泡体质量的物质，也可称为发泡助剂或辅助发泡剂。常见的发泡助剂有尿素、尿素硬脂酸复合物（包括N型、A型、M型发泡助剂）、有机酸、金属氧化物和金属的脂肪酸盐、水溶性硅油（发泡灵）等。

发泡剂已经开发出了许多不同类型的品种，但近期的研究开发主要集中在几类主要品种的成本降低和性能改善等方面。偶氮二甲酰胺的用量不断增加，已取代DPT而居发泡剂的主要地位。今后期望开发出适用于各种聚合物，能在较宽的温度范围内自由分解，只释放氮气，分散性好，能制造微孔泡沫制品的发泡剂。

第七节　抗 静 电 剂

抗静电剂是添加在树脂中或涂覆在塑料制品表面，以防止塑料静电危害的一类化学助剂。抗静电剂的作用是将体积电阻高的高分子材料表面层的电阻率降低到 10^{19} Ω·cm 以下，从而减轻塑料在加工和使用过程中的静电积累。

一般高分子材料的体积电阻都非常高，约在 10^{10} ~ 10^{20} Ω·cm 的范围，这作为电气绝缘材料是非常良好的。但在其他场合，其表面一经摩擦就容易产生静电，从而产生静电积累。静电可使空气中的尘埃吸附于制品上，降低了其商品价值。在塑料进行印刷和热合等二次加工时，静电常会造成不良的加工结果。静电能使油墨或染料的附着不均，造成印刷和涂装质量不佳。静电还会导致放电现象，而放电作用常会引起电击、着火、粉体爆炸等事故。静电将尘埃吸附于唱片上会引起杂音，损害音响效果，这是日常生活中常遇到的现象。随着电子计算机迅速普及，由于静电作用而导致运转失调的问题也时有发生。

为防止塑料的静电危害，一方面要求减轻或防止摩擦，以减少静电荷的产生；另一方面应让已经产生的静电荷尽快泄漏，以避免静电的大量积累。塑料抗静电的方法，包括通过电路直接传导，提高环境的相对湿度和采用抗静电剂。

一、抗静电剂的分类

抗静电剂的种类很多，其分类方法也很多，可以根据使用方法不同分为外部抗静电剂和内部抗静电剂；根据抗静电剂分子中的亲水基能否电离分为离子型和非离子型；根据电离后亲水基的带电情况可分为阴离子型、阳离子型和两性型抗静电剂；根据化学结构分为硫酸衍生物、磷酸衍生物、胺类、季铵盐、咪唑啉和环氧乙烷衍生物等。

抗静电剂主要是合成材料助剂，其分子结构中同时含有亲水性和亲油性两种基团，通过调整亲水基和亲油基的比例就可随意制造油溶性或水溶性的抗静电剂。

外部抗静电剂在使用时通常配成0.5%～2.0%的溶液，然后用涂布、喷雾、浸渍等方法使其附着在塑料表面。一个理想的外部抗静电剂应具备的基本条件是：有可溶或可分散的溶剂；与树脂表面结合牢固、不逸散、耐摩擦、耐洗涤；抗静电效果好，在低温低湿的环境中也有效；不引起有色制品颜色的变化；手感好，不刺激皮肤，毒性低；价廉。

内部抗静电剂是在树脂加工过程中，或在单体聚合过程中添加到树脂组分中去的，所以又称混炼型抗静电剂。一个理想的内部抗静电剂应满足以下基本要求：耐热性良好，能经受树脂在加工过程中的高温（120～300℃）；与树脂相容，不发生喷霜；不损害树脂的性能，即树脂不因抗静电处理而导致性能变劣；容易混炼，不给加工过程造成困难；能与其他添加剂并用；用于薄膜、薄板等制品时不发生黏着现象；不刺激皮肤，无毒或低毒；价廉。

二、常用的抗静电剂

1. 阴离子抗静电剂

阴离子抗静电剂的种类很多，在塑料中主要采用酸性烷基磷酸酯、烷基磷酸酯盐和烷基硫酸酯的胺盐等。作为抗静电剂使用的有机硫酸衍生物，包括硫酸酯盐（—OSO_3M）和磺酸盐（—SO_3M）。硫酸酯盐的水溶性比较大，宜作乳化剂和纤维处理剂，但对氧和热不太稳定。而磺酸盐用途比较有限，但对氧和热却比硫酸盐稳定得多。作为抗静电剂使用的磷酸衍生物，主要是阴离子型的单烷基磷酸酯盐和二烷基磷酸酯盐。它们是由高级醇、高级醇环氧乙烷加合物，或烷基酚环氧乙烷加合物与三氯氧磷、五氧化二磷或三氯化磷等反应，然后用碱中和而制得。磷酸酯盐有阻滞静电堆积和促使静电快速放电的作用。因为长链脂肪醇基有优良的抗静电性能，故磷酸酯盐广泛用做高疏水和高亲水系统的抗静电剂。其抗静电效果一般要比硫酸酯盐优越得多，而且它还可降低聚酯表面的摩擦系数，使聚酯变得平滑，减少了摩擦引起的静电，因而是纺织工业不可缺少的抗静电剂，广泛用做纤维的油剂成分，也可作为塑料的内部抗静电剂和外部抗静电剂使用。但当用于高密度聚氨酯泡沫时，磷酸盐阴离子会催化泡沫的形成，产生令人满意的泡沫结构，会造成不良的力学性能。相对分子质量高的阴离子型抗静电剂的主要品种有聚丙烯酸盐、马来酸酐与其他不饱和单体共聚物的盐和聚苯乙烯磺酸。

2. 阳离子型抗静电剂

阳离子型抗静电剂是抗静电剂中最重要的一类。其种类很多，主要包括各种胺盐、季铵盐和烷基咪唑啉等，其中又以季铵盐最重要。季铵盐是阳离子抗静电剂中附着力最强的，它与去污剂和抗污剂一起使用时比使用其他类型抗静电剂为好，作为外部抗静电剂使用有优良的抗静电性，但季铵盐对热不稳定，作为内部抗静电剂使用时要注意。季铵盐除可直接作为塑料的内部抗静电剂使用外，也可先以叔胺的形式添加到塑料中，待成型后再用烷基化剂进行表面季铵化。阳离子型抗静电剂中的代表性品种有：胺盐类、烷基咪唑啉盐、季铵盐类，例如：

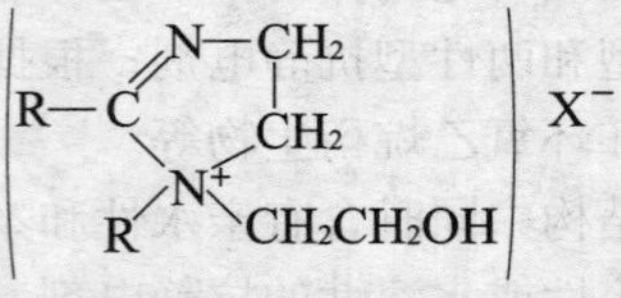

$$\left[\begin{array}{c} \text{R}-\text{C}{=}\text{N}-\text{CH}_2 \\ \text{N}^+(\text{R})-\text{CH}_2 \\ \text{CH}_2\text{CH}_2\text{OH} \end{array}\right] X^- \qquad \left[\text{C}_{18}\text{H}_{37}-\overset{\text{CH}_3}{\underset{\text{CH}_3}{\text{N}^+}}-\text{CH}_3\right] \text{Cl}^-$$

1–羟乙基–2–烷基–2–咪唑啉盐 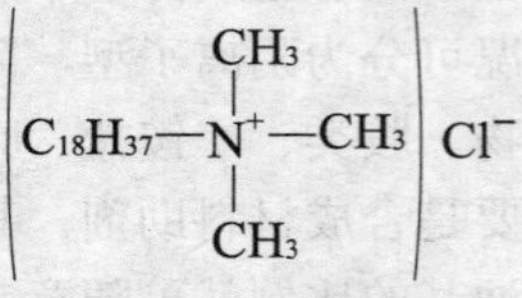　　硬脂基三甲基氯化铵

3. 非离子和两性离子型抗静电剂

非离子型抗静电剂本身不带电，因此其抗静电效果比离子型抗静电剂差，故使用量较大。但其热稳定性优良，也没有容易引起塑料老化的缺点，因此常作内部抗静电剂使用。主要品种有聚环氧乙烷烷基醚、聚环氧乙烷烷基苯醚、聚环氧乙烷脂肪酸酯、山梨糖醇酐脂肪酸酯、聚环氧乙烷山梨糖醇酐脂肪酸酯和胺或酰胺的环氧乙烷加合物。

两性离子型抗静电剂的最大特点是既能与阳离子型又能与阴离子型抗静电剂配合使用。其抗静电效果类似于阳离子型，但耐热性能不如非离子型。它主要包括季铵内盐、两性烷基咪唑啉盐和烷基氨基酸等。

在对颜色没有要求的场合下，炭黑可以作为塑料的内部抗静电剂。膨化石墨与聚烯烃共混也可以得到抗静电性能相当好的产品，其表面电阻值不受环境湿度的影响。

将金属加到塑料中能制造出许多种类的抗静电导电塑料，主要有两种类型。一是金属纤维，二是表面镀有金属的碳纤维。金属纤维系的导电塑料，主要用于分散静电荷和进行屏蔽，用于电子仪器元件。

随着塑料的广泛应用和发展，抗静电剂的研究开发和应用技术也取得了相应的进展。目前正在开发新型抗静电剂品种，尤其是抗静电浓缩母料和功能化系列化产品，并向着降低添加量、综合利用填料的各种性能、革新加工工艺、提高和稳定抗静电性能的方向发展，同时大力研制高分子型抗静电剂，从而促使抗静电剂的应用向更高水平迈进。

抗静电剂已从单独使用，向着各种抗静电剂复配或与其他试剂复配使用的方向发展，从而提高了产品的力学性能，改善表观性能，降低电阻率。将短链烷基硫酸盐与其他合成材料助剂复配，作为抗静电剂用于聚氨酯模制品时，可以获得低电阻率、良好的力学强度和表观性能的聚氨酯模塑制品。将高氯酸季铵盐与高氯酸金属盐复配，可以大大降低电阻率，并且不会影响产品的颜色。将柠檬酸盐或硼酸与阴离子合成材料助剂一起使用，可以增强织物的柔软性和抗静电性。今后在抗静电剂复配方面的研究开发工作，将会受到更大的重视。

第八节 增塑剂（邻苯二甲酸二辛酯）生产

一、产品的性质、规格及用途

邻苯二甲酸二辛酯，又名邻苯二甲酸双（2－乙基己）酯，简称 DOP（Dioctyl Phthalate），在欧洲被称为 DEHP，是一种重要的增塑剂，分子式为 $C_6H_4(COOC_8H_{17})_2$，是无色或淡黄色油状有特殊气味液体。DOP 相对密度为 0.986（20℃），折射率为 1.485（20℃），沸点为 389.6℃（100 kPa），熔点为－55℃，闪点为 219℃，着火点为 241℃，黏度为 81.4×10^{-3} Pa·s，比热容为 0.57 J/（kg·K）（50～150℃），表面张力为 33×10^{-5}N/cm（20℃），线膨胀系数为 7.4×10^{-4} K^{-1}（10～40℃），水中溶解度＜0.01%（25℃），水在其中溶解度为 0.2%（25℃），溶于大多数有机溶剂。具有一般酯类的化学性质，在酸或碱作用下，水解生成苯二甲酸或其钠盐、辛醇；在高温下分解成苯酐和烯烃。

工业用产品规格符合 GB/T 11406—2001，见表 3—2。某企业四个等级的产品规格见表 3—3。

表 3—2　工业 DOP 技术指标（GB/T 11406—2001）

项目名称	指标		
	优等品	一等品	合格品
色度（铂—钴）≤	30	40	60
纯度/% ≥	99.5	99.0	
密度（20℃）（g/cm^3）	0.982～0.988		
酸度（以苯二甲酸计）/% ≤	0.010	0.015	0.030
水分/% ≤	0.1	0.1	0.1
闪点/℃ ≥	196	192	
体积电阻率/10^9（Ω·m）≥	1.0	①	—

①根据用户需要，由供需双方协商，可增加体积电阻率指标

表 3—3 **DOP 四个等级的质量指标**

项目名称	医用级	食品级	通用级	电气级
外观	无色透明液体、无悬浮物			
气味	无味	无味	无味或轻微气味	无味或轻微气味
纯度/% ≥	99.5	99.5	99.5	99.5
黏度（20℃）mPa·s	77~82	77~82	77~82	77~82
密度（20℃）（g/cm^3）	0.983~0.985	0.983~0.985	0.983~0.985	0.983~0.985
酸值/（mgKOH/g）≤	0.02	0.05	0.07	0.05
水含量/% ≤	0.1	0.1	0.1	0.1
折射率 n_D^{20}	1.486~1.487	1.486~1.487	1.486~1.487	1.486~1.487
色度（铂—钴）≤	20	20	40	40
体积电阻率/10^9（Ω·m）≥	—	—	—	1.5

邻苯二甲酸二辛酯主要用作 PVC、赛璐珞的增塑剂、有机溶剂、合成橡胶软化剂。因其具有良好的综合性能，如相容性、低温柔软性、耐热性和电气性能好，挥发性较小，增塑效率高等，通常 DOP 作为主增塑剂用于生产聚氯乙烯软制品、包装材料，是增塑剂中最大品种。一般企业只生产工业用 DOP，主要用于塑料、橡胶、油漆及乳化剂等工业中。有的企业可生产四个等级，通用级 DOP 增塑的 PVC 可用于制造人造革、农用薄膜、包装、电缆等；电气级 DOP 可用作导体和电缆绝缘材料；食品级 DOP 可用于食品包装；医用级 DOP 可用于生产一次性医疗器具及医用包装材料等。

邻苯二甲酸二辛酯用镀锌桶或钢桶包装，净重 200 kg，于阴凉、避水、避光处储存，运输按一般危险品规定办理。

二、原料来源

邻苯二甲酸二辛酯的主要生产原料是邻苯二甲酸酐和 2－乙基己醇。

1. 邻苯二甲酸酐

邻苯二甲酸酐（简称苯酐），为白色鳞片结晶，熔点为 130.2℃，沸点为 284.5℃，在沸点以下可升华，具有特殊气味。几乎不溶于水，溶于乙醇，微溶于乙醚和热水，毒性中等，对皮肤有刺激作用，空气中最大允许浓度为 2 mg/L。苯酐是由萘或邻二甲苯催化氧化制得的。

萘催化氧化制苯酐：催化剂的主要成分为 V_2O_5 和 K_2SO_4。

$$\text{(萘)} + \frac{9}{2}O_2 \longrightarrow C_6H_4(CO)_2O + 2H_2O + 2CO_2 + 1\,792\ \text{kJ/mol}$$

邻二甲苯催化氧化制苯酐：催化剂的主要成分为 V_2O_5 和 TiO_2。

$$C_6H_4(CH_3)_2 + 3O_2 \longrightarrow C_6H_4(CO)_2O + 3H_2O + 1\,109\ \text{kJ/mol}$$

工业上有固定床气相催化氧化法和流化床气相催化氧化法两种。目前多为邻二甲苯固定床催化氧化法。

2. 2－乙基己醇（辛醇）

2－乙基己醇为无色透明液体，具有特殊气味，沸点为181～183℃，溶于水和乙醇、乙醚等有机溶剂中。工业上可以乙炔、乙烯或丙烯以及粮食为原料生产2－乙基己醇。丙烯的氢甲酰化法原料价格低，合成路线短，是主要的生产方法。

丙烯的氢甲酰化法，以丙烯为原料加入水煤气经催化氧化得到正丁醛，正丁醛在碱性条件下缩合得到辛烯醛，辛烯醛催化加氢得2－乙基己醇，反应式如下：

$$CH_3CH{=}CH_2 + CO + H_2 \longrightarrow CH_3CH_2CH_2CHO$$

$$2CH_3CH_2CH_2CHO \xrightarrow{OH^-} CH_3CH_2CH{=}C(C_2H_5)CHO$$

$$CH_3CH_2CH{=}C(C_2H_5)CHO + H_2 \xrightarrow{\text{镍催化剂}} CH_3CH_2CH_2CH(C_2H_5)CH_2OH$$

以上关键是丙烯氢甲酰化化合成丁醛，羰基合成有高压法、中压法和低压法。目前主要采用铑—膦配位催化剂低压法合成羰基。

三、生产方法

邻苯二甲酸二辛酯的生产方法一般根据酯化过程中采用的催化剂不同，分为酸性工艺和非酸性工艺。根据工艺流程的连续化程度，分为连续式工艺和间歇式工艺。不论采用哪种工艺流程，其生产通常都要经过酯化、脱醇、中和水洗、汽提、吸附过滤、醇回收等步骤来完成。

四、DOP 生产原理

1. 反应原理

（1）主反应

邻苯二甲酸酐与2－乙基己醇酯化一般分为两步。第一步，苯酐与辛醇合成单酯，反应速率很快，当苯酐完全溶于辛醇，单酯化即基本完成。

$$C_6H_4(CO)_2O + CH_3CH_2CH_2CH(C_2H_5)CH_2OH \longrightarrow C_6H_4(COOCH_2(C_2H_5)CHC_4H_9)(COOH)$$

第二步，邻苯二甲酸单酯与辛醇进一步酯化生成双酯，这一步反应速率较慢，一般需要使用催化剂、提高温度以加快反应速率。

$$C_6H_4(COOCH_2(C_2H_5)CHC_4H_9)(COOH) + C_4H_9CH(C_2H_5)CH_2OH \xrightarrow{\text{催化剂}} C_6H_4(COOCH_2(C_2H_5)CHC_4H_9)_2 + H_2O$$

总反应式：

$$C_6H_4(CO)_2O + 2CH_3CH_2CH_2CH(C_2H_5)CH_2OH \underset{k_2}{\overset{k_1}{\rightleftharpoons}} C_6H_4(COOCH_2(C_2H_5)CHC_4H_9)_2 + H_2O$$

（2）副反应

1）醇分子内脱水生成烯烃。$C_8H_{17}OH$ 醇分子内脱水生成烯烃 C_8H_{16}。

2）醇分子间脱水生成醚。$C_8H_{17}OH$ 醇分子间脱水生成醚 $C_8H_{17}OC_8H_{17}$。

3）生成缩醛。

4）生成异丙醇（来自催化剂本身）从而生成相应的酯。

5）生成正丁醇（来自催化剂本身）从而生成相应的酯。

上述副反应，由于使用的选择性很高的催化剂，副反应很少，占总质量的1%左右。催化剂数量很少，沸点较低，在酯化过程中，作为低沸物排出系统。

2. 反应特点

（1）酯化

酯化反应是一个比较典型的可逆反应。一般应注意做到以下几点：

1）将原料中的任一种过量（一般为醇），使平衡反应尽量向右移动；

2）将反应生成的酯或水两者中任何一个及时从反应系统中除去，促使酯化完全，生产中常以过量醇作溶剂与水起共沸作用，且这种共沸溶剂可以在生产过程中循环使用；

3）酯化反应一般分两步进行，第一步生成单酯，这步反应速度很快，但由单酯反应生成双酯的过程却很缓慢，工业上一般采用催化剂和提高反应温度来提高反应速度。

（2）中和水洗

中和粗酯中酸性杂质并除去，使粗酯的酸值降低。同时使催化剂水解失活并除去。中和反应属于放热反应，为避免副反应，一般控制中和温度不超过85℃。

（3）醇的分离和回收

醇和酯的分离通常采用水蒸气蒸馏法，有时采用醇和水一起被蒸出，然后用蒸馏法分开。回收醇是利用醇和酯的沸点不同，采用减压蒸馏的方法回收，回收醇中要求含酯量越低越好，否则循环使用中会使产品色泽加深，因此必须严格控制温度、压力、流量等。

（4）脱色精制

经醇酯分离后的粗酯采用汽提和干燥的方法，除去水分、低分子杂质和少量醇。通过吸附剂和助滤剂的吸附脱色作用，保证产品的色泽和体积电阻率两项指标，同时除去产品中残存的微量催化剂和其他机械杂质，最后得到高质量的邻苯二甲酸二辛酯。

3. 热力学和动力学分析

（1）热力学分析

邻苯二甲酸单酯与辛醇进一步酯化生成双酯的反应是可逆的吸热反应，从热力学分析，升高温度，增加反应物浓度，降低生成物浓度，都能使平衡向着生成物的方向移动。在实际生产中，一般采用醇过量来提高苯酐的转化率，同时反应生成的水与醇形成共沸物，从系统中脱除，以降低生成物的浓度，使整个反应向着有利于生成双酯的方向移动。

（2）动力学分析

邻苯二甲酸单酯与辛醇进一步酯化生成双酯的反应是可逆的吸热反应，其平衡常数为：

$$k = \frac{k_1}{k_2} = 6.95$$

提高反应温度和使用催化剂，可缩短达到平衡的时间。

（3）催化剂

1）酸性催化剂。以硫酸为首的酸类催化剂是传统的酯化催化剂，常用的还有：对甲苯磺酸、十二烷基苯磺酸、磷酸、锡磷酸、亚锡磷酸、苯磺酸和氨基磺酸等。此外，硫酸氢钠等酸式盐，硫酸铝、硫酸铁等强酸弱碱盐以及对苯磺酰氯等，也属于酸催化剂范畴。在硫酸和磺酸类催化剂中，催化活性按下列顺序排列：

硫酸 > 对甲苯磺酸 > 苯磺酸 > 2 - 萘磺酸 > 氨基磺酸

硫酸活性高，价格低，是应用最普遍的酯化催化剂，用它制备 DOP，在 100 ~ 130℃ 就有很高的催化作用。但硫酸也有致命的弱点，不仅严重腐蚀设备，还会因其氧化、脱水作用而与醇发生一系列的副反应，生成醛、醚、硫酸单酯、硫酸双酯、不饱和物及羧基化合物，使醇的回收和产品精制复杂化。为了避免这些问题，有时人们宁可使用催化活性低于硫酸但较温和的其他酸性催化剂。用对甲苯磺酸来替代硫酸的较多，还有苯磺酸、萘磺酸和氨基磺酸等，所生成酯的色泽均较用硫酸时浅。

为了克服酸性催化剂容易引起副反应的缺点，并力求工艺过程简化，国外自 20 世纪 60 年代研究和开发了一系列非酸性催化剂，并已陆续应用到工业生产中。

2）非酸性催化剂。非酸性催化剂主要有：

①铝的化合物，如氧化铝、铝酸钠、含水 Al_2O_3 + NaOH 等。

②ⅣB 族元素的化合物，如氧化钛、钛酸四丁酯、氧化锆、氧化亚锡和硅的化合物等。

③碱土金属氧化物，如氧化锌、氧化镁等。

④ⅤA 族元素化合物，如氧化锑、羧酸铋等。其中最重要的是钛、铝和钼的化合物，常见的使用形式分别为钛酸四烃酯、氢氧化铝复合物、氧化亚锡和草酸亚锡。

非酸性催化剂的应用对酸性工艺来说是一项重大的技术进步，使用非酸性催化剂可缩短酯化时间，产品色泽优良，回收醇只需简单处理，即可循环使用。主要不足是酯化温度较高，一般为 190 ~ 230℃，否则活性较低。现在非酸性催化剂不仅已在我国大型增塑剂装置中成功应用，而且正在越来越多地在中小型装置中推广。在酯化催化剂的应用方面，我们已与国外水平相当。

4. 工艺条件和控制

（1）反应温度

酯化反应温度即为辛醇与水的共沸温度，通过共沸物的汽化带走反应热及水分，反应易控制。反应温度高对化学平衡和反应速度多有好处，但反应增加，产品色泽加深而影响产品质量。一般以硫酸作催化剂，反应温度为 130 ~ 150℃；采用非酸性催化剂反应温度为 190 ~ 230℃，大于 240℃ DOP 产生裂解反应。

（2）原料配比

酯化是可逆反应，为提高转化率，任意反应物过量，均可促使反应平衡向右移动。由于辛醇价格较低并能与水形成共沸混合物，过量辛醇可将水带出反应系统，降低生成物浓度。因此，一般辛醇过量，辛醇与苯酐的配比为 2.2 ~ 2.5∶1（摩尔比），若辛醇过量太多，其分离回收的负荷以及能量消耗增大。

五、DOP 生产典型设备和生产工艺流程

1. 主要设备

整个生产过程中，酯化是关键，其主要设备是酯化反应器。反应器的选用关键在于反应是采取间歇操作还是连续操作。这个问题首先取决于生产规模。当液相反应而生产量不大时，采用间歇操作比较有利。间歇操作流程与控制比较简单，反应器各部分的组成和温度稳

定一致，物料停留时间也一样。通常采用的间歇式反应器为带有搅拌和换热（夹套和蛇管热交换）的釜式设备，为了防腐和保证产物纯度，可以采用衬搪玻璃的反应釜。

连续操作的反应器有不同的形式，其中一种是管式反应器，反应物的流动形式可看成是平推流，较少返混。也就是说，流体的每一部分在管道中停留时间都是一样的。这种特征从化学动力学来考虑是可取的，但对传热和传质要求较高的反应来说则不宜采用。另一种是搅拌釜（看成是全混釜），流动形式接近全混流。釜内各部分组成和温度完全一样，但其中分子的停留时间却参差不齐，分布不均。这种情况在多釜串联反应后，可使停留时间分布的特性向平推流转化。但如果产量不大时，多釜串联在投资的经济效益上是不合算的。另一种形式的反应器是分级的塔式反应器，实质上也是变相的多釜串连。塔式反应器结构比较复杂，但结构紧凑，总投资较阶梯式串联反应器低。采用酸性催化剂时，由于反应混合物停留时间较短，选用塔式酯化器比较合理。阶梯式串联反应器结构较简单，操作也较方便，但总投资较塔式反应器高，占地面积较大，能量消耗也较大。采用非酸性催化剂或不用催化剂时，由于反应混合物停留时间较长，所以选用阶梯式串联反应器较合适。

2. 工艺流程

（1）酸性催化剂间歇生产邻苯二甲酸二辛酯

对间歇法生产 DOP 的工艺过程的研究，在相当程度上也可以反映出许多产量不大，但产值却高的精细化学品的生产工艺特点。酸性催化剂间歇生产邻苯二甲酸二辛酯生产由单酯、酯化、中和、脱醇、过滤等工序组成，其工艺流程如图 3—1 所示。

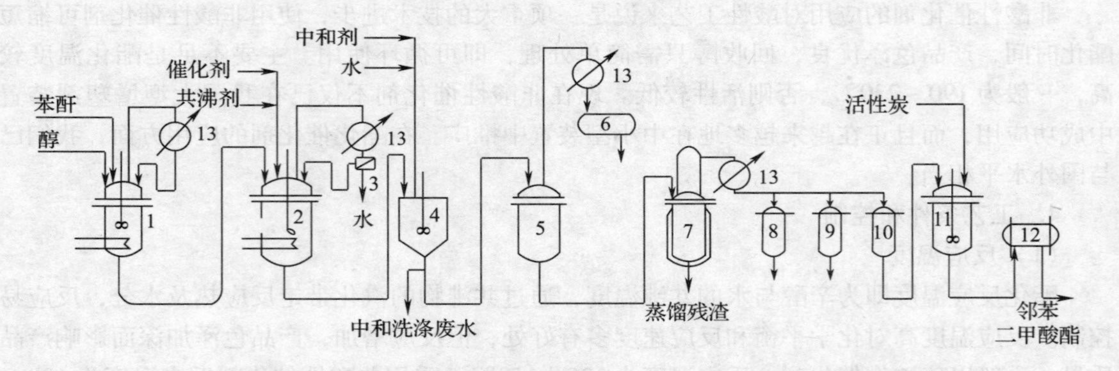

图 3—1　间歇式邻苯二甲酸酯的通用生产工艺流程

1—单酯化釜　2—酯化釜　3—分水器　4—中和洗涤器　5—蒸馏器　6—溶剂回收储罐　7—真空蒸馏器
8—回收醇储槽　9—初馏分和后馏分储槽　10—正馏分储槽　11—活性炭脱色罐　12—过滤器　13—冷凝器

邻苯二甲酸酐与 2－乙基己醇以 1∶2 的质量比在总物料质量分数为 0.25%～0.3% 的硫酸催化作用下，于 150℃左右进行减压酯化反应。操作系统的压力维持在 80 kPa，酯化时间一般为 2～3 h，酯化时加入总物料量 0.1%～0.3% 的活性炭，反应混合物用 5% 碱液中和，再经 80～85℃热水洗涤，分离后粗酯在 130～140℃与 80 kPa 的减压下进行脱醇，直到闪点为 190℃以上为止。脱醇后再以直接蒸汽脱去低沸物，必要时在脱醇前可以补加一定量的活性炭。最后经压滤而得成品。如果要获得更好质量的产品，脱醇后可先进行高真空精馏而后再压滤。

间歇式生产的优点是设备简单，改变生产品种容易；其缺点是原料消耗定额高、能量消耗大、劳动生产率低、产品质量不稳定。间歇式生产工艺适用于多品种、小批量的生产。

（2）非酸性催化剂连续生产邻苯二甲酸二辛酯

非酸性催化剂连续生产邻苯二甲酸二辛酯，单酯转化率高，副反应少，简化了中和、水洗工序，废水量减少，产品质量稳定，原料及能量消耗低，劳动生产率高。连续法生产能力大，适合于大吨位的生产。非酸性催化剂连续生产邻苯二甲酸二辛酯生产由单酯、酯化、脱醇、中和水洗、汽提、过滤、醇回收等工序组成，其工艺流程如图 3—2 所示。由于该装置采用了先脱醇，后中和水洗，再汽提的流程，有效地避免了在中和过程中酯—醇、醇—水的乳化，对产品质量和消耗都起到了有效控制。

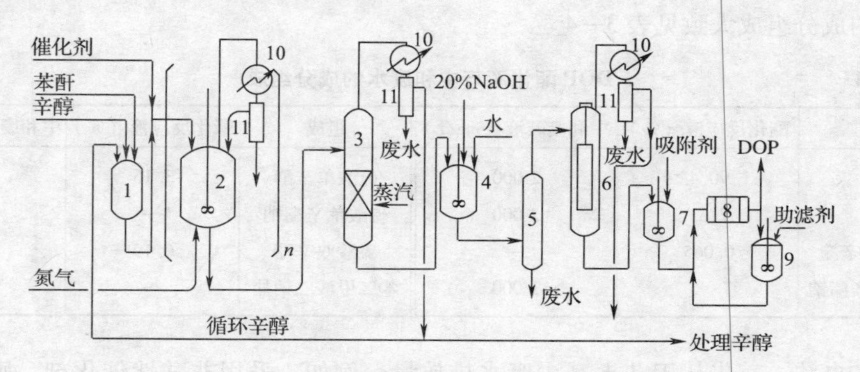

图 3—2　邻苯二甲酸二辛酯连续法生产工艺流程

1—单酯化釜　2—阶梯式串联酯化釜　3—脱醇塔　4—中和器　5，11—分离器

6—干燥器（薄膜蒸发器）　7—吸附槽　8—叶片式过滤器　9—助滤剂槽　10—冷凝器

1）酯化。邻苯二甲酸酐与 2－乙基己醇在非酸性钛酸酯催化剂的作用下发生酯化反应，生成粗酯，这是整个工艺的核心。将加热熔融的苯酐和 2－乙基己醇（辛醇）以一定的摩尔比（1∶2.2）～（1∶2.5）投入到单酯反应器，在 130～150℃反应形成单酯，再经预热后进入 4 个串联的阶梯式酯化反应器的第一级。钛酸酯催化剂也加入到第一级酯化反应器。第一级酯化反应器温度控制在不低于 180℃，最后一级酯化反应器温度为 220～230℃。酯化部分用 3.9 MPa 的蒸汽加热。邻苯二甲酸单酯到双酯的转化率为 99.8%～99.9%。为了防止反应器混合物在高温下长期停留而着色，并强化酯化过程，在各级酯化反应器的底部都通入高纯度的氮气。

2）脱醇。利用醇与酯的沸点不同，在减压下进行醇和酯的分离，脱除粗酯中的过量醇。物料在 1.32～2.67 kPa 和 50～80℃条件进行脱醇。

3）中和水洗。中和、水洗操作是在一个带搅拌的容器中同时进行的。碱的用量为反应混合物酸值的 3～5 倍，使用 20% NaOH 水溶液，当加入去离子水后碱液浓度仅为 0.3% 左右。因此，无须再进行一次单独水洗。钛酸酯催化剂也在水洗工序与水反应生成 $TiO_2 \cdot nH_2O$ 沉淀被洗去。

4）汽提干燥。在汽提塔中除去水、低分子杂质和少量醇，再在 1.32 kPa 和 50～80℃条件下经薄膜蒸发器进行干燥后送至过滤工序。

5）过滤。过滤工序可以用活性炭，也可以用特殊的吸附剂和助滤剂，吸附剂成分为 SiO_2、Al_2O_3、Fe_2O_3、MgO 等，硅藻土助滤剂成分为 SiO_2、Al_2O_3、Fe_2O_3、MgO、CaO 等。

通过吸附剂和助滤剂的吸附脱色，同时除去产品中残存的微量催化剂和其他机械杂质，最后得到高质量的邻苯二甲酸二辛酯。其收率以苯酐或以辛醇计约为99.3%。

6）醇回收。醇回收是一个减压间歇蒸馏，脱除循环醇中低废物、高废物和其他杂质。回收的辛醇一部分直接循环至单酯化反应器部分使用，另一部分需进行分馏和催化加氢处理。

六、DOP生产三废治理和安全卫生防护

1. 三废治理

生产过程中，酯化反应生成的水是工业废水的主要来源；经多次中和后，含有单酯钠盐等杂质的废碱液，洗涤粗酯用的水，脱醇时汽提的冷凝水，邻苯二甲酸二辛酯生产酯化液与中和废水的成分组成大致见表3—4。

表3—4　　DOP酯化液与中和废水的成分组成

组成	酯化反应液（%）	中和废碱液（mg/L）	组成	酯化反应液（%）	中和废碱液（mg/L）
DOP	90.4	2 000	硫酸单辛酯	3.16	—
苯酐	7.83	2 000	硫酸单辛酯钠	—	23 000
苯二甲酸单辛酯	0.065	—	硫酸双辛酯	0.19	—
苯二甲酸单辛酯钠	—	1 000	苯二甲酸二钠盐	—	4 000

治理的办法，首先从工艺上减少废水排放量，例如，采用非酸性催化剂，则可简化中和、水洗两个工序，当然也不可避免地要进行废水处理。一般讲来，全部处理过程分为回收和净化两个程序。回收时必须考虑经济效益，如果回收有效成分的费用很大，就不如用少量碱将其破坏除去。生产废水一般可以用活性污泥进行生化处理后再排放。酯化、脱醇、干燥系统排出的废气，经填料式洗涤器用水洗涤以除去臭味后再排入大气。废渣主要是酯化、醇回收排出的低废物和吸附用的废活性炭等，常采用焚烧的方法处理。

2. 安全卫生防护

邻苯二甲酸二辛酯毒性低，动物口服LD_{50} >30 000 mg/kg，法、英、日、德等国允许用于接触食物（脂肪性食物除外）的塑料制品，美国允许用于食品包装用玻璃纸、涂料、黏合剂、橡胶制品。20世纪80年代曾发生关于DOP能否致癌的争论，目前虽无明确证据可证明，但各国都在寻找DOP的代用品。

原料苯酐和硫酸对人体皮肤、眼及呼吸系统有一定刺激性，操作时应穿戴工作服或防护帽和眼镜。若不小心接触到皮肤，则用大量清水冲洗，然后用稀苏打水涂在其上。

思考与练习

1. 什么叫合成材料助剂？
2. 合成材料助剂分为哪几类？各有什么作用？
3. 什么叫增塑剂？如何进行分类？
4. 增塑剂的增塑机理是什么？常用增塑剂有哪些？
5. 什么叫抗氧化剂？其种类有哪些？

6. 试述DOP的生产工艺过程。
7. 热稳定剂的定义及分类各是什么?
8. 试述阻燃剂的选用原则。
9. 查阅材料，谈一谈增塑剂等合成材料助剂的发展情况。

技能链接

原料准备工

一、工种定义

将化工原料和添加剂经各类输送机泵送入粉碎、研磨、过筛、溶解、净化、干燥、配料等专用设备中，加工成符合工艺要求的形状、粒度和组成的原料，并进行计量输送给下一道工序。

二、主要职责任务

它包括原料储存、检验、配料、投料、出料、调节控制各步加工的工艺参数，使之达到工艺要求，进行观察、判断、检查、分析、记录等工作，并协调各岗位间、装置内外人员和工作。

三、中级原料准备工技能要求

(一) 工艺操作能力

1. 本工种生产的开停车及全面操作控制，生产技术经济指标达到合理先进。
2. 进行同类工艺装置安装、验收、试车。
3. 分析生产情况，提出合理化建议，并能组织技改技革。

(二) 应变和事故处理能力

1. 正确执行本工种安全生产规程，做到安全文明生产。
2. 及时消除事故隐患，正确分析，判断和处理本工种生产中的重大事故。

(三) 设备及仪表使用维护能力

1. 能正确使用本工种的设备和进行维护保养。
2. 提出阶段检修计划，组织检修验收和试开车工作。

(四) 工艺（工程）计算能力

1. 班组经济核算。
2. 本工种生产的基本工艺计算（各步进出物料、动力消耗等)。

(五) 识图制图能力

识阅工艺、设备蓝图，绘制本工艺流程草图和设备简图、零部件草图。

(六) 管理能力

能完成本工种的生产管理并能运用直方图、控制图及散布图等方法对本工种原料、中间物料进行分析。

(七) 语言文字领会与表达能力

能提出书面合理化建议、生产小结和专题报告。看懂本工种有关的技术资料。

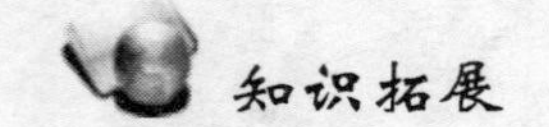

知识拓展

混凝土发泡剂简介

一、水泥发泡剂的概念

发泡剂目前几乎应用到各个工业领域，用途十分广泛。各行业对发泡剂的性能要求显然是不一样的，一个行业能用的发泡剂到另一行业就不能使用或效果不好。同理，泡沫混凝土所用发泡剂是针对混凝土发泡来提出技术要求的。它除了大泡沫生成能力外，特别注重泡沫的稳定性、泡沫的细腻性、泡沫和水泥等胶凝材料的适应性等，泡沫混凝土发泡剂必须是符合上述技术要求的表面活性剂或表面活性物质。发泡剂中，能满足这一要求的极少，这是由泡沫混凝土的特性及技术要求所决定的。

为了叙述的简便，本书以后所述的发泡剂，除特殊说明外，均是指泡沫混凝土发泡剂。

二、水泥发泡剂生产应用概况

水泥发泡剂在我国的应用已有50多年的历史。在20世纪50年代初，我国就开发出松香皂和松香热聚物两种发泡剂，并用于砂浆和泡沫混凝土。这两种发泡剂几十年来在国内应用十分普遍，为建材建筑业界所熟悉，这是我国的第一代发泡剂，至今仍有较大的应用。在20世纪80年代之后，随着我国表面活性工业的兴起，合成类表面活性剂型发泡剂开始应用，并取代了相当一部分松香皂和松香热聚物，成为发泡剂的一个主要品种。这是我国第二代发泡剂的发展时期。20世纪末期，随着动物蛋白发泡剂、植物蛋白发泡剂的推广应用，我国进入了第三代发泡剂的开发应用时期。如今，我国的发泡剂正从第三代向第四代过渡，发泡剂由单一成分逐渐向多成分复合发展。我国目前四代发泡剂同时存在和应用，没有哪一种被完全淘汰，也没有哪一种完全独霸发泡剂市场。

发泡剂按组成的成分划分类型，大至分为松香树脂类、合成表面活性剂类、蛋白质类、复合类、其他类共5个类型。

三、适用范围

1. 地面辐射采暖的绝热层及屋顶隔热保温。
2. 建筑物内外填充墙砌块，隔音墙壁。
3. 市政管道如供水、供暖，输油管道等的保温、防潮、防腐。
4. 植物栽培温室和储藏冷库的建造。
5. 填充隧道内部空隙及建筑物缝隙。
6. 人行道、运动场、球场的基层铺设。

四、发泡水泥生产特性

1. 发泡速度要适当，过快过慢都会影响混凝土质量。

2. 生成的氢气气泡直径要小而且分散均匀。尤其是水泥浆全容积状态下浇注入模，更需分散均匀，才能保证浇模质量。

3. 产生气体时不得影响水泥的凝结和固化。如果延缓水泥凝结，会招致水泥强度下降或产生水泥异常凝结现象。

第四章　食品添加剂

学习目标

1. 掌握食品添加剂的定义、特点和分类。
2. 了解各类型食品添加剂的实际应用以及主要生产方法和工艺。
3. 理解苯甲酸生产原理及生产工艺。
4. 能够进行苯甲酸生产工艺条件的分析、判断和选择。
5. 能阅读和绘制苯甲酸生产工艺流程图。

第一节　食品添加剂概述

一、食品添加剂的定义及分类

食品添加剂是精细化工产品的一个重要组成部分，在食品生产中，食品添加剂对于改善食品的质量和档次以及色、香、味，对于食品原料乃至成品的保质和保鲜，对于提高食品的营养价值，对于食品加工工艺的顺利进行以及新产品的开发等诸多方面，都发挥着极为重要的作用。随着人们生活水平的不断提高，食品消费结构在不断变化，要求食品方便化、多样化、营养化、风味化和高级化。因此，无论是食品的工业生产、储藏，还是食品消费结构变化的需要，食品添加剂已经成为现代食品工业的重要组成部分，并且已经成为食品工业技术进步和科技创新的重要推动力。可以说没有食品添加剂就没有食品工业的现代化，也就没有食品消费质量的提高。

根据《中华人民共和国食品卫生法》（1995 年）的规定：食品添加剂是指“为改善食品品质和色、香、味，以及为防腐和加工工艺的需要而加入食品中的天然或者化学合成物质”；同时规定，“为增强营养成分而加入食品中的天然或人工合成的属于天然营养素范围的食品添加剂”称为“营养强化剂”。因此，营养强化剂显然也属于食品添加剂范畴。

在食品加工和原料处理过程中，为使之能够顺利进行，还有可能应用某些辅助物质。这些物质本身与食品无关，如助滤、澄清、润滑、脱膜、脱色、脱皮、提取溶剂和发酵用营养剂等，它们一般应在食品成品中除去而不应成为最终食品的成分，或仅有残留。将这类物质称为食品加工助剂。

由于食品添加剂品种繁多，变化迅速，日新月异，其分类标准也不统一，食品添加剂的分类方法一般有以下三种：

1. 按来源分类

食品添加剂按来源可分为天然食品添加剂和人工化学合成品添加剂两大类。天然食品添加剂又分为由动植物提取制得的和由生物技术方法（如发酵或酶法）制得的两种；化学合成品又可分为一般化学合成品与人工合成天然等同物，如天然等同香料、天然等同色素等。

2. 按生产方法分类

食品添加剂按生产方法可分为有机化学合成品、生物合成（酶法和发酵法）品、天然提取物三大类。

3. 按作用和功能分类

根据国家标准《食品安全国家标准　食品添加剂使用标准》（GB 2760—2011）的规定，将食品添加剂按其主要功能作用分为 23 类，即酸度调节剂、抗结剂、消泡剂、抗氧化剂、漂白剂、膨松剂、胶基糖果中基础剂物质、着色剂、护色剂、乳化剂、酶制剂、增味剂、面粉处理剂、被膜剂、水分保持剂、营养强化剂、防腐剂、稳定剂和凝固剂、甜味剂、增稠剂食品用香料、食品工业用加工助剂及其他。

二、食品添加剂的作用

各类食品在加工过程中，为确保产品的质量，必须依据加工产品特点选用合适的食品添加剂。因此，食品添加剂用于食品工业以后，发挥着以下重要作用：

1. 改善和提高食品色、香、味及口感等感官指标

食品的色、香、味、形态和口感是衡量食品质量的重要指标，食品加工过程一般都有碾磨、破碎、加温、加压等物理过程，在这些加工过程中，食品容易褪色、变色，有些食品固有的香气也散失了。此外，同一个加工过程难以解决产品的软、硬、脆、韧等口感的要求。因此，适当地使用着色剂、护色剂、食用香精香料、增稠剂、乳化剂、品质改良剂等，可明显地提高食品的感官质量，满足人们对食品风味和口味的需要。

2. 保持和提高食品的营养价值

食品防腐剂和抗氧保鲜剂在食品工业中可防止食品氧化变质，对保持食品的营养具有重要的作用。同时，在食品中适当地添加一些营养素，可大大提高和改善食品的营养价值。这对于防止营养不良和营养缺乏，保持营养平衡，提高人们的健康水平具有重要的意义。

3. 有利于食品储藏和运输，延长食品的保质期

各种生鲜食品和各种高蛋白质食品如不采取防腐保鲜措施，出厂后将很快腐败变质。为了保证食品在保质期内保持原有的质量和品质，必须使用防腐剂、抗氧化剂和保鲜剂。

4. 增加食品的花色品种

食品超市的货架，摆满了琳琅满目的各种食品。这些食品除主要原料是粮油、果蔬、肉、蛋、奶外，还有一类不可缺少的原料，就是食品添加剂。各种食品根据加工工艺的不同、品种的不同、口味的不同，一般都要选用合适的食品添加剂，尽管添加量不大，但不同的添加剂能获得不同的花色品种。

5. 有利于食品加工操作

食品加工过程中许多需要润滑、消泡、助滤、稳定和凝固等，如果不用食品添加剂就难以加工。

6. 满足不同人群的需要

糖尿病患者不能食用蔗糖，又要满足甜的需要。因此，需要各种甜味剂。婴儿生长发育需要各种营养素，因而发展了添加有矿物质、维生素的配方奶粉。

7. 提高经济效益和社会效益

食品添加剂的使用不仅增加食品的花色品种，提高了品质，而且在生产过程使用稳定剂、凝固剂、絮凝剂等各种添加剂能降低原材料消耗，提高产品收率，从而降低了生产成本，可以产生明显的经济效益和社会效益。

三、食品添加剂的一般要求

对于食品添加剂的要求，首先应该是对人类无毒无害，其次是它对食品色、香、味等品质的改善和提高。因此，对食品添加剂的一般要求为：

1．食品添加剂应进行充分的毒理学鉴定，保证在允许使用的范围内长期摄入而对人体无害。食品添加剂进入人体后，应能参与人体正常的新陈代谢，或能被正常的解毒过程解毒后完全排出体外，或因不被消化吸收而完全排出体外，而不在人体内分解或与其他物质反应生成对人体有害的物质。

2．对食品的营养物质不应有破坏作用，也不影响食品的质量及风味。

3．有助于食品的生产、加工、制造及储运过程，具有保持食品营养价值、防止腐败变质、增强感官性能及提高产品质量等作用，并应在较低的使用量下具有显著效果，而不得用于掩盖食品腐败变质等缺陷。

4．最好能够在达到使用效果后除去而不进入人体。

5．食品添加剂添加于食品后应能被分析鉴定出来。

6．价格低廉，原料来源丰富，使用方便，易于储运管理。

四、食品添加剂的法规与标准

理想的食品添加剂应是有益无害的物质，但有些食品添加剂，特别是化学合成的食品添加剂往往具有一定的毒性。这种毒性不仅由物质本身的结构与性质决定，而且与浓度、作用时间、接触途径及部位、物质的相互作用与机体功能状态有关。只有达到一定浓度或剂量，才显示出毒害作用。因此食品添加剂的使用应在严格控制下进行，即应严格遵守食品添加剂的使用标准，包括允许使用的食品添加剂品种、使用范围、使用目的和最大使用量。食品添加剂在食品中的最大使用量是使用标准的主要数据，它是依据充分的毒理学评价和食品添加剂使用情况的实际调查而制定的。我国政府为了保障人民身体健康，保证食品卫生，制定了一系列有关食品添加剂的卫生法规，参见表4—1。

表4—1　　食品添加剂的卫生法规

	法规及标准名称	主要内容
法律	《中华人民共和国食品卫生法》	我国唯一一部对食品添加剂及其生产使用过程中有关卫生和安全问题做出规定的国家法律。该法中有二十余项条款与食品添加剂生产经营和使用的卫生要求及其监督管理有关，其中，九个条款直接对食品添加剂进行了有关法律规定。第三章“食品添加剂的卫生”中明确指出，生产经营和使用食品添加剂，必须符合食品添加剂使用卫生标准和卫生管理办法的规定；不符合卫生标准和卫生管理办法的食品添加剂，不得经营、使用
卫生行政规章	《食品添加剂卫生管理办法》	新“办法”与老“办法”相比有一些变动：即，明确规定需要申报的添加剂范围以及申报资料的要求；对食品添加剂生产企业提出明确要求，并实施卫生许可制度；明确提出对食品添加剂经营者的卫生要求；调整了对复合添加剂的管理方式和要求；进一步提出对食品添加剂的标志和说明书的要求；增加了对标准的重审和修订条款；对食品添加剂生产、经营企业的质量和卫生管理提出要求；对新开发的食品添加剂，取消三年的行政保护内容；对食品卫生检验单位进行食品添加剂检验进行了明确要求

续表

	法规及标准名称	主要内容
卫生行政规章	卫生部食品添加剂申报与受理规定	为配合新“办法”的实施，规范食品添加剂的监督管理，卫生部制定了此规定，对食品添加剂申报材料做了进一步明确要求
	《食品添加剂生产企业卫生规范》	规定了对食品添加剂生产企业选址、原料采购、生产过程、储运以及从业人员的基本卫生要求，通过这些规章文件以期更为科学、合理、透明地进行法制化管理
标准	《食品安全性毒理学评价程序》（GB 15193. 1—2003）	根据《食品添加剂卫生管理办法》的规定，食品添加剂新品种申报时须提供省级以上卫生行政部门认定的检验机构出具的毒理学安全性评价报告。《食品安全性毒理学评价程序》（GB 15193. 1—2003）是检验机构进行毒理学试验的主要标准依据，该标准适用于评价食品生产、加工、储藏、运输和销售过程中使用的化学和生物物质（其中包括食品添加剂）以及在这些过程中产生污染的有害物质，食物新资源及其成分和新资源食品。该程序规定了食品安全性毒理学评价试验的四个阶段［急性毒性试验、遗传毒性试验、亚慢性毒性试验、慢性毒性试验（包括致癌试验）］和内容及选用原则
	《食品安全国家标准　食品添加剂使用标准》（GB 2760—2011）	本标准规定了食品添加剂的使用原则、允许使用的食品添加剂品种、使用范围及最大使用量或残留量。GB 2760—2011 按照食品添加剂的功能分类将其分为酸度调节剂、抗结剂、消泡剂、抗氧化剂、漂白剂、膨松剂、胶基糖果中基础剂物质、着色剂、护色剂、乳化剂、酶制剂、增味剂、面粉处理剂、被膜剂、水分保持剂、营养强化剂、防腐剂、稳定剂和凝固剂、甜味剂、增稠剂、食品用香料、食品工业用加工助剂及其他共23类。为了适应食品工业的发展和市场需要，根据科学研究的最新发现和结论，此后每年将评审通过的品种编制成增补品种，卫生部以公告的形式公布实施
	《食品用香料分类与编码》（GB/T 14156—2009）	本标准规定了食品用香料分类与编码的术语和定义、编码原则和具体编码表 本标准适用于研制、生产、使用、管理以及一切涉及食品用香料的场合
	《食品营养强化剂使用卫生标准》（GB 14880—1994）	1994 年正式颁布。标准中列出了我国允许使用的营养强化剂的品种、使用范围和最大使用量。营养强化剂的使用必须符合 GB 14880—1994、GB 2760—2011 以及卫生部有关公告名单中规定的品种、范围和使用量，并遵守《食品营养强化剂使用卫生标准实施细则》和其他相关法规标准的规定
	《预包装食品标签通则》（GB 7718—2004）	本标准规定了：预包装食品标签的基本要求；预包装食品标签的强制标示内容；预包装食品标签强制标示内容的免除；预包装食品标签的非强制标示内容 本标准适用于提供给消费者的所有预包装食品标签

第二节　防　腐　剂

为了防止各种加工食品、水果和蔬菜等腐败变质，可以根据具体情况使用物理方法或化学方法来防腐。化学方法是使用化学物质来抑制微生物的生长或杀死这些微生物，提高储存性，延长食用时间，这些化学物质即为防腐剂。

一、防腐剂的分类

防腐剂有广义和狭义之分，狭义的防腐剂主要指山梨酸、苯甲酸等直接加入食品中的化学物质；广义的防腐剂除包括狭义防腐剂所指的化学物质外，还包括那些通常认为是调料而具有防腐作用的物质，如食盐、醋等，以及那些通常不直接加入食品，而在食品储藏过程中应用的消毒剂和防霉剂等。作为食品添加剂应用的防腐剂是指为防止食品腐败、变质、延长食品储存期、抑制食品中微生物繁殖的物质，但食品中具有同样作用的调味品如食盐、糖、醋、香辛料等不包括在内，作为食品容器消毒灭菌的消毒剂亦不在此列。

我国允许使用的防腐剂有29种，主要品种有苯甲酸及其盐类、山梨酸及其盐类、丙酸盐类和对羟基苯甲酸酯类。

二、常用的防腐剂

1. 苯甲酸及苯甲酸钠

苯甲酸和苯甲酸钠二者的防腐机理相同，属于酸型防腐剂。苯甲酸的钠盐水溶性好，常代替苯甲酸作防腐剂使用。但其防腐效果不及苯甲酸，这是因为苯甲酸钠只有在游离出苯甲酸时才能发挥防腐作用。其使用的安全性比较高，目前还未发现任何有毒作用，因此是各国允许使用的且历史比较悠久的食品防腐剂，迄今仍是我国最普遍使用的防腐剂。我国规定苯甲酸及其钠盐可用于酱油、食醋、果汁、果酱、果酒、汽水等多种食品中，其最大使用量为0.2～1.0 g/kg。

2. 山梨酸及山梨酸钾

山梨酸为2，4－已二烯酸，也称花楸酸、清凉茶酸，分子式$C_6H_8O_2$，结构式为$CH_3CH{=}CHCH{=}CHCOOH$，是一种不饱和单羧基脂肪酸，为无色针状结晶或白色晶体粉末，耐光耐热性好，难溶于水，易溶于乙醇，其钾盐易溶于水，由于溶解性的差异，多数使用的是钾盐—山梨酸钾。

山梨酸及其钾盐属酸型防腐剂，在酸性介质中对微生物有良好的抑制作用，对阻止霉菌生长特别有效，随pH值增大防腐效果减小，pH值为8时丧失防腐作用，适用于pH值在5.5以下的食品防腐。其在机体内可参加正常代谢活动，所以几乎是无毒的，且无异味，是目前各国普遍采用的一种比较安全的防腐剂，但价格较高。我国规定山梨酸及其钾盐可用于多种食品、调味品和饮料的防腐，最大使用量为0.5～2 g/kg。

查一查

查询山梨酸及其钾盐的生产路线，并加以分析和比较。

3. 对羟基苯甲酸酯

对羟基苯甲酸酯亦称尼泊金酯，分子式是$C_9H_{10}O_3$，其通式为p－HOPhCOOR（$R{=}C_2H_5$、C_3H_7或C_4H_9）。为无色细小结晶或白色晶体粉末，几乎无味，耐光耐热，熔点为116～118℃，微溶于水，易溶于乙醇。

对羟基苯甲酸酯对霉菌、酵母菌有较强的抑制作用；其防腐作用优于苯甲酸和山梨酸及其盐，使用量为苯甲酸钠的1/10，防腐效果不像酸性防腐剂那样易受pH值的影响，在pH值为4～8的范围内有较好的防腐效果。由于对羟基苯甲酸酯类水溶性较差，常用醇类先溶解后再使用，主要用于酱油、果酱、清凉饮料等的防腐。

对羟基苯甲酸酯可由酯化法生产，以苯酚为原料在KOH和K_2CO_3存在下，首先生成苯酚钾，然后在加压下，使苯酚钾与二氧化碳反应制得对羟基苯甲酸，然后将对羟基苯甲酸与乙醇在硫酸存在下进行酯化反应而得。对羟基苯甲酸酯的生产工艺流程如图4—1所示。

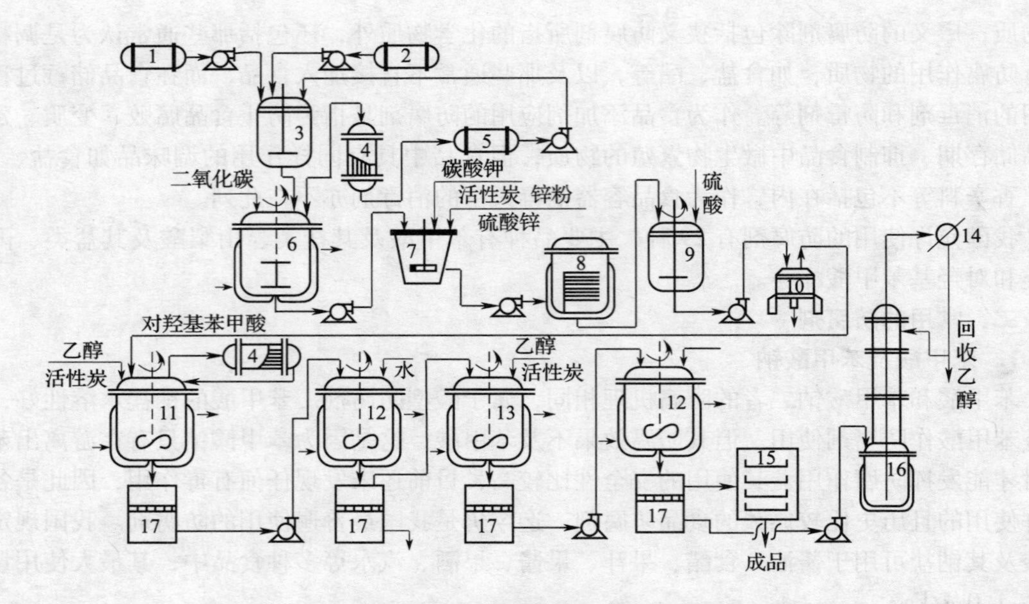

图 4—1　对羟基苯甲酸酯生产工艺流程

1—苯酚储槽　2—氢氧化钾储槽　3—混合器　4—冷凝器　5—回收苯储槽　6—高压釜　7—脱色槽
8—压滤器　9—沉淀槽　10—离心机　11—反应釜　12—结晶釜　13—精制釜
14—冷却器　15—干燥器　16—蒸馏塔　17—过滤器

分析与判断

根据对羟基苯甲酸酯的生产工艺流程图，并借助相关资料，分析生产的主要原料及主要设备。

4. 其他防腐剂

具有防腐作用的物质很多，我国目前批准使用的防腐剂品种，除前面介绍的三类以外，还有丙酸钙（钠）、双乙酸钠、脱氢醋酸、葡萄糖 δ - 内酯和乳酸链球菌素等。另外国内外安全、高效、经济的新型防腐剂以及天然防腐剂的开发研究工作十分活跃，新品种不断出现。

（1）丙酸及其钙盐、钠盐

丙酸及其盐类的抑菌作用较弱，但对霉菌、需氧芽孢杆菌和革兰阴性杆菌有效，特别对能引起面包等食品产生黏丝状物质的好气性芽孢杆菌等抑制效果明显，但对酵母菌几乎无效，因此，广泛用于面包糕点类食品防腐。

丙酸可认为是食品的正常成分，也是人体代谢的正常中间产物，因而基本无毒。丙酸的生产采用乙烯与 CO 经羰基合成得到丙醛，再氧化得到丙酸。

（2）脱氢醋酸

脱氢醋酸是由醋酸裂解成双乙烯酮，再经催化缩合（苛性碱、叔胺等为催化剂）而成：

$$4CH_3COOH \longrightarrow 2\begin{matrix} H_2C{=}C{-}O \\ | \quad\quad | \\ H_2C{-}C{=}O \end{matrix} \longrightarrow \text{(脱氢醋酸结构式：} H_3C\text{, } COCH_3\text{, O)}$$

脱氢醋酸的作用主要是抑制霉菌和酵母菌，但在较高剂量下也能抑制细菌的生长。虽然是酸性防腐剂，但它的抑菌作用不受 pH 值的影响，可在中性条件下使用。它的热稳定性很好，抗菌作用一般不受其他因素影响，通常用于腐乳、酱菜、原汁橘浆的防腐。

（3）双乙酸钠

双乙酸钠分子式为 $CH_3COONa/CH_3COOH \cdot H_2O$，由乙酸和碳酸钠中和后浓缩精制而成。为白色结晶，有醋酸气味，易吸潮，极易溶于水，对细菌和霉菌有良好的抑制能力。

（4）葡萄糖酸 β - 内酯

葡萄糖酸 β - 内酯对霉菌和一般细菌均有抑制作用，用于水产品可保持食品外观光泽鲜亮、不褐变及保持肉质弹性。

（5）乳酸链球菌素

乳酸链球菌素是乳酸链球菌属微生物的代谢产物，一种类似蛋白质的物质，由氨基酸组成，对酪酸杆菌有抑制作用，可防止干酪腐败；对肉毒梭状芽孢杆菌作用很强，用于肉类罐头防腐作用明显，且可降低灭菌温度，缩短灭菌时间。与山梨酸并用，可发挥广谱抑菌作用。

（6）富马酸及其酯类

富马酸即反式丁烯酸。以富马酸二甲酯为代表的富马酸及其酯类均具有一定的抗菌活性，富马酸甲酯作为食品添加剂具有低毒和广谱抗菌的特点，且不受食品成分及 pH 值等因素的影响，是很有前途的食品防腐剂。

（7）天然防腐剂

随着社会经济的发展，人们对于食品添加剂的要求也越来越高，特别是在食品安全卫生方面更是如此。而目前的化学合成防腐剂均有一定毒性，因此，在开发安全、高效、经济的新型防腐剂的同时，充分利用天然防腐剂，对食品安全卫生更为有利，也更符合消费者需要，天然食品防腐剂是食品工业今后发展的重要趋势。

1）溶菌酶。溶菌酶含有 129 个氨基酸，相对分子质量 17 500，等电点 pH 10.5 ~ 11.0。它能溶解许多细胞的细胞膜，对革兰阳性杆菌、枯草杆菌等有抗菌作用，因为羧基和硫酸会影响溶菌酶活性，所以一般与其他抗菌物质配合使用。

2）鱼精蛋白。鱼精蛋白是一种相对分子质量小（5 000）、结构简单的球形蛋白，含大量氨基酸，存在于鱼的精子细胞中，对枯草杆菌、干酪乳杆菌等均有良好抗菌作用，在碱性介质中抗菌力更强，其热稳定性很好，与其他食品添加剂如甘氨酸等复配后，抗菌效果更好，适用范围也更广。

3）果胶分解产物。果胶存在于苹果、柑橘等水果和蔬菜中，是一种多糖物质，它被酶分解后，表现出良好的抗菌性能。

4）海藻糖。海藻糖是一种无毒低热值的二糖，存在于蘑菇、海虾、蜂蜜等中，其防腐作用由抗干燥特性决定，因此除防腐作用外，不会使食品品质发生变化。

5）壳聚糖。壳聚糖是从虾壳、蟹壳中提取的一种天然多糖，浓度为 0.496% 时对大肠杆菌、金黄色葡萄球菌等均有抗菌性，与醋酸钠配合使用，抗菌作用增强。

6）其他。还有甘露聚糖、蚯蚓提取液、香辛料提取物及甜菜碱等多种天然抗菌物质也被开发并进行过大量研究，有些国家已批准用于食品中。

第三节　乳　化　剂

凡是添加少量即能使互不相溶的液体（如油和水）形成稳定乳状液的食品添加剂称为乳化剂。食品乳化剂能改善乳体各构成相之间的表面张力，使之形成均匀、稳定的分散体系或乳化体，从而改善食品的组织结构、口感和外观，简化和控制食品加工过程，提高食品质量，延长货架的使用寿命等。

乳化剂一般为表面活性物质，在食品加工中主要应用在焙烤食品及淀粉制品、冰淇淋、人造奶油、巧克力、糖果、口香糖、植物蛋白饮料、乳化香精中。乳化剂是消耗量较大的一类食品添加剂，各国许可使用的品种很多，我国批准使用的有 30 种。其中用量最大的是蔗糖脂肪酸酯、甘油脂肪酸酯、山梨醇脂肪酸酯、大豆磷脂以及丙二醇脂肪酸酯等。

一、蔗糖脂肪酸酯

蔗糖脂肪酸酯亦称脂肪酸蔗糖酯，简称蔗糖酯（SE），蔗糖酯一般为白色至微黄色粉末、蜡状或块状物，也有无色至微黄色的黏稠状液体，无臭或稍有点特殊臭味。在 120℃以下很稳定，加热至 145℃以上分解。单酯易溶于水，双酯或多酯难溶于水，易溶于乙醇。结构式如下图所示：

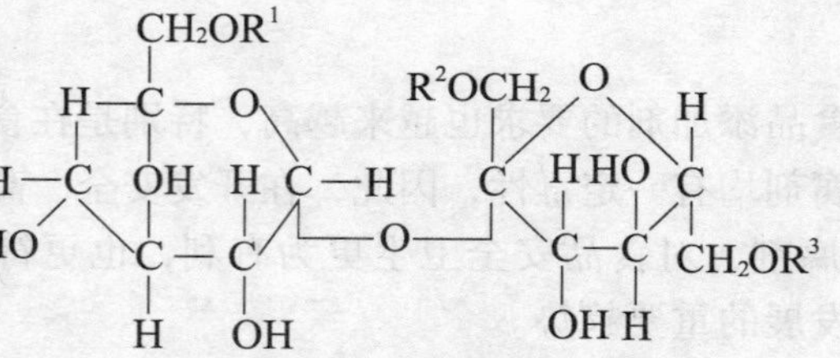

```
        CH2OR1
        |
   H—C—O                R2OCH2   O
    /     \                   \  / \
 H—C  OH  H C—H           C  H HO  C    (R1、R2、R3为脂肪酰基或H)
 HO  C — C      —O—       C — C   CH2OR3
     |    |                |   |
     H    OH               OH  H
```

在分子内的 8 个羟基中有 3 个羟基化学性质与伯醇相似，酯化反应主要发生在这三个羟基上，因此控制酯化程度可以得到单酯含量不同的产品。

蔗糖酯的 HLB 值在 3 ~ 15，单酯含量越多 HLB 值越高，HLB 值低的可用做 W/O 型乳化剂，HLB 值高的则用作 O/W 型乳化剂。由于其 HLB 值范围很大，因此既可用于油脂或含油脂丰富的食品，也可用于非油脂或油脂比较少的食品，具有乳化、分散、润湿、发泡等一系列优异性能，并且对人体无害。

蔗糖酯可以经蔗糖与食用脂肪酸的甲酯或乙酯反应得到，工艺方法如下：

用二甲基甲酸胺（DMF）为溶剂，在碳酸钾催化剂存在下使脂肪酸和非蔗糖醇形成的酯与蔗糖进行酯交换反应。蔗糖一般过量 2 ~ 3 倍，在 90℃和 9.2 ~ 13.2 kPa 压力下进行反应 2 ~ 3 h，反应生成的甲醇（用甲酯时）不断排出，未反应的蔗糖用甲苯分离除去，再经过滤，滤液经冷却即可析出蔗糖单硬脂酸酯。也可以采用丙二醇作溶剂，由蔗糖、硬脂酸甲酯、硬脂酸钠和水、碳酸钠在 130 ~ 150℃酯化，然后在 120℃减压蒸馏除去丙二醇，冷却粉碎后溶于甲乙酮中以除去不溶物而制得。

此外，还可以采取乳状液反应法来制取蔗糖酯。

二、甘油单硬脂酸酯

甘油单硬脂酸酯亦称单硬脂酸甘油酯，简称单甘酯，分子式为 $C_{21}H_{42}O_4$。

单甘酯为微黄色蜡状固体物，不溶于水，溶于乙醇、油和烃类，HLB 值 3.8，属 W/O 型乳化剂，由于其本身的乳化性很强，也可作为 O/W 型乳化剂。单甘酯的制备方法有直接酯化法和甘油醇解法。

1. 直接酯化法

工艺流程如图 4—2 所示，将 200 型硬脂酸与甘油的投料摩尔比为 1∶1.2、催化剂氢氧化钠加入反应釜中进行酯化反应，反应在真空条件下进行。加热至 160℃开始生成水，冷凝下来，再继续升温至 230℃，保温 1 h，取样化验，游离酸小于 2.5% 结束反应。一般产品中单甘酯含量为 40% ~60%。

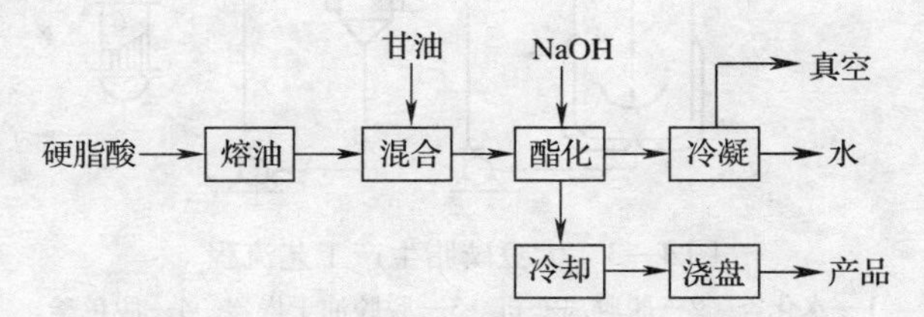

图 4—2　直接酯化法生产工艺流程

2. 甘油醇解法

合成工艺流程如下：

甘油，硬化油→脱水→交酯反应→脱臭→蒸馏→产品

在反应釜中加入硬化油和甘油，在催化剂氢氧化钠作用下，控制温度 180 ~185℃，并搅拌通入氮气，酯化反应 5 h，再减压脱臭 1 h。然后在氮气流下冷却至 100℃出料，冷却得到粗单甘酯，再经分子蒸馏即可获得乳白色粉末状单甘酯。

三、大豆磷脂

大豆磷脂又称卵磷脂、磷脂，其主要成分有磷酸胆碱（24%）、磷酸胆胺（25%）、磷酸肌醇（33%）。为淡黄色或褐色透明或半透明的黏稠物质，无臭，在空气中或日光照射下迅速变黄，不溶于水，溶于乙醚、氯仿、苯等有机溶剂。

大豆磷脂为两性离子食品添加剂，是无毒物质，是目前唯一工业化生产的天然乳化剂，可用于人造奶油、冰淇淋、糖果、巧克力、饼干、面包和起酥油的乳化。它不仅有乳化作用，还具有重要的生化功能，补充人体营养需要，治疗某些疾病等作用。

大豆磷脂通常是制造大豆油的副产品，以制油时分离出来的粗油胶质为原料经脱胶、脱水、脱色、干燥、精制五个步骤而制得成品。工业化生产工艺流程如图 4—3 所示。

1. 脱胶

油脂脱胶过程可分为间歇和连续两种。间歇法是先将毛油升温至 70 ~82℃，然后加入 2% ~3% 的水及一些助剂（如醋酐），在搅拌的条件下，油和水在反应釜内充分进行水化反应 30 ~60 min。然后将物料送入脱胶离心机。连续法脱胶是在管道中进行的，即原料毛油经过油脂水化、磷脂分离、成品入库等工序完成。

2. 脱水

毛油脱胶后经离心机分离出来的油和磷脂，用提浓设备（如薄膜蒸发器）进行脱水处理。脱水后的胶状物须迅速冷却至50℃以下，以免颜色变深，为了防止细菌的腐败作用，可在湿胶中加入稀释的双氧水以起到抑菌作用。

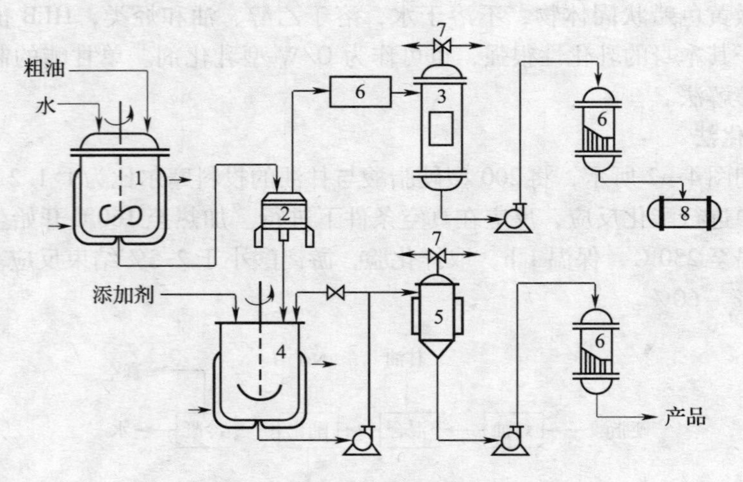

图4—3　大豆磷脂生产工艺流程

1—水化釜　2—脱胶离心机　3—脱胶油干燥器　4—脱色釜
5—薄膜干燥器　6—冷却器　7—喷射泵　8—储油槽

3. 脱色

采用3%的双氧水和1.5%的过氧化苯甲酰或次氯酸钠和活性炭作为脱色剂，脱色温度控制70℃左右，可得到颜色相当浅的磷脂。

4. 干燥

将磷脂干燥的方法很多，分批干燥是最常用的方法，而真空干燥最为合理，也可采用薄膜干燥等方法。

5. 精制

其目的是将存在于粗磷脂中的油、脂肪酸等杂质除去。把粗磷脂和丙酮按1:（3~5）的比例配制，在冷却下进行搅拌，油与脂肪酸溶于丙酮，磷脂沉淀，分离得到的磷脂用同样的方法处理2~3次，直至磷脂能搅拌成粉末状为止。然后将粉末状磷脂与丙酮混成糊状，经篮式离心机分离除去绝大部分丙酮。最后将粉末状磷脂过筛后，置于真空干燥箱中干燥。控制温度在60~80℃，真空度为47.4 kPa左右，烘至无丙酮气味即可包装。

第四节　调　味　剂

为了使食品能够满足不同人的口味且更加味美爽口，同时促进人们的食欲，常采用调味剂来达到要求。调味剂有酸味剂、甜味剂、鲜味剂、咸味剂和苦味剂等。其中苦味剂应用很少，咸味剂一般使用食盐，而我国并不作为食品添加剂管理。

一、酸味剂

酸味剂是以赋予食品酸味为主要目的的食品添加剂。其作用除了赋予食品酸味外，还有调节食品的pH、用做抗氧化剂的增效剂、防止食品酸败或褐变、抑制微生物生长及防止食品腐败等。酸味给人以清凉和爽口的感觉，可增进食欲、促进消化吸收，所以食品中常添加酸味剂，现一般称为酸度调节剂（在食品添加剂使用标准 GB 2760—2011 中列有各类酸度调节剂，其包括酸、碱等）。

酸味剂广泛应用于食品加工与生产中，酸味剂按其组成可分为有机酸和无机酸两类。食品中天然存在的主要是有机酸。我国食品添加剂使用卫生标准批准使用的酸味剂有柠檬酸、乳酸、酒石酸、苹果酸、磷酸、醋酸等。

1. 柠檬酸

柠檬酸也称枸橼酸，化学名称为 3－羟基－羧基戊二酸，分子式 $C_6H_8O_7 \cdot H_2O$，结构式为：

$$
\begin{array}{c}
CH_2-COOH \\
| \\
HO-C-COOH \cdot H_2O \\
| \\
CH_2-COOH
\end{array}
$$

柠檬酸有一水合物和无水合物两种，为无色半透明结晶或白色晶体颗粒或粉末，无臭，有强酸味。易溶于水、乙醇和乙醚。

柠檬酸是柠檬、柚子、柑橘等存在的天然酸味的主要成分，其酸味柔和爽快，被广泛用于饮料、果汁、果酱和糕点等食品中，用作酸化剂、抗氧化剂、pH 值调整剂等。柠檬酸的制备方法之一是化学合成法，即用草酰乙酸与乙烯酮进行缩合反应制备。生化发酵法是制取柠檬酸的主要方法，它是以废糖蜜、淀粉、糖质等为原料，用黑曲霉菌发酵精制而得。合成步骤包括种母醪制备、发酵、提取、空气净化四部分。合成工艺流程如图 4—4 所示。

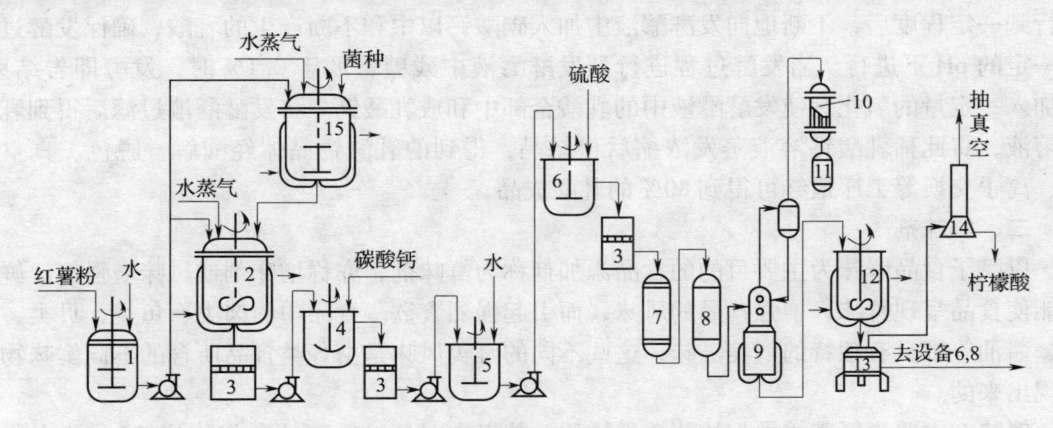

图 4—4　柠檬酸生产工艺流程

1—拌和桶　2—发酵罐　3—过滤桶　4—中和桶　5—稀释桶　6—酸解桶　7—脱色柱　8—离子交换柱　9—真空浓缩锅　10—冷凝器　11—缓冲器　12—结晶锅　13—离心机　14—烘房　15—种母罐

（1）种母醪制备

将浓度为 12%～14% 的甘薯淀粉浆液放入已灭菌的种母罐中，用蒸汽蒸煮糊化 15～20 min，冷至 33℃，接入黑曲霉菌 N－588 的孢子悬浮液，温度保持在 32～34℃，在通无菌空气和搅拌下进行培养，120～150 h 完成。

（2）发酵

在拌和桶中加入甘薯干粉，制成浓度为12% ~14%的浆液，用泵送到发酵罐中，通入蒸汽蒸煮糊化15 ~25 min，冷至33℃，按8% ~10%的接种比接入种醪，在33 ~34℃下搅拌通入无菌空气发酵。发酵过程中补加碳酸钙控制pH值为2 ~3，120 ~150 h发酵完成。发酵液中除柠檬酸和大部分水分外还有淀粉渣和其他有机酸杂质，还应提取纯化。

2. 乳酸

乳酸即为2－羟丙酸，分子式$C_3H_6O_3$，结构式为$CH_3CH(OH)COOH$。

乳酸通常为乳酸和乳酰乳酸（$C_6H_{10}O_5$）的混合物，为无色透明或浅黄色糖浆状液体，几乎无臭，味酸，与水、乙醇、丙酮等混溶。

乳酸存在于腌渍物、果酒、酱油和乳酸菌饮料中，具有特异的收敛性酸味，乳酸还具有较强的杀菌作用，能防止杂菌生长，抑制异常发酵。

乳酸的制备方法可以用化学合成法，如用乙醛与一氧化碳在高压下直接反应，即得无水乳酸。生化发酵方法一般是使用德氏乳杆菌为菌种，进行同型发酵，葡萄糖几乎全部生成乳酸。反应式如下：

$$\underset{\text{葡萄糖}}{C_6H_{12}O_6} \xrightarrow{\text{乳酸杆菌}} \underset{\text{乳酸}}{CH_3CH(OH)COOH} + CH_3CH_2OH + CO_2$$

$$\underset{\text{乳糖}}{C_{12}H_{22}O_{11}} + H_2O \xrightarrow{\text{乳酸杆菌}} \underset{\text{乳酸}}{CH_3CH(OH)COOH}$$

我国乳酸发酵常使用玉米粉（或大米粉、山芋粉）为原料，工艺过程大致分为：糊化、糖化、发酵、酸解、浓缩、精制等步骤。首先淀粉质原料与水配成一定比例，在一定温度、压力及α－淀粉酶的催化作用下使淀粉变成糊精。在发酵过程中称糊精为糊化醪，糊化醪在一定浓度、一定温度下先糖化，再发酵。糖化时加入糖化酶，发酵时接入乳酸杆菌。当发酵进行到一定程度后，不断地向发酵醪液中加入碳酸钙以中和不断产生的乳酸，确保发酵过程在一定的pH下进行。当发酵过程进行到发酵醪液中残糖量低于0.1%时，发酵即告结束，再加入一定量的氧化钙使发酵醪液中的乳酸全部中和成乳酸钙。将发酵醪液过滤后得到乳酸钙溶液，将此稀乳酸钙溶液蒸发浓缩后再结晶，得到的乳酸钙晶体经酸解、脱色、真空过滤、离子交换等工序最终可得到80%的乳酸成品。

二、鲜味剂

以赋予食品鲜味为主要目的的食品添加剂称为鲜味剂，亦称增味剂或风味增强剂。鲜味剂能使食品呈现鲜味，增强食品的风味，而引起强烈食欲。食品中的肉类、鱼类、贝类、香菇、酱油等都具有独特的鲜美滋味，这些不同的鲜美风味是由各类食品所含的不同鲜味物质呈现出来的。

鲜味剂主要为氨基酸类与核苷酸类物质，前者主要是谷氨酸钠（俗称味精），后者主要有肌苷酸、鸟苷酸及其钠盐等。此外琥珀酸及其钠盐也具有鲜味，天门冬酰胺酸钠具有强烈鲜味，是产量仅次于谷氨酸钠的鲜味剂。

1. 谷氨酸钠

谷氨酸钠俗称味精，化学名称为α－氨基戊二酸钠，分子式$C_5H_8O_4NNa \cdot H_2O$，结构式为：$HOOCCH(NH_2)CH_2CH_2COONa$。谷氨酸钠是世界上除食盐以外耗用量最多的调味剂，世界年产量30余万吨。

（1）性状

谷氨酸钠为无色至白色结晶或晶体粉末，无臭，微有甜味或咸味，有特有的鲜味，易溶于水，微溶于乙醇，不溶于乙醚、丙酮等有机溶剂。

谷氨酸钠与酸，如盐酸作用生成谷氨酸或谷氨酸盐酸盐：

$$NaC_5H_8O_4N + HCl \rightarrow C_5H_9O_4N + NaCl$$

$$\downarrow HCl$$

$$C_5H_9O_4N \cdot HCl$$

谷氨酸盐酸盐

谷氨酸钠与碱，如氢氧化钠作用生成谷氨酸二钠，加酸后又生成谷氨酸钠。

$$NaC_5H_8O_4N + NaOH \rightarrow Na_2C_5H_7O_4N + H_2O$$

$$\downarrow HCl$$

$$NaC_5H_8O_4N + NaCl$$

（2）呈味性能

谷氨酸钠具有强烈的肉类鲜味，特别是在微酸性溶液中味道更鲜，用水稀释至3 000倍，仍能感觉出其鲜味。其使用浓度一般为0.2%～0.5%。谷氨酸能缓和咸、酸、苦的作用，能减弱糖精的苦味，并能引出食品中所具有的自然风味，因此味精是广泛用于食品菜肴的调味品，是一种安全可靠的食品添加剂。

（3）应用

谷氨酸钠具有强烈的肉类鲜味，作为鲜味剂广泛用于家庭、饮食业、食品加工业，如汤、香肠、鱼糕、辣酱油、罐头等生产中。用量按我国食品添加剂使用卫生标准视正常生产需要而定。

（4）制法

谷氨酸钠是由谷氨酸中和精制而得。谷氨酸可采用蛋白质水解抽提法、化学合成法、酶促合成法以及发酵法等合成。但目前主要采用发酵法，即以淀粉水解糖为原料通过微生物发酵生产谷氨酸，该工艺是当前国内外最成熟、最典型的一种氨基酸生产工艺。

2. 鸟苷酸

5′-鸟苷酸二钠亦称5′-鸟苷酸钠和鸟苷-5′-磷酸钠，简称GMP，分子式为$C_{10}H_{12}Na_2O_8P \cdot 7H_2O$，为无色至白色结晶，或白色晶体粉末，无臭，有特殊的香菇鲜味，易溶于水，微溶于乙醇，吸湿性强。在一般的食品加工条件下，对酸、碱、盐和热均稳定。

5′-鸟苷酸二钠具有香菇特有的香味，与味精有协同效应，通常和味精复配使用，有明显的增鲜作用。

5′-鸟苷酸二钠的制备方法有发酵法、酶解法等，目前国内外多采用酶解法生产，该法工艺简单，收率高，副产品可作为医药制品。由酵母提取核酸后经酶解生产5′-鸟苷酸二钠的工艺流程如图4—5所示。

（1）酶解

由酵母菌体经抽提得到核酸（RNA）溶液，再将核酸用热水调配成0.5%的溶液，以20%的氢氧化钠溶液调pH值至5.0～5.6，然后升温至75℃左右，加入含5′-磷酸二酯酶10%的核酸溶液，在缓慢搅拌下于70℃保持1 h，立即加热沸腾5 min灭酶，冷却并调pH值至1.5，除去杂质，即成核酸的酶解液。该降解酶溶液含四种单核苷酸，即5′-尿苷酸、5′-胞苷酸、5′-鸟苷酸、5′-腺苷酸。

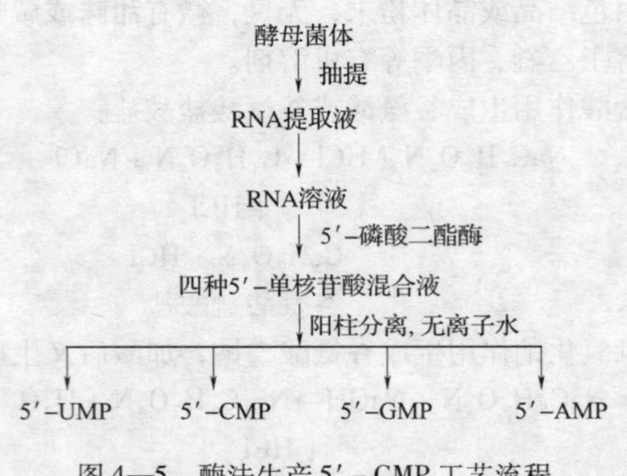

图 4—5　酶法生产 5′ – GMP 工艺流程

（2）阳柱分离

将含有四种单核苷酸的酶解液引入阳离子交换树脂柱进行分离。首先将 pH 值为 1.5 的核酸酶解液自上而下缓慢地通过树脂柱，待上层液流毕，再用与树脂等体积的 pH 值为 1.5 的蒸馏水洗脱树脂。此时上柱流出液和 pH 值为 1.5 的洗液即为 5′ – 尿苷酸；随后用蒸馏水进一步洗脱，则 5′ – 胞苷酸、5′ – 鸟苷酸、5′ – 腺苷酸相继被分离洗脱出来。

（3）精制

将经树脂分离得到的含 5′ – 鸟苷酸的洗脱液的 pH 值调至 6.0，减压浓缩至浓缩液含量达到 40 μmol/mL 以上，加入 2 倍于浓缩液体积的酒精并调 pH 值至 7.0，冷冻结晶 12 h 后进行抽滤，于 80℃下干燥得到白色的 5′ – 鸟苷酸二钠结晶。

三、甜味剂

甜味剂是赋予食品甜味的食品添加剂。按来源可分为天然的和合成的两大类，天然甜味剂又分为糖与糖的衍生物，以及非糖天然甜味剂两类。通常所说的甜味剂是指人工合成的非营养甜味剂、糖醇类甜味剂和非糖天然甜味剂三类。至于葡萄糖、果糖、蔗糖、麦芽糖和乳糖等物质，虽然也是天然甜味剂，但因长期被人食用，且是重要的营养素，我国通常视为食品原料，不作为食品添加剂对待。

我国目前允许使用的甜味剂有糖精及糖精钠、甜蜜素、异麦芽酮糖（帕拉金糖或异构蔗糖）、甜味素（又称阿斯巴甜，天门冬酰苯丙氨酸甲酯）、麦芽糖醇、山梨糖醇（山梨醇）、木糖醇、甜菊糖苷（又称甜菊苷、蛇菊苷）、甘草及甘草酸钾（钠）、安赛蜜（乙酰磺胺酸钾）等，在此简单介绍三种。

1. 糖精及糖精钠

糖精学名邻磺酰苯（甲）酰亚胺，是人工合成的非营养甜味剂。其为白色结晶性粉末或叶状晶体，熔点 228 ~ 230℃，无臭或微有芳香气，微溶于水、乙醚和氯仿，溶于乙醇、乙酸乙酯、乙酸戊酯和苯。它的钠盐称糖精钠或可溶性糖精，为白色结晶或结晶性粉末，无臭或微有芳香气。在空气中缓慢风化，失去约一半结晶水变成白色粉末。其易溶于水，甜味约为食糖的 300 ~ 500 倍。糖精自 1879 年应用以来，一直是最广泛使用的甜味剂，但在 20 世纪 70 年代初发现其有致癌性后，糖精有逐渐被取代的趋势。

2. 环己基氨基磺酸钠

（1）环己基氨基磺酸钠的性质与用途

环己基氨基磺酸钠又名甜蜜素，是人工合成的非营养甜味剂。为白色结晶或结晶性粉末，二水化合物为片状晶体。无臭，甜度约为蔗糖的30倍。易溶于水，对热、酸、碱均稳定。

甜蜜素的甜味较糖精纯正，可替代蔗糖或与蔗糖混合使用，它能较好地保持食品原有风味。因其不被人体吸收，并具有良好的口感，价格低廉，已成为国内主要使用的一种甜味剂。主要用于酱菜、调味酱汁、糕点、饼干、面包、配制酒、雪糕、冰淇淋、冰棍、饮料、蜜饯等中，此品每人每天允许摄入量（ADI）为0～11 mg/kg。

（2）环己基氨基磺酸钠的生产方法

甜蜜素的合成方法很多，但具有工业价值的方法是以环己胺为基本原料，用不同的磺化剂（如氨基磺酸、氯磺酸、硫代硫酸钠等）磺化生成环己基氨基磺酸后，再用烧碱处理制得。国外正在研究开发直接采用三氧化硫磺化环己胺的方法。

3. 木糖醇

（1）木糖醇的性质与用途

木糖醇又名戊五醇，白色粉末或颗粒状结晶，熔点92～93℃，有吸湿性，无毒；味甜，甜度和蔗糖相等，并有清凉感，无异味；易溶于水，微溶于乙醇；木糖醇还具有不发酵性，大部分细菌不能把它作为营养加以利用。其结构式为：$CH_2OH\ (CHOH)_3CH_2OH$。

此品功能也与蔗糖相同，重要的是其代谢利用不受胰岛素制约，因而可被糖尿病人接受。我国规定：可在糕点、饮料、糖果中代替糖按生产需要适量加入；由于其不致龋，还可通过阻止新龋形成和原有龋齿的发展而改善口腔牙齿卫生，故可作无糖糖果中起止龋或抑龋作用的甜味剂。ADI值无须规定。

（2）木糖醇的生产方法

木糖醇天然存在于多种水果、蔬菜之中。工业上则常用玉米芯、甘蔗渣、棉子壳、桦木屑等为原料，先将原料中的多聚物糖（$C_5H_8O_4$）$_n$ 水解为木糖，然后用镍催化剂加氢制取木糖醇。

以玉米芯为原料制取木糖醇的生产流程：将玉米芯用130～150℃热水浸泡处理1 h，除去原料中胶质和单宁等（原料预处理）；用浓度为0.6%～1.0%硫酸，固液比1∶10，在110℃温度下水解2 h，水解后糖浓度约5%，产糖率30%（水解）；用相对密度为1.1的石灰乳中和过剩的硫酸生成硫酸钙沉淀，中和终点pH值为2.8～3.0，中和温度75～80℃，并保温搅拌30 min，然后过滤，中和后的糖浓度为20%以上，进而真空浓缩至糖浓度为35%～40%（中和）；加入适量活性炭脱色和吸附部分非糖物质，并在70℃时保温搅拌1 h，再过滤（脱色）；木糖液通过阳—阴离子交换树脂进一步净化，除去糖液中的酸和非糖杂质（离子交换）；净化的木糖液在镍催化剂存在下于反应器中进行加氢反应，催化剂用量为木糖液质量的5%，加氢压力为6.867×10^6 Pa，反应温度120～130℃，转化率可达99%以上；反应生成的氢化液送入装有活性炭的过滤器中进行过滤，以除去催化剂得到澄清的木糖醇溶液（催化加氢）；将含12%木糖醇的氢化液送入蒸发器中进行真空蒸发浓缩，温度70℃，真空度9.842×10^4 Pa，浓缩至木糖醇浓度达85%～86%（浓缩）；将木糖醇浓缩液泵入结晶机，在65℃时加入2%的晶种，然后降温至40℃左右（每小时降2℃），结晶完毕；送入离心机分离得结晶木糖醇和母液，母液返回再制木糖醇，或者综合回收利用（结晶分离）。

第五节　其他食品添加剂

一、保鲜剂

用于保持食品原有色香味和营养成分的添加剂称为食品保鲜剂，按保鲜对象可分为大米保鲜剂、果蔬保鲜剂、禽畜肉保鲜剂和禽蛋保鲜剂等，其使用方法有药物熏蒸、浸泡杀菌和涂膜保鲜等。

1. 大米保鲜剂

大米保鲜剂多为农药杀虫剂，其中发展最快的一种是溴氰菊酯，对仓虫有触杀、胃毒及驱避作用，药效期长，对人畜毒性低。Sp-3 型大米保鲜剂是另一种新型粮食保鲜剂，其主剂为活性铁粉，能改变正常大气中 N_2、O_2、CO_2的比例，产生一种对储粮害虫致死的环境，对消灭害虫、抑制霉菌有明显效果。

2. 肉蛋保鲜剂

多由一些具有杀菌抑菌作用的物质或试剂配制而成，如用于肉类保鲜的山梨酸复配液组成为山梨酸27%，卜糖酸 $-\delta-$ 内酯20%，醋酸钠15%，甘油5%，明矾10%，其他23%。

3. 果蔬保鲜剂

目前应用的水果保鲜剂有杀菌剂、熏蒸剂、抗氧化剂、乙烯吸收剂、涂膜剂等。例如可将高锰酸钾溶液载于沸石分子筛上或用二氧化碳来吸收乙烯。

蔬菜保鲜剂除常用杀菌剂喷洒防腐外，主要还是采用保鲜膜保鲜。例如，用尼龙纱布浸入硅氧烷聚合物，取出烘干即形成保鲜膜。

二、增稠剂

食品增稠剂也称糊料，是一种能改善食品的物理性质或状态，使食品黏滑适口的食品添加剂。它也可对食品起乳化、稳定作用。

增稠剂的种类很多，分天然和化学合成两类。天然增稠剂主要是从海藻和含多糖类黏质的植物提取的，如海藻酸、淀粉、阿拉伯树胶、瓜尔豆胶、卡拉胶、果胶和琼脂等；其次是从含蛋白质的动植物中制取的，如明胶、酪蛋白及酪蛋白酸钠等；少量的是从微生物制取的，如黄原胶（汉生胶）等。化学合成增稠剂有羧甲基纤维素钠（CMC）、藻酸丙二酯、羧甲基纤维素钙、羧甲基淀粉钠、磷酸淀粉钠、乙醇酸淀粉钠、甲基纤维素和聚丙烯酸钠等。

1. 明胶

食用明胶为白色或淡黄色透明至半透明带有光泽的脆性薄片、颗粒或粉末，不溶于冷水、乙醚等，可溶于热水、甘油。明胶是由动物的皮、骨、软骨、韧带、肌腱等所含的胶原蛋白，经部分水解得到的高分子多肽聚合物，其主要成分是蛋白质（约占82%）。以畜骨为原料制得的明胶称为骨明胶，以畜皮制得的明胶称为皮明胶。

明胶在众多行业中都有广泛应用，在我国主要作为食品增稠剂使用，且允许用于各类食品中，主要有冷饮、罐头、糖果等，也是特殊营养食品生产的原料。

工业上明胶的生产方法有碱法、酸法、盐碱法和酶法四种，国内外普遍采用的是碱法。皮明胶的碱法生产工艺流程为：将牛皮、猪皮等变质下脚皮的内层油脂刮去，切成小块，置于3.5% ~4.0%的石灰乳中浸泡30 ~40 天，中间换石灰乳4 ~6 次。在浸泡过程中，经常搅拌，使上下浸泡均匀。浸泡后的生皮用水洗净，在搅拌下用10%的盐酸中和3～4 h，洗涤后pH值应在6.0～6.5。然后将肉皮按1∶1加水，加热蒸煮，控制温度为60～70℃，每隔一定时间抽取胶水，用清洁纱布趁热过滤，共抽5～6次。稀胶水经浓缩，使相对密度为1.0～1.07。热胶移入铝盘冷却，将冷胶置于不锈钢筛网上，送入烘房鼓风干燥，温度严格控制在28℃左右。干燥的胶片用颗粒机粉碎后即得成品。

2. 羧甲基纤维素钠

羧甲基纤维素钠简称CMC，是葡萄糖聚合度为100～2 000的纤维素的衍生物，分子式$[C_6H_7O_2(OH)_2OCH_2COONa]_n$。为无色、无臭、不霉、无毒的白色或淡黄色纤维状或颗粒状粉末物，不溶于乙醇、丙酮等有机溶剂。有吸湿性，易溶于水形成溶胶，溶液为中性或微碱性，可长期保存。

羧甲基纤维素钠的制备方法有以水为介质的水溶法和在异丙醇、乙醇、丙酮等有机溶剂中进行反应的溶剂法等。化学反应方程式如下：

$$\underset{\text{纤维素}}{(C_6H_9O_4—OH)_n} + \underset{\text{氢氧化钠}}{nNaOH} \rightarrow \underset{\text{纤维素钠}}{(C_6H_9O_4—ONa)_n} + nH_2O$$

$$\underset{\text{纤维素钠}}{(C_6H_9O_4—ONa)_n} + \underset{\text{氯醋酸钠}}{nNaCl—CH_2COONa} \rightarrow \underset{\text{羧甲基纤维素钠}}{(C_6H_9O_4 \cdot OCH_2COONa)_n} + nNaCl$$

水溶法工艺流程如图4—6所示，纤维素经粉碎悬浮于乙醇中，控温28～32℃，在不断搅拌下用30 min加入碱液；降温至17℃后加入一氯醋酸，用1.5 h升温至55℃反应4 h。然后加入醋酸中和反应混合物，经分离溶剂得到粗品，粗品在搅拌机和离心机组成的洗涤设备内分两次用甲醇液洗涤，经干燥即得成品。

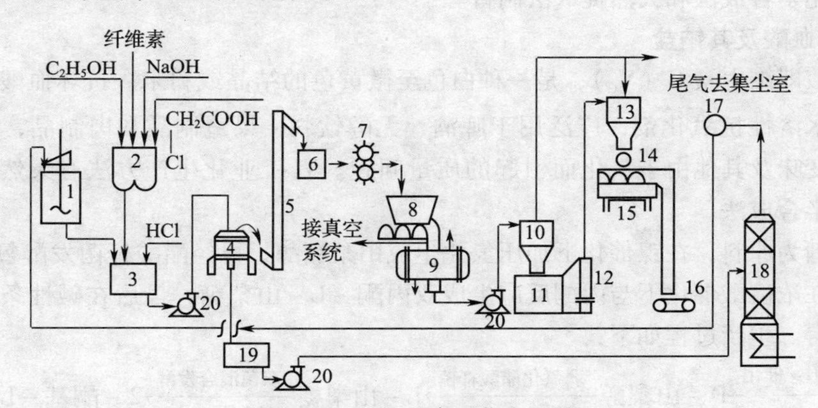

图4—6　CMC生产工艺流程图

1—配醇槽　2—捏和机　3—中和洗涤机　4—离心机　5—提升机　6—储料斗　7—搅碎机
8—螺旋加料器　9—真空干燥器　10、13—旋风分离器　11—双链带加料器
12—锤式粉碎机　14—星型加料器　15—混合桶　16—输送带　17—冷却器
18—蒸馏塔　19—乙醇回收槽　20—泵

三、抗氧化剂

抗氧化剂是防止或延缓食品氧化，提高食品的稳定性和延长储存期的食品添加剂。氧化是除微生物外引起食品变质的另一个重要原因，因此，抗氧化剂也是一类重要的食品添加剂。

抗氧化剂种类繁多，按其来源可分为天然和合成两类；按其溶解性可分为油溶性、水溶性两类。合成油溶性抗氧化剂能溶于油脂，对油脂和含油脂食品能很好地发挥抗氧化作用，防止其氧化酸败和油烧现象，常用的有丁基羟基茴香醚（BHA）、二丁基羟基甲苯（BHT，也称抗氧化剂－264）、没食子酸丙酯（PG）、叔丁基—对苯二酚（TBHQ）、混合生育酚浓缩物及愈创树脂等。水溶性合成抗氧化剂能溶于水，主要用于食品氧化变色，常用的有抗坏血酸类、异抗坏血酸及其钠盐、植酸等。

1．丁基羟基茴香醚（BHA）

BHA 是世界各国广泛使用的油溶性抗氧化剂，广泛用于焙烤食品，也可用于饲料添加剂。BHA 可用对羟基茴香醚和叔丁醇在磷酸或硫酸的催化下于 80℃进行反应而制备，合成反应如下：

$$H_3C{-}O{-}C_6H_4{-}OH + CH_3{-}\underset{CH_3}{\overset{CH_3}{C}}{-}OH \xrightarrow[80℃]{H_3PO_4/H_2SO_4} H_3C{-}O{-}C_6H_3(OH){-}\underset{CH_3}{C}(CH_3)_2$$

将反应生成物用水洗，然后用 10% 的氢氧化钠溶液碱洗，再经减压蒸馏，重结晶即得成品。

2．生育酚

生育酚即维生素 E（V_E）是目前大量生产的天然油溶性抗氧化剂。在全脂乳粉、奶油、肉制品、水产品、脱水蔬菜、果汁饮料、冷冻食品及方便食品等中具有广泛的应用，尤其是生育酚作为婴儿食品、疗效食品、强化食品等的抗氧化剂和营养强化剂更具有重要意义。生育酚可通过化学合成法和天然提取法制备。

3．抗坏血酸及其钠盐

抗坏血酸即维生素 C（V_C），是一种白色至微黄色的结晶或粉末。抗坏血酸及其钠盐是安全无害的水溶性抗氧化剂，广泛用于啤酒、无醇饮料、果蔬制品和肉制品，以防止其变色、褪色、变味及其他由于氧化而引起的质量问题。V_C工业化生产方法有天然提取法、化学合成法和半合成法。

以葡萄糖为原料，在镍催化下加压氢化生成山梨糖醇，再经醋酸杆菌发酵氧化成 L－山梨糖，然后在浓硫酸催化下与丙酮反应生成双丙酮－L－山梨糖，最后在碱性条件下用高锰酸钾氧化即得。生产过程如下：

$$\text{D－葡糖} \xrightarrow{H_2/\text{催化}} \text{D－山梨醇} \xrightarrow{\text{弱氧化醋酸杆菌}} \text{L－山梨糖} \xrightarrow{\text{双菌混合发酵}} \text{2－酮基－L－古龙酸}$$

$$\xrightarrow[H^+]{MeOH} \text{甲基－2－酮基－L－古龙酸盐} \xrightarrow{MeO^-} \text{L－抗坏血酸}$$

四、色素

色素又称食品着色剂，是以食品着色和改善食品色泽为目的的食品添加剂。按其来源和性质可分为天然和人工合成两大类。

人工合成的色素一般较天然色素鲜艳、稳定、使用方便，但通常是以煤焦油为原料制成的，属于焦油染料，无营养价值，且对人体有一定毒性。因此目前实际使用的品种正在迅速减少，我国卫生标准中批准使用的合成色素不足 10 种，主要有：苋菜红、胭脂红、樱桃红、柠檬黄、日落黄、亮蓝、靛蓝等。

天然色素是由天然资源获得的食用色素，一般认为安全性高，因此近年来研制和使用的品种逐渐增多。天然色素的着色力低，稳定性差及有异味、异臭等缺点可通过改进提取与精制技术逐步克服。我国目前允许使用的天然色素已达30多种，如甜菜红、姜黄、红花黄、越橘红、辣椒红、辣椒橙、酱色、高粱红、黑豆红、玉米黄、萝卜红、可可色素、叶绿素、β-胡萝卜素等。

食用天然色素大都存在于植物、动物和微生物体内的不同器官与部位中，这些色素大多溶于水、酒精或其他有机溶剂。为了保持天然色素固有的色泽，产品的稳定性和安全卫生性，生产色素一般都采用物理方法、生物学方法，而很少采用化学方法。即使加入一些化学药品也必须符合卫生标准，如食用柠檬酸、食用盐酸等。生产设备（如管道、容器、反应釜等）一般使用不锈钢、耐酸碱陶瓷或玻璃制品，生产用水也需净化，防止金属离子污染。

生产天然色素的物理方法分提取法、粉碎法；生物学方法有组织培养法、微生物发酵法和酶处理法。下面简要介绍各种方法的工艺流程。

1. 提取法

提取法是最常用的方法，即将原料洗净、干燥、粉碎后，用溶剂提取，经分离、浓缩、干燥、精制取得成品。流程为：原料筛选→清洗→浸提→过滤→浓缩→干燥粉末→添加溶剂成浸膏→产品包装。

2. 粉碎法

粉碎法是将新鲜的茎、叶等用水洗净分离，浸渍于含碳酸氢钠（1%浓度）的弱碱性渗透液中，待茎、叶被完全润湿后，于-30～-25℃冷冻数小时，使细胞液膨胀，以胀破细胞膜。在室温下解冻后进行离心脱水，除去细胞液，再经清洗、脱水、干燥，用粉碎机粉碎即得粉末体。流程为：原料精选→水洗→干燥→抽提→成品包装。

3. 组织培养和微生物发酵法

是将原料经微生物发酵或将植物组织细胞在适宜条件下进行人工培养获得大量色素或色素细胞，然后采取通常的方法进行提取。流程为：接种培养（或微生物发酵）→脱水分离→除溶剂→浓缩→喷雾干燥，添加溶媒→成品包装。

4. 酶处理法

常用于栀子红色素、栀子绿色素和栀子蓝色素的生产，流程为：原料采集→筛选→清洁→干燥→抽提→酶解反应→再抽提→浓缩→干燥粉剂，溶媒添加→成品。

在色素的生产过程中，由于其种类、性质及原材料不同，所要求采用的生产工艺流程各异，在保证产品质量及稳定性、安全性可靠的前提下，应尽量选用操作容易、设备简单、流程短、投资少、收益快的工艺和品种，才能有较高的经济效益和社会效益。

第六节　苯甲酸（钠）产品生产

一、苯甲酸（钠）的性质

苯甲酸又称安息香酸。是羧基直接与苯环碳原子相连接的最简单的芳香酸，分子式C_6H_5COOH。以游离酸、酯或其衍生物的形式广泛存在于自然界中。为无色、无味片状晶体。具有苯或甲醛的气味。熔点122.13℃，沸点249℃，相对密度1.265 9（15/4℃）。在

100℃时迅速升华，它的蒸气有很强的刺激性，吸入后易引起咳嗽。微溶于水，溶于乙醇、甲醇、乙醚、氯仿、苯、甲苯、二硫化碳、四氯化碳和松节油等有机溶剂。苯甲酸是弱酸，酸性比脂肪酸强，它们的化学性质相似，都能形成盐、酯、酰卤、酰胺、酸酐等，都不易被氧化。

苯甲酸钠又名安息香酸钠，为白色颗粒或晶体粉末，常温易溶于水，溶解度为53.0 g/100 ml（25℃），溶于乙醇。苯甲酸和苯甲酸钠二者的防腐机理相同，属于酸型防腐剂。

二、苯甲酸的用途

苯甲酸有工业用、食品用、医药用等不同规格。食品级应符合《食品添加剂苯甲酸》（GB 1901—2005）要求，含量在99.5%以上，熔点121～123℃，并对易氧化物、易碳化物、含氯化合物、灼烧残渣、重金属、砷含量等质量指标作了规定。

苯甲酸作为重要的酸型防腐剂，在酸性条件下，对酵母菌和霉菌有抑制作用，pH值为3时抗菌能力最强，而pH值为6时对很多霉菌效果很差，故其抑菌最适pH值为2.5～4.0。塑料桶装浓缩果蔬汁，最大使用量不得超过2.0 g/kg；在果酱（不包括罐头）、果汁（味）型饮料、酱油、食醋中最大使用量1.0 g/kg；在软糖、葡萄酒、果酒中最大使用量0.8 g/kg；在低盐酱菜、酱类、蜜饯，最大使用量0.5 g/kg；在碳酸饮料中最大使用量0.2 g/kg。因苯甲酸的溶解度小，使用时须经充分搅拌，或溶于少量热水或乙醇。在清凉饮料用的浓缩果汁中使用时，因苯甲酸易随水蒸气挥发，故常用其钠盐。一般情况下，苯甲酸被认为是安全的。但对包括婴幼儿在内的一些特殊人群而言，长期摄入苯甲酸也可能带来哮喘、荨麻疹、代谢性酸中毒等不良反应，因此乳制品中不允许添加。

苯甲酸也是制药和染料的中间体，也可用于制取增塑剂和香料等，作为钢铁设备的防锈剂。

苯甲酸的钠盐水溶性好，常代替苯甲酸作防腐剂使用。但其防腐效果不及苯甲酸，这是因为苯甲酸钠只有在游离出苯甲酸时才能发挥防腐作用。其使用的安全性比较高，目前还未发现任何有毒作用。因此是各国允许使用的且历史比较悠久的食品防腐剂，迄今为止仍是我国使用最普遍的防腐剂。我国规定苯甲酸及其钠盐可用于酱油、食醋、果汁、果酱、果酒、汽水等多种食品中，其最大使用量为0.2～1.0 g/kg。

三、苯甲酸的生产方法

苯甲酸的制备方法较多，最初苯甲酸是由安息香胶干馏或碱水水解制得，也可由马尿酸水解制得。工业上苯甲酸是在钴、锰等催化剂存在下用空气氧化甲苯制得；或由邻苯二甲酸酐水解脱羧制得。苯甲酸虽可由甲苯氯化法和邻苯二甲酸酐脱羧法制得，但目前国内外普遍采用的工业生产方法是以甲苯为原料的液相催化空气氧化法。

用邻苯二甲酸酐脱羧法所得最终产品不易精制，而且生产成本高，只在批量不大的医药等产品的制造过程中采用。甲苯氯化法的产品不适于应用于食品。

甲苯氯化、水解法的反应如下：

$$C_6H_5CH_3 \xrightarrow[Fe_3Cl_2]{[氯化]} C_6H_5CCl_3 \xrightarrow[Ca(OH)_2]{[水解]} C_6H_5COOH \text{（苯甲酸）}$$

邻苯二甲酸酐水解、脱羧方法反应如下：

$$C_6H_4(COOH)_2 + H_2O \xrightarrow[\text{催化剂}]{[\text{脱羧}]} C_6H_5COOH(\text{苯甲酸}) + CO_2$$

四、苯甲酸（钠）生产原理及工艺流程

甲苯液相氧化法的生产工艺流程由甲苯氧化、氧化液脱苯、精馏、中和、干燥粉碎五个主要步骤组成，如图 4—7 所示。

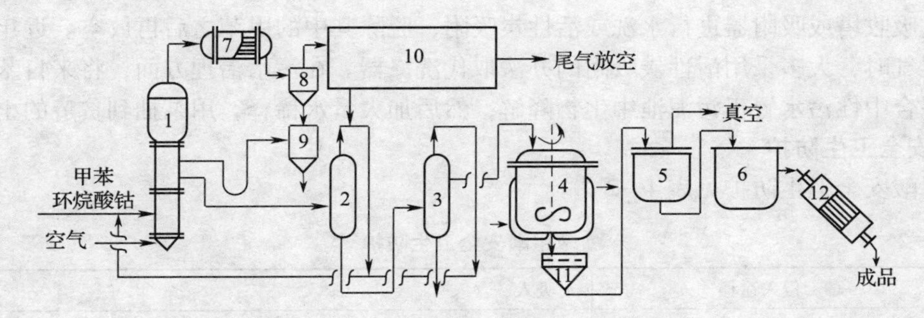

图 4—7　甲苯氧化法制苯甲酸

1—氧化塔　2—汽提塔　3—精馏塔　4—中和釜　5—滤液槽　6—苯甲酸钠储槽　7—冷凝器
8—旋风分离器　9—油水分离器　10—冷凝及活性炭吸附系统　11—过滤器　12—液筒干燥机

1. 甲苯氧化

将甲苯、环烷酸钴用泵送入氧化塔内，通夹套蒸汽加热到 120℃（甲苯沸腾），启动空压机，使来自缓冲罐的压缩空气自塔的底部进入甲苯溶液中，开始进行氧化反应，由于反应放热，塔内温度不断升高，此时要将夹套热水换为冷水冷却控制温度不超过 170℃。自塔顶排出甲苯蒸气及水蒸气进入蛇管冷却器，冷凝成液体再进入分水器，甲苯由分水器上部返回氧化塔循环使用，分水器下部分出的水进入计量槽，分水器上部有尾气排出管，尾气经缓冲罐进入活性炭吸收塔，吸附其中的甲苯。通过定时向塔内通蒸汽解吸被吸附的甲苯，解吸出的甲苯经冷凝、分水、干燥后回收再用。甲苯在 165℃、0. 8 MPa 氧化反应时间为 12 ~16 h，甲苯转化率可达 70% 以上。

2. 脱苯

氧化塔内的氧化液自塔底部进入汽提塔进行脱苯，在 0. 08 MPa 真空下通夹套蒸汽加热至 100 ~110℃，以压缩空气鼓泡的方法将未反应的空气蒸出，然后输入冷凝器冷却，冷凝液进入分水器回收再用。

3. 精馏

脱苯后的苯甲酸料液进入蒸馏釜蒸馏除去含有的杂质和有机色素，控制料液温度为 190℃，蒸出的苯甲酸送入精馏塔，控制塔顶温度 160℃，中间产品苯甲醇、苯甲醛在精馏塔顶部回收去氧化塔再反应。精制苯甲酸由精馏塔侧线出料收集，经套管冷却进入中和釜，塔釜中残液主要是苯甲酸苄酯及油状物，其中钴盐可回收再生。

4. 中和

纯净的苯甲酸进入中和釜后及时加入预先配好的纯碱溶液进行中和，控制中和温度

70℃为宜，中和至物料 pH 值为7.5。然后按中和物料的3‰加入活性炭脱色，通过真空吸滤即得物色透明的苯甲酸钠溶液。

5. 干燥

将苯甲酸钠溶液经滚筒干燥或箱式喷雾干燥即成粉状成品。

五、苯甲酸生产三废治理和安全卫生防护

1. 三废治理

苯甲酸生产过程中产生的有毒物质较少，但是反应尾气及工业污水等污染源均需治理。例如，反应尾气中含有甲苯等有害气体，且允许浓度较低，排空前必须进行治理。一般反应尾气通过吸收塔或吸附器进行水洗或活性炭吸附，脱除其中的甲苯之后再放空。近年来在处理反应尾气时，大多采用活性炭吸附的办法取代洗涤器。在污水治理方面，将来自苯甲酸生产中的混合中性污水置于污泥池中生物降解，然后加大量水稀释，用泵抽到贫瘠的土壤。

2. 安全卫生防护

苯甲酸安全卫生防护见表4—2

表4—2 苯甲酸安全卫生防护

危险性概述	侵入途径	吸入、食入
	健康危害	对皮肤有轻度刺激性。蒸气对上呼吸道、眼和皮肤产生刺激。本品在一般情况下接触无明显的危害性
	环境危害	对环境有危害，对水体和大气可造成污染
	燃爆危险	本品可燃，具刺激性
急救措施	皮肤接触	脱去污染的衣物，用大量流动清水彻底冲洗
	眼睛接触	立即翻开上下眼睑，用流动清水或生理盐水冲洗，就医
	吸入	迅速脱离现场至空气新鲜处。保持呼吸道通畅。呼吸困难时给输氧。呼吸停止时，立即进行人工呼吸，就医
	食入	误服者漱口，给饮牛奶或蛋清，就医
消防措施	危险特性	遇高热、明火或与氧化剂接触，有引起燃烧的危险
	有害燃烧产物	一氧化碳、二氧化碳
	灭火方法及灭火剂	雾状水、泡沫、二氧化碳、干粉、沙土
	消防员的个体防护	消防人员须佩戴防毒面具、穿全身消防服，在上风向灭火
泄漏应急处理	应急处理	隔离泄漏污染区，周围设警告标志，切断火源。应急处理人员戴好防毒面具，穿一般消防防护服。用清洁的铲子收集于干燥洁净有盖的容器中，运至废物处理场所。如大量泄漏，收集回收或无害处理后废弃
操作处置与储存	操作注意事项	密闭操作，局部排风。操作人员必须经过专门培训，严格遵守操作规程。建议操作人员佩戴自吸过滤式防尘口罩，戴化学安全防护眼镜，穿防毒物渗透工作服，戴橡胶手套。远离火种、热源，工作场所严禁吸烟。使用防爆型的通风系统和设备。避免产生粉尘。避免与氧化剂、酸类、碱类接触。搬运时要轻装轻卸，防止包装及容器损坏。配备相应品种和数量的消防器材及泄漏应急处理设备。倒空的容器可能残留有害物

续表

操作处置与储存	储存注意事项	储存于阴凉、通风的库房。远离火种、热源。应与氧化剂、酸类、碱类分开存放，切忌混储。配备相应品种和数量的消防器材。储区应备有合适的材料收容泄漏物
接触控制/个体防护	最高容许浓度	中国 MAC：未制订标准 前苏联 MAC：5 mg/m^3 美国 TLV—TWA：未制订标准
	工程控制	密闭操作，局部排风
	呼吸系统防护	空气中浓度超标时，戴面具式呼吸器。紧急事态抢救或撤离时，建议佩戴自给式呼吸器
	眼睛防护	戴化学安全防护眼镜
	身体防护	穿防酸碱工作服或穿防毒物渗透工作服
	手防护	戴防化学品手套或戴橡胶手套
	其他防护	工作后，淋浴更衣。注意个人清洁卫生。定期体检
理化特性	外观与性状：鳞片状或针状结晶，具有苯或甲醛的臭味。熔点（℃）：121.7；沸点（℃）：249.2；相对密度（水=1）：1.27；蒸气相对密度（空气=1）：4.21；饱和蒸气压（kPa）：0.13（96℃）；燃烧热（kJ/mol）：12；临界温度（℃）：升华点（℃）：100；闪点（℃）：121；引燃温度（℃）：571；爆炸下限（体积分数）：11%；相对分子量：122.13；溶解性：微溶于水，溶于乙醇、乙醚、氯仿、苯、四氯化碳	
稳定性和反应活性	稳定性	在常温常压下稳定
	禁配物	强氧化剂、强碱、强酸
	聚合危害	不能出现
	分解产物	一氧化碳、二氧化碳
运输信息	运输注意事项	起运时包装要完整，装载应稳妥。运输过程中要确保容器不泄漏、不倒塌、不坠落、不损坏。严禁与氧化剂、酸类、碱类、食用化学品等混装混运。运输途中应防暴晒、雨淋，防高温。车辆运输完毕应进行彻底清扫。
法规信息	国内化学品安全管理法规	《化学危险品安全管理条例》（2011年2月16日国务院发布），《化学危险物品安全管理条例实施细则》（化劳发［1992］677号），《工作场所安全使用化学品规定》（劳部发［1996］423号）等法规，针对化学危险品的安全使用、生产、储存、运输、装卸等方面均作了相应规定

思考与练习

1. 食品添加剂的分类和一般要求有哪些？

2. 查阅食品添加剂生产、使用中的违规事件资料，分析、理解食品添加剂标准化的重要性。

3. 分析总结防腐剂、乳化剂的分类和用途。

4. 简述 CMC 的性质、用途及生产原料情况。

5. 苯甲酸（钠）生产的原料路线和生产方法主要有哪些？

6. 试分析苯甲酸（钠）反应过程的影响因素。

7. 苯甲酸（钠）生产工艺中先脱醇后中和有什么优点？

8. 如何提高苯甲酸（钠）的产量，工艺上一般采取哪些措施？

9. 食品添加剂发展的趋势有哪些？食品添加剂工业在现代食品工业和精细化工中分别居什么地位？

技能链接

蒸 馏 工

一、工种定义

操作蒸馏塔（釜）及辅助设备和仪表，控制一个或多个连续（或间歇）蒸馏过程，将会有二个或多个组分的液体进行分离，得到标准要求的产品或半成品。

二、主要职责任务

蒸馏是化工生产中根据不同沸点分离不同组分液体的重要手段，包括加料、调节控制温度、压力、真空度等工艺参数，进行观察、判断、检查、记录、现场分析测试、出料以及岗位之间和工种内外的生产联系和协调。

三、中级蒸馏工技能要求

（一）工艺操作能力

1. 能按工艺规程要求熟练地进行各岗位开停车及正常操作，能稳定达到产品、质量、消耗等技术经济指标的先进合理水平。

2. 能协调各岗位之间的操作以及对操作过程具有分析判断能力。

3. 能对各岗位大修后设备或更新设备进行试车、试生产操作。

4. 能按规程要求对各岗位原料进行班组验收，掌握各项中间控制要求。

5. 能对各岗位操作提出技术革新合理化建议。

（二）应变和事故处理能力

1. 及时发现报告和正确处理本装置各岗位各种异常现象和事故。

2. 对生产装置及操作进行安全检查，对不安全因素及时报告，并采取措施，消除隐患。

（三）设备及仪表使用维护能力

1. 正确使用各岗位的机、电、仪、计量器具等设施。

2. 掌握机、电、仪、计量器具的运行情况，判断故障，及时提出检修项目以及检修后的验收和试车。

（四）工艺（工程）计算能力

能根据精馏过程生产负荷的变化进行本装置的物料计算。

（五）识图制图能力

能看懂工艺流程图、设备平面布置图、设备立面布置图，能绘制本装置的工艺流程示意图。

（六）管理能力

对各岗位的生产工艺、质量、设备、安全等方面具有管理能力，能运用全面质量管理的手段，针对存在问题，制定改进措施，写出书面报告。

（七）语言文字领会与表达能力

能书写生产小结，能带教初级工。

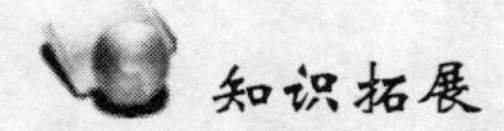

知识拓展

食品添加剂与食品安全

近年来，国内外由于食品添加剂引发的食品安全问题层出不穷，接连不断曝光的苏丹红、孔雀石绿、甲醛啤酒等事件触动了消费者敏感的神经，部分企业或个体经营者在生产中超标使用食品添加剂，甚至违法使用有毒有害物质，使食品的安全风险大大增加，食品添加剂便成为人们茶前饭后的热门话题。

食品添加剂是当今食品加工的“秘密武器”，是食品工业产品不可缺少的质改剂。随着人们生活水平的提高，人们越来越关心食品的色、香、味和营养、健康、安全。我国食品添加剂的使用历史很长，早在1800年前的东汉时期，就开始使用点制豆腐用的盐卤。现代食品工业的发展使食品添加剂进入迅猛发展的时期，我国目前批准使用的食品添加剂有22个门类，1 500余种，每天在正常的饮食中，每人日均接触的食品添加剂就有20余种。

我国对食品添加剂的使用有着严格的规定，要求食品添加剂应该至少满足以下要求：一是食品添加剂本身应经过充分的毒理学鉴定程序，证明在使用限量范围内对人体无害；二是食品添加剂在进入人体后，可以参加人体正常的物质代谢，不能在人体内分解或与食品作用形成对人体有害的物质；三是食品添加剂在达到一定的工艺功效后，应能在以后的加工、烹调过程中消失、破坏或保持稳定状态；四是食品添加剂应有严格的质量标准，严禁添加未经许可的食品添加剂，有害杂质不得检出或不能超过允许限量；五是食品添加剂对食品的营养成分不应有破坏作用，也不应影响食品的质量和风味；六是添加到食品中的食品添加剂能被有效地分析鉴定出来。

一般食品添加剂并不会对人体造成严重危害，但由于食品添加剂是长期少量地随同食品摄入的，这些物质可能在体内产生积累，对人体健康造成潜在的威胁。毒理学评价是制定食品添加剂使用标准的重要依据，共分为四个阶段：一是急性毒性试验；二是蓄积毒性、致突变试验及代谢试验；三是亚慢性毒性试验（包括繁殖、致畸试验）；四是慢性毒性试验（包括致癌试验）。凡属新化学物质或污染物，一般要求进行上述四个阶段的试验，证明无害或低毒后方可成为食品添加剂。

为确保食品添加剂的安全使用，需制定其使用标准。食品添加剂使用标准包括允许使用的食品添加剂品种，使用的目的（用途）、使用的范围（对象食品）以及最大使用量（残留量）、使用方法。最大使用量以克/千克为单位。对某一种或某一组食品添加剂来说，制定标准的一般程序如下：动物毒性试验—动物最大无作用量（MNL）—人体每日允许摄入量（ADI）—人体每日允许摄入总量—人群膳食调查—各种食品的每日摄食量（C）—每种食品中的最高允许量（D）—每种食品中的使用标准（最大使用量E）。

食品添加剂最重要的是安全性，对于未经联合食品添加剂专家委员会评价或虽经评价但未制定ADI（每日容许摄入量）的食品添加剂品种，以及经重新评价认为其安全性有问题，甚至撤销其联合食品添加剂专家委员会的品种则更应注意其安全性问题。

第五章 胶 黏 剂

知识目标

1. 掌握胶黏剂的定义、特点和分类。
2. 掌握胶黏剂的选择和应用标准。
3. 了解各类型胶黏剂的使用以及主要生产方法和工艺。
4. 理解酚醛树脂生产原理及生产工艺。
5. 能够进行酚醛树脂涂料生产工艺条件的分析、判断和选择。

第一节 胶黏剂概述

一、胶黏剂的定义

胶黏剂亦称黏合剂、接着剂，简称胶（水），是一类通过物质的界面黏合和物质的内聚作用，使被粘接物体结合在一起的物质的统称，是现代工业社会发展中不可缺少的重要材料，正如人体必需的酶、激素和维生素一样。

用胶黏剂连接两个物体的技术称粘接技术。粘接技术的发展经历了较长的历史，现在人们已经发现胶黏剂不但可以粘接性质相同的材料，也可以粘接性质不同的材料，它比焊接、铆接和螺钉连接有更高的强度，并且克服了铆接或焊接所出现的应力集中的缺点，而使胶接结构具有极高的耐疲劳性能和对水、空气或其他环境腐蚀介质的高度密封性能等。

随着时代的发展、科技的进步，胶黏剂的应用已渗透到国民经济的各个部门，如在建筑、交通运输、电子、机械、陶瓷、地毯、墙纸粘接用的胶水，做家具用的水胶、白胶等都是胶黏剂。医疗、文教、农业、轻纺、木材加工、航天航空等各领域中都有应用。

二、胶黏剂的分类

胶黏剂的品种繁多，用途不同，组成各异，目前还没有统一的分类方法。现介绍几种常见的分类方法。

1. 按外观形态分类

(1) 粉状型

粉状型胶黏剂属于水溶性胶黏剂，主要有淀粉、酪、聚乙烯醇。

(2) 膏状型

膏状型胶黏剂是一种充填良好的高黏稠的胶黏剂。

(3) 薄膜型

薄膜型胶黏剂以纸、布、玻璃纤维织物等为基料，涂敷胶黏剂后，干燥成胶膜状。

(4) 水溶液型

水溶液型胶黏剂主要有聚乙烯醇、纤维素、酚醛树脂等。

（5）乳液型

乳液型胶黏剂属于分散型，树脂在水中分散称乳液，橡胶的分散体系称为乳胶。

（6）溶剂型

溶剂型胶黏剂主要成分是树脂和橡胶，在适当的有机溶剂中溶解成为黏稠的溶液。

2．按主要组成成分分类

- 胶黏剂
  - 无机胶黏剂——如硅酸盐、磷酸盐、硼酸盐等
  - 有机胶黏剂
    - 合成胶黏剂
      - 树脂型
        - 热塑性　如聚醋酸乙烯酯、丙烯酸酯、聚酰胺等
        - 热固性　如脲醛树脂、酚醛树脂、环氧树脂等
      - 复合型　如酚醛—氯丁橡胶、环氧—聚氨酯等
      - 橡胶型　如丁苯橡胶、氯丁橡胶等
    - 天然胶黏剂——如蛋白质、淀粉、天然橡胶、天然树脂等

3．按固化方式分类

（1）溶剂型

溶剂从粘接端表面挥发，形成粘接膜而发挥粘接力，固化速度随粘接因素的变化而变化，如聚醋酸乙烯酯、聚乙烯醇等。

（2）化学反应型

这类胶黏剂在室温或高温下通过化学反应发生固化，可分为单组分和双组分，如酚醛树脂、聚氨酯、丙烯酸酯等。

（3）热熔型

以热塑性的高聚物为主要成分，由固体聚合物通过加热熔融粘接，随后冷却固化，粘接强度增强，如聚酰胺、聚酯等。

4．按用途分类

（1）通用胶黏剂

通用胶黏剂是指对一般材料能粘接的胶黏剂。

（2）特种胶黏剂

特种胶黏剂是指特殊条件下使用的胶黏剂，如热熔胶、压敏胶等。

5．按能承受的应力分类

（1）结构型

结构型胶黏剂固化后能承受较高的剪切应力和不均匀扯离负荷，能使粘接接头在一定温度和较长时间内承受振动、疲劳和冲击等各项载荷，主要用于粘接受力部件。

（2）非结构型

非结构型主要用于非受力部件的粘接。

三、粘接基本原理

粘接过程粘接力的产生不仅取决于胶黏剂和被粘物表面的结构与状态，而且与粘接过程的工艺条件密切相关。研究粘接机理的目的在于揭示粘接现象的本质，探索粘接过程的规律，从而指导胶黏剂及粘接技术方面实用科学技术的开发及深入研究。

1．粘接力的来源

胶黏剂与被粘物体表面之间通过界面相互吸引和连接作用的力称为粘接力。粘接力的来

源有以下四种。

（1）化学键力

化学键力存在于原子（或离子）之间。化学键包括离子键、共价键及金属键。

化学键键能较高，胶黏剂与被粘物之间若能引入化学键，其胶接强度会显著提高。

（2）分子间作用力

分子间作用力包括范德华力和氢键力。氢键力比化学键力小得多，但比范德华力大。分子间作用力是粘接力的最主要来源，它广泛地存在于所有胶黏体系中。

（3）界面静电作用力

当非金属与金属材料密切接触时，由于金属对电子的亲和力低，容易失去电子；而非金属对电子亲和力高，容易得到电子，所以电子可从金属移向非金属，使界面两侧产生接触电势，并形成双电层而产生静电引力。除了金属和非金属相互接触能形成双电层外，一切具有电子接受体和电子供给体性质的两种物质接触时，都可能产生界面静电引力。

（4）机械作用力

从物理化学的角度分析，机械作用不是产生粘接力的因素，而是增加粘接效果的一种方法。机械粘接力的本质是摩擦力，而黏合多孔材料、布、织物及纸等时，机械作用力是很重要的。

在以上产生粘接力的四个因素中，只有分子间作用力普遍存在于所有粘接体系中，其他作用力只在特殊场合成为粘接力的来源。

2. 黏附理论

20 世纪 40 年代后期以来，国外学者研究粘接基本原理时，提出了几种不同的解释，介绍如下。

（1）吸附理论

当胶黏剂分子充分润湿被粘接物体的表面，并且接触良好，胶黏剂分子与被粘物表面之间的距离接近分子间力的作用半径（0.5 nm）时，两种分子之间就要发生相互吸引作用，最终趋于平衡。其界面间的相互作用力主要为范德华力、氢键，即分子间作用力，这种由于吸附力而产生的胶接既有物理吸附也有化学吸附。但吸附理论对于实际应用中非极性聚合物能够牢固粘接的问题无法解释。

（2）化学键理论

化学键理论认为，胶黏剂与被粘物分子之间除相互作用力外，有时还有化学键产生，例如硫化橡胶与镀铜金属的胶接界面、异氰酸酯对金属与橡胶的胶接界面等的研究，均证明有化学键的生成。化学键的强度比范德华力高得多，化学键的形成不仅可以提高黏附强度，还可以克服由于脱附导致胶接接头破坏的弊病。

（3）机械理论

机械理论认为，任何材料的表面实际上都不是很光滑的，由于胶黏剂渗入被粘接物体的表面或填满其凹凸不平的表面，经过固化，产生楔合、钩合、锚合现象，从而把被粘接的材料连接起来。该理论对多孔性材料的粘接现象作出了很好的解释，但对解释其他粘接现象还有一定的局限性。

上述粘接理论考虑的基本点都与黏料的分子结构和被粘物的表面结构以及它们之间相互作用有关。实际上实验表明粘接强度不仅与胶黏剂及被粘物之间作用力有关，也与聚合物黏料的分子之间的作用力有关。高聚物分子的化学结构，以及聚集态都强烈地影响粘接强度，研究胶黏剂基料的分子结构对设计、合成和选用胶黏剂都十分重要。

第二节　胶黏剂的使用

一、胶黏剂的组成

胶黏剂通常是一种混合料，组成不固定。它主要是由基料、固化剂、增塑剂、填料、偶联剂、增稠剂、溶剂以及其他辅助原料构成。

1. 主体材料

基料也称之为主剂或黏料，是胶黏剂中的主体材料，是赋予胶黏剂黏性的根本成分。要求其具有良好的黏附性和润湿性，它决定了胶黏剂的胶接性能。常用的基料包括天然聚合物（如淀粉、动物皮胶、鱼胶、骨胶、天然橡胶）、合成聚合物（热塑性树脂、热固性树脂等）、合成橡胶（如氯丁橡胶、丁腈橡胶）、无机化合物（如硅酸盐、磷酸盐）等类。

2. 常用辅助材料

（1）固化剂与促进剂

固化剂又称为硬化剂或熟化剂，是一种可使单体或低聚物变为线型或网状高聚物的物质，是胶黏剂中最主要的配合材料。它直接或通过催化剂与黏料进行交联反应，使低分子化合物或线型高分子化合物交联成体型网状结构，从而使粘接具有一定的机械强度和稳定性。

固化剂的种类很多，不同的树脂要用不同的固化剂，即使同种黏料，当固化剂种类或用量不同时，粘接性能也可能差异很大。因此选择固化剂要慎重，用量要严格控制。例如，脲醛树脂胶黏剂选用乌洛托品或苯磺酸，环氧树脂胶黏剂选用胺、酸酐或咪唑类。

促进剂（催化剂）是能降低引发剂分解温度或加速固化与树脂橡胶反应的物质。在配方中起促进化学反应、缩短固化时间、降低固化温度的作用。

（2）稀释剂

稀释剂也称溶剂，在胶黏剂中起着重要的作用。加入合适的溶剂可降低胶黏剂黏度，使其便于加工，并且能增加胶黏剂的润湿力和浸透力，从而提高粘接力。其次，稀释剂可提高胶黏剂的流平性，避免胶层厚薄不均。另外稀释剂还有润湿填料的作用。常用的稀释剂品种如汽油、苯、甲苯、甲醇、乙醇、四氢呋喃、丙酮、环己酮、乙酸乙酯等。

（3）增塑剂

增塑剂是一种能降低高分子化合物玻璃化温度和熔融温度，改善胶层脆性，增进熔融流动性的物质。大多是黏度低、沸点高的液体或低熔点的固体化合物，增塑剂与胶黏树脂混合时是不活泼的，可以认为它是一种惰性的树脂状或单体状的“填料”，一般不能与树脂很好地混溶。增塑剂的适宜用量不超过黏料的20%，否则会影响到胶层的强度和耐热性能。常用的增塑剂品种如邻苯二甲酸酯、磷酸酯、癸二酸酯、液体橡胶、线型树脂等。

（4）填料

填料是为改善胶黏剂性能或降低成本而加入的一种非黏性固体物质。填料在胶黏剂组分中不与基料发生化学反应。

对所用填料在粒度、湿含量、用量及酸值等方面都有严格要求，否则会使粘接性能下降。一般来讲纤维填料如短纤维石棉可提高抗冲击强度、抗压屈服强度等；石英粉、滑石粉等可提高耐磨性；金属粉可提高导热性。常用填料包括大理石粉、白垩粉、二氧化硅、云母粉、石墨、铝粉、石棉绒、短玻璃丝等。

（5）偶联剂

偶联剂的作用是增加被粘物与胶黏剂的胶层及胶接表面抗脱落和抗剥离能力，提高接头的耐环境性能。其特点是分子中同时具有极性和非极性部分的物质，它在胶黏剂工业中得到广泛应用。常用的偶联剂有有机硅烷偶联剂、钛酸酯偶联剂等。

（6）增韧剂

增韧剂是结构胶黏剂的重要组分之一。它的作用是提高胶黏剂的柔韧性，改善胶层抗冲击性。通常增韧剂是一种单官能团或多官能团的物质，能与胶料反应，成为固化体系的一部分结构。一般情况下，随着增韧剂用量的增加，胶黏剂的耐性、机械强度和耐溶剂性均会相应下降。

（7）触变剂

触变剂是利用触变效应，使胶液在静态时有较大的黏性，从而防止胶液流挂的一类配合剂。加入触变剂可使胶液在搅动下黏度降低而便于施工，静止时又不会随意流淌。常用的触变剂是白炭黑（气相二氧化硅）。

（8）其他助剂

为了满足某些特殊要求，改善胶黏剂的某一性能。需要在胶黏剂中加入一些其他助剂，如增稠剂、防老剂、分散剂、防霉剂、稳定剂、着色剂、阻燃剂等。

二、胶黏剂的选用

1. 选用胶黏剂的意义

胶黏剂的品种很多，性能各异，被粘物有不同的表面性质，工艺上还有不同的具体要求，使用时更有不同的环境条件。因此综合考虑各个因素，根据具体要求，正确选用合适的胶黏剂具有非常重要的意义。

选用胶黏剂应特别注意以下几点。

（1）胶黏剂种类很多，同一品种可能有多种牌号，那就要求掌握好胶黏剂方面的相关知识，在科学根据的基础上，按照胶黏剂自身的性能特点、粘接对象的实际情况以及施工与使用时的条件，结合实际使用经验进行筛选。

（2）在可以满足要求的前提下，也会有多种胶黏剂可供选择的情况，此时应对相似的胶黏剂进行细微的比较，最后选出性能先进、安全可靠、经济合理的胶黏剂。

（3）对于批量生产的产品的粘接，或是大量的机件（构件）修复粘接（能方便实现机械化施工等），或是重要部件的粘接，还应注意提高生产效率，杜绝事故和避免浪费。

2. 胶黏剂的选用原则

目前关于如何选用胶黏剂还缺乏系统的理论方法和完整的计算与数据资料，人们主要是靠实践积累的知识和经验。选择胶黏剂的基本原则如下。

（1）了解被粘物的性质

在粘接时所碰到的被粘物种类很多，它们性质各异，状态不同，即使是同一类材料其性质也不尽一致。在选用胶黏剂时，必须依据被粘接材料的具体特性去选择合适的胶黏剂。下面介绍一些常见胶接材料的性质。

1）金属。金属表面的氧化膜经表面处理后，容易胶接；由于胶黏剂粘接金属的两相线膨胀系数相差太大，胶层容易产生内应力；另外金属胶接部位因水作用易产生电化学腐蚀。

2）橡胶。橡胶的极性越大，胶接效果越好。另外橡胶表面往往有脱模剂或其他游离出的助剂，妨碍胶接效果。

3）木材。属多孔材料，易吸潮，引起尺寸变化，可能因此产生应力集中。另外，抛光的材料比表面粗糙的木材胶接性能好。

4）塑料。极性大的塑料其胶接性能好。

5）玻璃。玻璃表面从微观角度是由无数不均匀的凹凸不平的部分组成，使用润湿性好的胶黏剂，防止在凹凸处存在气泡影响。因玻璃极性强，极性胶黏剂易与表面发生氢键结合，形成牢固粘接。玻璃易脆裂而且又透明，选择胶黏剂时需考虑到这些。

（2）根据被粘物的表面性状来选择胶黏剂

粘接多孔而不耐热的材料，如木材、纸张、皮革等，可选用水基型、溶剂型胶黏剂；对于表面致密，而且耐热的被粘物，如金属、陶瓷、玻璃等，可选用反应型热固性树脂胶黏剂；对于难粘的被粘物，如聚乙烯、聚丙烯，则需要进行表面处理后再选用乙烯－醋酸乙烯酯共聚物热熔胶或环氧胶。

通常，胶接极性材料应选用极性强的胶黏剂，如环氧树脂胶、酚醛树脂胶、聚氨酯胶、丙烯酸酯胶以及无机胶等，胶接非极性材料一般采用热熔胶、溶液胶等进行；对于弱极性材料，可选用高反应性胶黏剂，如聚氨酯胶或用能溶解被粘材料的溶剂进行胶接。

（3）根据胶接头的使用场合来选择胶黏剂

粘接接头的使用场合，不能只注重强度高、性能好，还得考虑工艺条件是否符合要求。像被粘物耐热性差、热敏等，如热塑性塑料、橡胶制品、电子元件，或大型设备、易燃储罐等，因加热困难都不能选用高温固化的胶黏剂。对于那些大型、异型、极薄、极脆等无法加压或不能加压的被粘物件也不要选用需加压固化的胶黏剂。对于粘接强度要求不高的一般场合，可选用价廉的非结构胶黏剂；对于粘接强度要求高的构件，则要选用结构胶黏剂；要求耐热和抗蠕变的场合，可选用能固化生成三维结构的热固性树脂胶黏剂；冷热交变频繁的场合，应选用韧性好的橡胶－树脂胶黏剂；要求耐疲劳的场合，应选用橡胶胶黏剂。

（4）成本和环境保护问题

选用胶黏剂时要充分兼顾经济成本，考虑胶黏剂的价格和粘接后所能创造的价值。被选用的胶黏剂应成本低、效果好，使整个工艺过程经济。对于产品制造、批量生产、所用胶黏剂量又较大，价格尤为重要，在保证性能相同的前提下，尽量选用便宜的胶黏剂。

为了减少对环境的污染，保护人类生存的地球，保证健康、保证安全等，应该选用无溶剂或少含有机溶剂，无毒或低毒的胶黏剂，大力推广使用无溶剂胶、水基胶。

上述几点在实际选用胶黏剂时，不可能全都满足，只能根据具体情况，抓住主要方面而兼顾其他，做到综合分析、分清主次、全面考虑、合理选择。总之，在综合分析胶黏剂性能的基础上，通常可根据被粘材料的极性、分子结构、结晶性、物理性质（如表面张力、溶解度参数、脆性和刚性、弹性和韧性等）及胶粘接头的功能要求（如机械强度、耐热性能、耐油特性、耐水性能、光学特性、电磁、生理效应等）来选择胶黏剂。当无法找到适宜的胶黏剂时，则可通过开发新的胶黏剂、新的表面处理方法或新的粘接工艺而获得解决。被粘材料的极性与所选用的胶黏剂的关系参见表5—1。

表 5—1　　被粘材料的极性与胶黏剂的选用

材料		常用胶黏剂
极性材料	钢、铝	酚醛—丁腈胶、酚醛—缩醛胶、环氧胶、丙烯酸聚酯、无机胶等
	镍、铬、不锈钢	酚醛—丁腈胶、聚氨酯胶、聚苯并咪唑胶、聚硫醚胶、环氧胶等
	铜	酚醛—缩醛胶、环氧胶、丙烯酸聚酯胶等
	钛	酚醛—丁腈胶、酚醛—缩醛胶、聚酰亚胺胶、丙烯酸聚酯胶等
	镁	酚醛—丁腈胶、聚氨酯胶、丙烯酸聚酯胶等
	陶瓷、水泥、玻璃	环氧胶、不饱和聚酯胶、无机胶等
	木材	聚醋酸乙烯乳胶、脲醛树脂胶、酚醛树脂胶等
	纸张	聚醋酸乙烯乳胶、聚乙烯醇胶等
	织物	聚醋酸乙烯乳胶、氯丁—酚醛胶、聚氨酯胶等
	环氧、酚醛、氨基塑料	环氧胶、聚氨酯胶、丙烯酸聚酯胶等
	聚氨酯塑料	聚氨酯胶、环氧胶等
弱极性材料	有机玻璃	丙烯酸聚酯胶、聚氨酯胶、α－氰基丙烯酸酯胶、二氯乙烷
	聚碳酸酯、聚砜	不饱和聚酯胶、丙烯酸聚酯胶、聚氨酯胶、二氯乙烷
	氯化聚醚	丙烯酸聚酯胶、聚氨酯胶
	聚氯乙烯	过氯乙烯胶、丙烯酸聚酯胶、α－氰基丙烯酸酯胶、环己酮
	ABS	不饱和聚酯胶、聚氨酯胶、α－氰基丙烯酸酯胶、甲苯
	天然橡胶、丁苯橡胶	氯丁胶、聚氨酯胶
非极性材料	聚乙烯、聚丙烯	聚异丁烯胶、F－2 胶（氟塑料单组分胶）、F－3 胶（氟塑料胶）、EVA 热熔胶
	聚苯乙烯	甲苯胶、聚氨酯胶、α－氰基丙烯酸酯胶、甲苯
	聚苯醚	丙烯酸聚酯胶、α－氰基丙烯酸酯胶、二氯乙烷
	聚四氟乙烯、氟橡胶	F－2 胶、F－3 胶
	硅树脂	有机硅胶、α－氰基丙烯酸酯胶、丙烯酸聚酯胶
	硅橡胶	硅橡胶胶

三、胶黏剂的使用

1. 胶接接头的设计

由于胶黏剂与被粘物表面之间，无论如何都不可能达到完全的分子接触，粘接力的产生往往只是在少数分子接触点的基础上形成。因此为了获得比较理想的效果，设计一个胶接接头时，必须综合考虑各方面的因素。一个合理的接头形式，一般应遵守以下几项原则：

（1）胶黏剂的抗拉、抗剪强度高，设计接头尽量承受拉伸和剪切负载，对板材的胶接承受剪切负载的搭接接头是比较合理的。

（2）保证胶接面上应力分布均匀，尽量避免由于剥离和劈裂负载造成应力集中。

（3）在允许的范围内，尽量增加胶接面的宽度（搭接），增加宽度能在不增大应力集中系数的情况下，增大粘接面积，提高接头的承载力。

（4）木材或层压制品的胶接要防止层间剥落。

（5）在承受较大作用力的情况下，如果需要采用胶接，可采用复式连接的形式。

（6）胶接接头形式要美观大方、表面平整、易于加工。

总之，使胶接接头的强度和被粘物的强度最好处于同一数量级。

2. 粘接方法

当选定了合适的胶黏剂，制备了可靠的胶接接头，还需要有合理的粘接工艺，才能实现最后的粘接目的。粘接工艺和粘接质量关系极大，虽然比较简单，却是粘接成败的关键。粘接工艺过程一般包括如下步骤：

（1）表面处理

胶接的表面是多种多样的，有光滑或致密的表面也有粗糙或多孔的表面，有洁净、坚硬的表面也有沾污、疏松的表面等。为了获得胶接强度高、耐久性能好的胶接制品，就必须对各种胶接表面进行适宜的处理。表面处理的方法主要有：

1）溶剂及超声波清洗表面，如汽油清洗表面油污。

2）机械处理，如碳钢的表面用喷砂处理。

3）化学处理法，如用硫酸除掉胶接表面锈层。

（2）配胶

表面处理后，就要进行调胶配胶，对于单组分胶黏剂可直接使用，双组分胶黏剂必须在使用前按规定的比例严格称取。配胶容器和工具最好在购买胶时配套购置。

（3）涂胶

对液态或糊状胶黏剂，生产上常用的是刷胶、刮胶、喷胶、浸胶、注胶、漏胶和滚胶等，一般平面零件，薄胶层涂布宜用喷涂法。热熔胶的涂布可采用热熔枪；胶膜一般用手工敷贴。

（4）晾置

胶黏剂涂敷后是否要晾置，应在什么条件下晾置及晾置多长时间，要根据胶黏剂的性质而定。

（5）固化

胶黏剂的固化工艺对胶接质量有重大影响。胶黏剂首先是以液体状态涂布的，并浸润于被粘物表面，然后通过物理的方法（例如溶剂挥发、熔融体冷却等方法）而固化；亦可通过化学方法使胶黏剂分子交联成体型结构的固体而固化。为了获得良好的胶接性能，对每一种都应由实验确定一组最佳工艺条件。

（6）检验

粘接之后，应当对质量进行认真检验。目前检验方法有一般检验法（如目测法、敲击法、测量法等）和无损检测法（如声阻法、液晶检测法）。

（7）修整或后加工

经初步检验合格后的粘接件，为了装配容易和外观漂亮，需进行修整加工。

第三节　热塑性合成树脂胶黏剂

热塑性合成树脂胶黏剂是以线型聚合物为主体材料，通过溶剂挥发、熔体冷却，有时也通过聚合反应，使之变成热塑性固体而达到粘接的目的。受热时会熔化，在压力下会蠕变。

因此其力学性能、耐热性和耐化学性均比较差。但其柔韧性、耐冲击性优良，具有良好的初始粘接力，性能稳定。这里只重点介绍热塑性树脂胶黏剂中的两个品种。

一、聚醋酸乙烯酯胶黏剂

聚醋酸乙烯酯是醋酸乙烯酯的聚合物，其结构为：

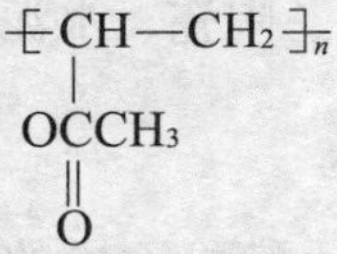

$$\left[\begin{array}{c} CH \\ | \\ OCCH_3 \\ \| \\ O \end{array} - CH_2 \right]_n$$

聚醋酸乙烯酯聚合反应属于自由基反应，自由基通常由有机过氧化物分解而产生，例如过氧化苯甲酰或过氧化氢；或者无机过氧酸盐常作聚合反应的引发剂。反应一般需要在室温以上。聚合方法有本体聚合、溶液聚合和乳液聚合等。目前生产量最大的是乳液聚合。聚醋酸乙烯酯是无臭、无味、无毒的热塑性聚合物，基本上是无色透明的。其玻璃化温度为25～28℃；线膨胀系数为8.6×10^{-5}℃$^{-1}$，吸水率为2%～3%；密度（20℃）为1.199 g/cm^3。

1. 聚醋酸乙烯乳液胶黏剂

聚醋酸乙烯（PVAC）乳液是最重要的胶黏剂之一，简称“白乳胶”或“白胶”。大部分聚醋酸乙烯胶黏剂是以乳液的形式来使用的。主要用于胶接纤维素质材料，如木材、纸制品。在家具制造、门窗组装、橱柜生产及建筑施工上，尤其在现场砌铺塑料地面、塑料墙纸的施工中普遍使用。与脲醛树脂并用，不仅可以降低成本，而且还可以提高其抗水性和耐热性。

在水介质中，以聚乙烯醇（PVA）作保护胶体，加入阴离子或非离子型表面活性剂（或称乳化剂），在一定的pH值时，采用自由基型引发系统，将醋酸乙烯进行乳液聚合。反应聚合度n为500～1 500。

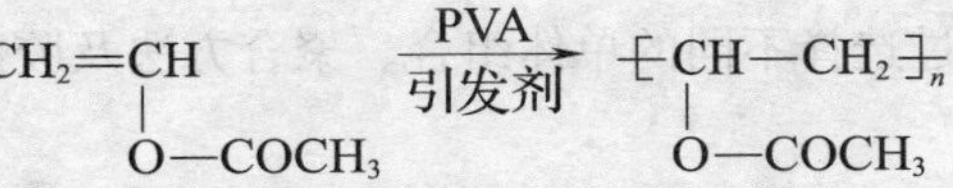

$$n\,\underset{\displaystyle O-COCH_3}{CH_2{=}\overset{}{CH}} \xrightarrow[\text{引发剂}]{PVA} \left[\underset{\displaystyle O-COCH_3}{CH} - CH_2 \right]_n$$

在聚醋酸乙烯乳液中加入适量的增塑剂能提高胶膜的柔性和耐水性，同时能提高乳液的湿态黏性和胶接强度。但是增塑剂用量过大，会使胶膜的蠕变增加。最普通的增塑剂是邻苯二甲酸二丁酯（DBP）。加入填料，可以在基本不影响性能的基础上降低成本，例如高岭土、轻质碳酸钙、淀粉衍生物等。加入溶剂能提高稠度和黏性还能降低成膜温度，使胶膜更加致密，并提高其耐水性。一般用甲苯、氯代烃或酯类作为溶剂。消泡剂可采用醇类化合物，硅油也是十分有效的消泡剂。此外，为了防止发霉必须加入一些防腐剂，常用的防腐剂有甲醛、苯酚、季铵盐等化合物。

使用聚醋酸乙烯酯乳液胶常遇到的主要问题是耐水性不够和蠕变性较大。提高耐水性和降低蠕变的有效办法是加入交联剂。由于聚醋酸乙烯酯聚合时一部分酯基被水解，使其分子中含有羟基。因此，可用乙二醛作其交联剂，使羟基和醛基反应生成缩醛；也可用二羟甲基尿素、脲醛树脂、聚氰氨树脂、酚醛树脂、丙酮甲醛缩合物以及金属盐类作为聚醋酸乙烯酯的交联剂。

【配方】聚醋酸乙烯乳液胶黏剂（配方均为质量份）

醋酸乙烯酯　　100 份　　辛基苯酚聚氧乙烯醚（OP－10）　　1. 2 份
水　　90 份　　碳酸氢钠　　0. 3 份
聚乙烯醇　　9 份　　邻苯二甲酸二丁酯　　11. 3 份
过硫酸铵　　0. 2 份

该配方为普通白胶，主要用于木材、陶瓷、水泥制件等多孔性材料的粘接，用途广泛，室温固化时间为 24 h。

2. 醋酸乙烯共聚物胶黏剂

以醋酸乙烯为基础的胶黏剂还包括醋酸乙烯的共聚物、聚乙烯醇、聚乙烯醇缩甲醛（缩乙醛或缩丁醛）等。为了改善聚醋酸乙烯酯的粘接性、耐水性和柔韧性等，常常采用烯类单体进行共聚。常用来与醋酸乙烯酯进行共聚的单体有乙烯、氯乙烯、丙烯酸、丙烯酸酯、顺丁烯二酸酯等。共聚单体在聚合物中的比例从百分之几到 70%。共聚物胶黏剂也有乳液、溶液和热熔胶等形式。醋酸乙烯共聚物胶黏剂的特性和用途见表 5—2。

表 5—2　　醋酸乙烯共聚物胶黏剂的特性和用途

共聚单体	性能特点	主要用途
乙烯	提高柔性、耐水性和对非极性表面的黏附力	胶接金属、塑料、木材、纸制品
氯乙烯	提高对塑料的黏附力	胶接塑料、织物、纸制品
丙烯酸酯或丁烯二酸酯	提高柔性	胶接塑料、木材、纸制品、金属
丙烯酸	提高对金属的黏附力，胶膜能溶于碱	装订

二、丙烯酸胶黏剂

丙烯酸胶黏剂是指以丙烯酸、甲基丙烯酸及其酯类为主体的聚合物或共聚物所配制成的胶黏剂。通过不同配比的单体和不同形式的聚合方法，可制取热塑性或热固性的胶黏剂，其形态有乳液、溶液和液体树脂。

丙烯酸胶黏剂可以通过选择不同的单体组合、聚合方法及胶黏剂的调制而得到，聚合反应原理如下所示。

$$xCH_2-\underset{COCR}{\underset{|}{CH}} + yCH_2=\overset{CH_3}{\underset{COOCH_3}{C}} + zCH_2=\underset{COOH}{\underset{|}{CH}} \longrightarrow$$

$$-\!\!\left[CH_2\underset{COOR}{\underset{|}{CH}}\right]_x\!\!-\!\!\left[CH_2\overset{CH_3}{\underset{COOCH_3}{C}}\right]_y\!\!-\!\!\left[CH_2-\underset{COOH}{\underset{|}{CH}}\right]_z$$

1. 丙烯酸酯胶黏剂

丙烯酸酯类胶黏剂通过不同单体的聚合或共聚可制得许多品种。常用的丙烯酸酯单体有丙烯酸的甲酯、乙酯、丁酯和异辛酯，甲基丙烯酸甲酯，其他还有丙烯酸、丙烯腈和丙烯酰胺等。丙烯酸酯胶黏剂可以制成各种物理形态，如乳液型、溶液型和反应性液体型等。下面分别作简述。

（1）丙烯酸酯乳液胶黏剂

这类胶黏剂的特性是粘接力强，成膜呈透明，耐光老化性好，耐皂洗、耐磨，胶膜柔软。

作为浆料用的乳液在应用前可加入少量氨水、丙烯酸钠或甲基纤维素来提高乳液的黏度。

丙烯酸酯乳液主要用于织物方面，如作为无纺布用黏结剂，其固含量在30%左右；作为印花黏结剂的固含量为40%左右；静电植绒用黏结剂的固含量也在40%左右；纤维上浆液的固含量在15%～20%之间。其他还可用作压敏胶液和粘接聚氯乙烯片材及皮革等。

（2）丙烯酸酯溶液胶黏剂

该胶是以甲基丙烯酸甲酯、苯乙烯和氯乙橡胶共聚制得的溶液，再与不饱和聚酯、固化剂和促进剂配合而形成溶液型胶黏剂。能在常温或40～60℃固化。有的也用聚甲基丙烯酸甲酯（有机玻璃）直接溶解于有机溶剂中或单体中配制成溶液胶黏剂。还可添加邻苯二甲酸二丁酯作增韧剂，这主要用于有机玻璃的粘接。

这类胶黏剂能粘接铝、不锈钢、耐热钢等金属材料。耐水、耐油性好，但胶膜柔韧性较差，不宜用于经受强烈攻击的场合。使用温度可在－60～60℃。除粘接上述材料外，还可粘接有机玻璃、聚苯乙烯、硬聚氯乙烯、聚碳酸酯及ABS塑料等。

（3）反应性丙烯酸酯液体胶黏剂

这类胶黏剂在国内称为改性丙烯酸酯胶黏剂，国外称为第二代丙烯酸酯胶黏剂，简称SGA。由丙烯酸酯单体或低聚体配入引发剂、弹性体、促进剂等组成，此类胶黏剂是目前室温固化中性能较全面的一种胶黏剂。具有室温固化速度快，粘接表面无须严格清洗和处理，粘接强度较高，与其他室温固化胶黏剂相比，具有较高的抗剪强度和剥离强度等优点。能与多种金属和非金属材料粘接并达到很高的强度，特别是某些金属与非金属（塑料）材料之间的粘接较为理想。其粘接范围广泛，可用于金属、塑料、橡胶、混凝土、玻璃、木材等材料的粘接。缺点是耐水性差。

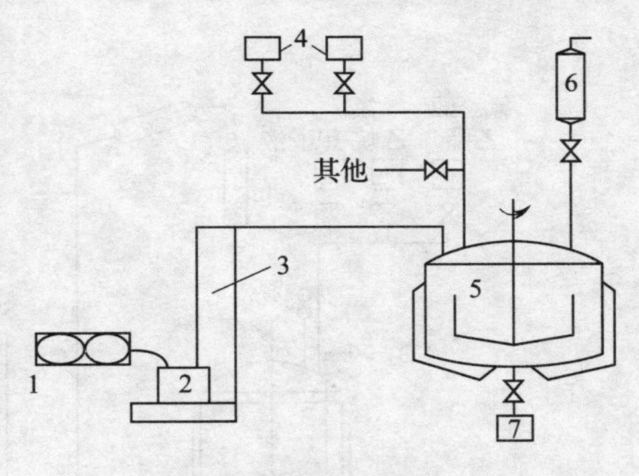

图5—1　丙烯酸酯胶黏剂生产工艺流程

1—混炼机　2—储槽　3—提升机　4—高位槽　5—配胶釜　6—冷凝器　7—成品槽

反应性丙烯酸酯结构胶的生产工艺流程如图5—1所示，丙烯酸酯结构胶配方见表5—3。

表5—3　　丙烯酸酯结构胶配方（按生产1 t产品计）

A组分		B组分	
原料	消耗定额/kg	原料	消耗定额/kg
甲基丙烯酸甲酯	180～220	甲基丙烯酸甲酯	120～180
甲基丙烯酸羟乙酯	30	甲基丙烯酸羟乙酯	35～95
丁腈橡胶（固体）	35～50	丁腈橡胶（固体）	30～40
异丙苯过氧化氢	1	还原剂胺	少量
甲基丙烯酸酯增强剂	15	促进剂	适量
		甲基丙烯酸	15

在配胶釜中投入甲基丙烯酸甲酯、稳定剂和颜料（红色），搅拌溶解后，依次投入甲基丙烯酸羟乙酯、增强单体、塑炼过的丁腈橡胶，室温放置使橡胶溶胀。夹套热水加热，搅

拌，保持釜内温度在55～70℃，时间3～6 h。待丁腈橡胶完全溶解后停止加热，冷却，加入过氧化物搅至均匀分散，出料得A组分。在配胶釜中投入甲基丙烯酸甲酯和颜料（蓝色），搅拌溶解后，依次投入甲基丙烯酸羟乙酯、增强单体、塑炼过的丁腈橡胶，室温放置使橡胶溶胀，夹套热水加热，搅拌，在50～60℃下投入甲基丙烯酸和还原剂，并保温搅拌6 h，停止加热，冷却，加入促进剂搅匀，出料得B组分。

2. 氰基丙烯酸酯胶黏剂

氰基丙烯酸酯胶黏剂又称瞬干胶，是目前在室温下固化时间最短的一种胶黏剂，它是以α－氰基丙烯酸酯为主体，配以其他配合剂，使用时不必加入固化剂及溶剂。具有使用方便，黏度易调节，被粘接表面不必进行特殊预处理，固化时不用加热、加压，固化迅速，电气性能好等优点。其主要缺点是耐热性差，耐水、耐极性溶剂性差，胶层较脆、不耐冲击，尤以胶接刚性材料时最为明显，同时储存期较短，储存条件要求较严。氰基丙烯酸酯胶黏剂主要用于小型电子产品、首饰宝石、玻璃及橡胶、塑料制品的粘接，同时在生物医学方面用于软组织的粘接、止血、补牙、接骨等，又有骨科水泥之称。

α－氰基丙烯酸乙酯瞬干胶的生产工艺流程如图5—2所示。

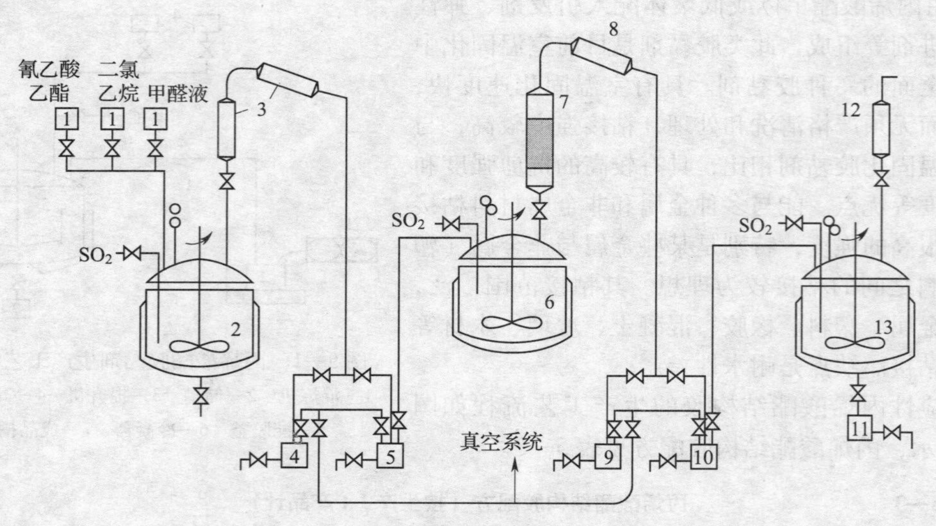

图5—2　α—氰基丙烯酸乙酯胶黏剂的生产流程

1—高位槽　2—缩聚裂解釜　3，8，12—冷凝器　4，9—接收器

5—粗单体接收器　6—精馏釜　7—精馏塔　10—单体接收器　11—成品槽　13—配胶釜

缩聚裂解釜中加入氰乙酸乙酯和哌啶、溶剂，控制pH在7.2～7.5之间，逐步加入甲醛液，此时保持反应温度65～70℃和充分的搅拌，加完后再保持反应1～2 h使反应完全。然后加入邻苯二甲酸二丁酯，在80%～90%下回流脱水至脱水完全。加入适量P_2O_5、对苯二酚，将SO_2气体通过液面，作稳定保护用。在减压和夹套油温180～200℃下进行裂解，先蒸去残留溶剂，至馏出温度为75℃（压力为2.67 kPa）时收集粗单体。粗单体加入精馏釜中再通入SO_2后，进行减压蒸馏，取75～85℃（压力为1.33 kPa）馏分即为纯单体。成品于配胶釜中加入少量对苯二酚和SO_2等配成胶黏剂，分装于塑料瓶中。

【配方】α－氰基丙烯酸乙酯瞬干胶（按生产1 t产品计）

原料	消耗定额/kg
氰乙酸乙酯（>95%）	150
37%甲醛	100
二氯乙烷	35
邻苯二甲酸二丁酯	34
哌啶（化学纯）	0.3

第四节　热固性合成树脂胶黏剂

热固性合成树脂胶黏剂是低相对分子质量的高聚物或预聚物，通过加热或加入固化剂，或两者均有的条件下，固化成为不熔不溶的网状高分子的胶黏剂。其特点是：具有较高的胶接强度，耐热、耐寒、耐辐射、耐化学腐蚀，抗蠕变性能好，但耐冲击和弯曲性差。下面重点介绍一些。

一、酚醛和改性酚醛树脂胶黏剂

1. 酚醛树脂

酚类和醛类的缩聚产物通称为酚醛树脂，酚类包括苯酚、甲基苯酚、二甲酚和间苯二酚等；醛类主要用甲醛，也有用糠醛的。

酚醛树脂的合成和固化过程完全遵循体型缩聚反应的规律。当原料的比例或使用的催化剂不同时，所得树脂的性能也不相同。在碱催化下，当甲醛过量时，反应生成热固性酚醛树脂；在酸催化下，当苯酚过量时则生成热塑性树脂。用作胶黏剂的酚醛树脂为热固性树脂。

酚醛树脂可制成固态或液态形式。固态产品可部分或全部溶于醇、酮等溶剂中，也可配制成水溶性、醇溶性和油溶性树脂。热固性酚醛树脂制品具有良好的耐热性能，一般可在120℃下长期保存。

酚醛树脂广泛用于制造玻璃纤维增强塑料、碳纤维增强塑料等复合材料。酚醛树脂复合材料在宇航工业方面（空间飞行器、火箭、导弹等）作为瞬时耐高温和烧蚀的结构材料有着非常重要的用途。

2. 未改性酚醛树脂胶黏剂

未改性的酚醛树脂胶黏剂的品种很多，现在国内通用的有三种：钡酚醛树脂胶；醇溶性酚醛树脂胶；水溶性酚醛树脂胶。其中水溶性酚醛树脂胶是最重要的，因其游离酚含量低于2.5%，对人体危害较小；同时，以水为溶剂可节约大量的有机溶剂。未改性的酚醛树脂胶黏剂主要用于粘接木材、泡沫塑料及多孔性材料，也可用于制造胶合板。

3. 改性酚醛树脂胶黏剂

酚醛树脂改性的目的主要是改进它的脆性或其他物理性能，提高它对纤维增强材料的粘接性能并改善复合材料的成型工艺条件等。

（1）聚乙烯醇缩醛改性酚醛树脂

工业上应用得最多的是聚乙烯醇缩醛改性酚醛树脂，它可提高树脂对玻璃纤维的粘接力，改善酚醛树脂的脆性，增加复合材料的力学强度，降低固化速率从而有利于降低成型压力。酚醛—缩醛胶主要组成为酚醛树脂、缩醛树脂以及适宜溶剂，有时也加入一些防老剂、偶联剂及触变剂等。

【配方】酚醛—缩醛胶（配方均为质量份）

酚醛树脂　　　　125 份　　溶剂（苯: 乙醇 =6∶4）　　干基含量的 20% 左右

聚乙烯醇缩甲醛　100 份　　防老剂　2%（树脂质量）

本配方中的防老剂可选 *N* - 苯基乙萘胺、没食子酸丙酯等。固化条件为 101.3 kPa、160℃，3 h，抗剪强度 22.7 MPa，抗拉强度 33.3 MPa，不均匀剥离强度 3.6 kN/m，使用范围 -70 ~ 150℃。可以用于金属材料、陶瓷、酚醛塑料、玻璃等的胶接，也可浸渍玻璃布用于制造层压玻璃钢。

（2）丁腈橡胶改性酚醛树脂

用丁腈橡胶改性，可以制得兼具二者优点的胶黏剂。此类胶柔性好，耐温等级高，粘接强度大，耐气候、耐水、耐盐雾，以及耐汽油、乙醇和乙酸乙酯等化学介质。

酚醛树脂与橡胶间的反应机理尚不明确。其基本配方见表 5—4。

表 5—4　　　　酚醛—丁腈橡胶胶黏剂的基本配方

组成	用量范围（质量）/份		组成	用量范围（质量）/份	
	胶液	胶膜		胶液	胶膜
丁腈橡胶	100	100	防老剂	0 ~ 5	0 ~ 5
甲基酚醛树脂	0 ~ 200		硬脂酸	0 ~ 1	0 ~ 1
线型酚醛树脂	0 ~ 200	75 ~ 100	炭黑	0 ~ 50	0 ~ 50
氧化锌	5		填料	0 ~ 100	0 ~ 100
硫黄	1 ~ 3	1 ~ 3	增塑剂		0 ~ 10
促进剂	0.5 ~ 1	0.5 ~ 1	溶剂	固含量 20% ~ 50%	

配方中使用丁腈橡胶是高丙烯腈丁腈橡胶，其与酚醛树脂配合具有很宽的范围，酚醛树脂用量增多，可以提高耐热强度，但抗冲性能降低。如用 1∶1 的比例，可以得到均衡的粘接性能，常用的促进剂是 $SnCl_2 \cdot 2H_2O$，防老剂为苯二酚，溶剂为酯、酮的混合物。对金属的粘接，加入 1% 的硅烷偶联剂，可显著提高抗剪强度。

酚醛—丁腈胶黏剂可作为航空工业的结构用胶，用于蜂窝结构的粘接，汽车、摩托车刹车片摩擦材料的粘接，汽车离合器衬片的粘接，印刷线路板中铜箔与层压板的粘接。

（3）有机硅改性酚醛树脂

通过使用有机硅单体线性酚醛树脂中的酚羟基或羟甲基发生反应来改进酚醛树脂的耐热性和耐水性。采用不同的有机硅单体或其混合单体与酚醛树脂改性，可得不同性能的改性酚醛树脂，具有广泛的选择性。用有机硅改性酚醛树脂制备的复合材料可在 200 ~ 260℃ 下工作相当长的时间，并可作为瞬时耐高温材料，用作火箭、导弹等烧蚀材料。

二、可溶性酚醛树脂胶黏剂生产

以下介绍典型的可溶性酚醛树脂胶黏剂生产工艺。工艺流程如图 5—3 所示。

将溶化的苯酚加入缩聚釜中，开启搅拌器，依次加入甲醛和氨水。升温到 75 ~ 80℃ 至反应出现浑浊（即到浑浊点），再进行减压脱水（真空度达到 80 kPa 以上），液温达 80℃ 以上时，脱水达 350 kg 以上。取样冷却到室温不黏手作为终点。加入乙醇稀释，搅拌均匀过滤装桶。

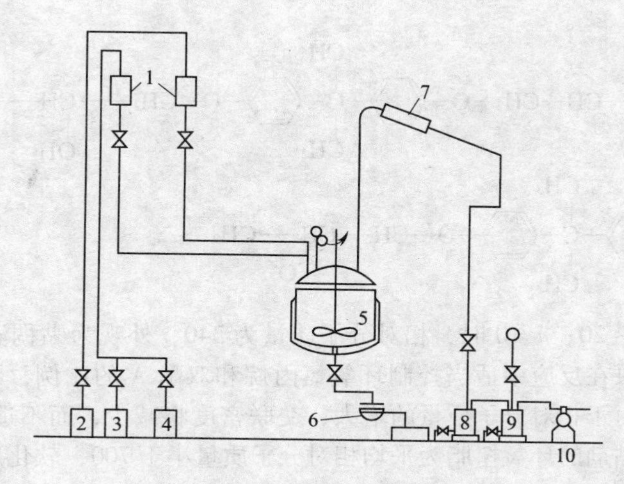

图 5—3　酚醛树脂胶黏剂生产流程

1—高位计量罐　2—熔酚桶　3—甲醛桶　4—氨水桶　5—缩聚釜　6—过滤器
7—冷凝器　8—储水罐　9—安全罐　10—真空泵

【配方】可溶性酚醛树脂胶黏剂（按生产 1 t 产品计）

原料	消耗定额/kg	原料	消耗定额/kg
98%苯酚	300	25%氨水	21
37%甲醛	517.5	95%乙醇	275

第五节　环氧树脂胶黏剂

环氧树脂有许多优良的化学性能，能够胶合多种材料，所以环氧树脂有万能胶之称。在环氧树脂结构中含有脂肪族羟基、醚基和极活泼的环氧基。羟基和醚基都有高度的极性，使环氧树脂分子能与邻界面产生电磁引力，而环氧基团能与介质表面的游离基起反应形成化学键，所以环氧树脂的黏合力特别强。它对大部分的材料如木材、金属、玻璃、塑料、橡胶、皮革、陶瓷、纤维等都具有良好的黏合性能，只对少数材料如聚苯乙烯、聚氯乙烯、赛璐珞等黏合力较差。固化后的环氧树脂具有优良的耐化学腐蚀性、耐热性、耐酸碱性、耐有机溶剂性及良好的电绝缘性。此外，树脂固化后收缩性小，如加入适量填充剂，收缩率能降至 0.1%～0.2%，并可在 150～200℃下长期使用，耐寒性可达 -55℃。

常用的环氧树脂按化学结构可分为五类：缩水甘油醚型、缩水甘油酯型、缩水甘油胺型、线性脂肪族型和脂肪族型。前三类是由环氧氯丙烷与具有活泼氢的多元醇或多元酚、多元酸、多元胺等缩合而成。后二类是用有机过氧酸使烯烃双键过氧化而得。工业上应用最多的环氧树脂是双酚 A 型环氧树脂，属于第一类，产量约占环氧树脂产量的 90% 以上。双酚 A 型环氧树脂由双酚 A（二酚基丙烷）和环氧氯丙烷在碱性催化剂作用下缩合而成：

$$HO-C_6H_4-C(CH_3)_2-C_6H_4-OH + \underset{\backslash\;O\;/}{CH_2-CH}-CH_2Cl \xrightarrow{碱}$$

$$\underset{\diagdown O \diagup}{CH_2—CH}—CH_2 \left[O—C_6H_4—\underset{CH_3}{\overset{CH_3}{C}}—C_6H_4—O—CH_2—\underset{OH}{CH}—CH_2 \right]_n$$

$$—O—C_6H_4—\underset{CH_3}{\overset{CH_3}{C}}—C_6H_4—O—CH_2—\underset{\diagdown O \diagup}{CH—CH_2}$$

其聚合度 $n=0\sim20$；$n=0$ 时，相对分子质量为 340，外观为黏稠液体；$n\geqslant2$ 时，在室温下是固态的。如果在反应中适当控制环氧氯丙烷和双酚 A 的比例，则可生成相对分子质量高的树脂，但是由于相对分子质量的增大，交联密度将减少，而不适于作胶黏剂来使用，因此，一般用作胶黏剂的环氧树脂为平均相对分子质量小于 700，软化点低于 50℃ 的相对分子质量低的树脂。

一、糊状环氧胶黏剂

糊状环氧结构胶黏剂的制造成本低于膜状胶黏剂，而且便于机械化施胶。但是糊状胶黏剂的剥离强度比不上膜状胶黏剂。糊状环氧胶黏剂有室温固化和加热固化。

室温固化的糊状环氧胶黏剂通常是双组分包装，一个组分是树脂，另一组分是固化剂。通常是以低分子聚酰胺为固化剂。常用的环氧胶黏剂是以脂肪族多胺为固化剂。为了得到适当的柔性，可以加入液体聚硫橡胶。

在室温下快速固化的环氧胶黏剂以多硫醇化合物为固化剂，以叔胺为促进剂，市售的金钱牌快速固化胶黏剂就属于这一类。典型的快速固化环氧胶黏剂在室温下凝胶时间为 5 ~6 min，抗剪强度为 15 ~20 MPa。以下介绍室温固化环氧胶黏剂生产工艺，工艺流程如图 5—4 所示。

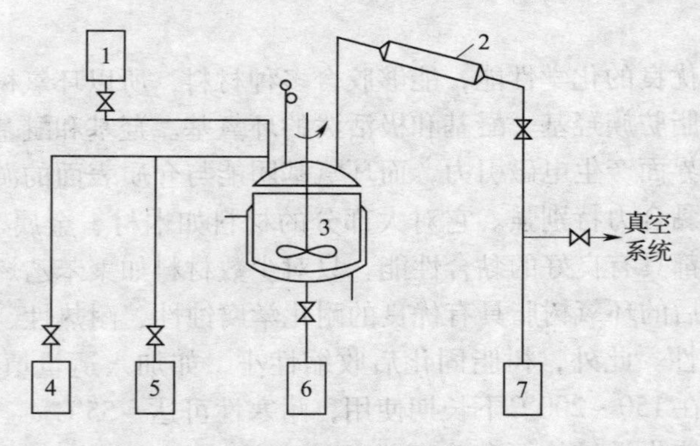

图 5—4　室温固化环氧胶黏剂的生产流程

1—甲醛槽　2—冷凝槽　3—反应釜　4—乙二胺储槽　5—熔酚桶　6—固化剂储槽　7—储水槽

在釜中加入聚醚和环氧树脂，开始搅拌 0.5 h 左右，混合后出料装桶即得 A 组分。苯酚加热熔化后投入反应釜中，开动搅拌，加入乙二胺，保持物料在温度 45℃ 下滴加甲醛液，然后继续反应 1 h，减压脱水，放料红棕色黏稠液体。反应物 450 kg 与 2，4，6 – 三（二甲氨基甲基）苯酚（DMP – 30）90 kg 混合配成 B 组分。

加热固化的糊状环氧胶黏剂常用的固化剂有芳香胺、咪唑类固化剂和双氰胺。以芳香多胺为固化剂的胶黏剂，其固化温度为 150 ~ 170℃，以咪唑类化合物为固化剂的胶黏剂，在 80 ~ 120℃ 下固化。糊状环氧胶黏剂配方见表 5—5。

表 5—5　　　　糊状环氧胶黏剂配方（按生产 1 t 产品计）

A 组分		B 组分	
原料	消耗定额/kg	原料	消耗定额/kg
环氧树脂	100	苯酚	60
聚醚树脂	15～20	37%甲醛	13.6
乙二胺	70		
2，4，6－三（二甲氨基甲基）苯酚	26		

二、膜状环氧胶黏剂

膜状环氧胶黏剂通常包括下列组分：相对分子质量高的线型聚合物；相对分子质量高的环氧树脂；相对分子质量低的高官能度环氧树脂；固化剂和促进剂等。膜状胶黏剂具有更好的韧性，更高的剥离强度和更高的疲劳寿命，所以使用可靠性高。

【配方】环氧—丁腈胶黏剂

环氧树脂	78 份
2，4－甲苯二异氰酸酯—二甲胺加成物	5 份
羧基丁腈橡胶（相对分子质量高的橡胶与液体橡胶混合）	13 份
颜料	>0.1 份
聚酯毡	4 份

在航空领域中最重要的被粘材料是铝合金。在 150℃以上高温下进行固化，容易引起铝合金的晶间腐蚀。当前，趋向于采用中温固化的体系，即添加促进剂使固化温度降低到 120℃。这样的胶膜在常温下储存期较短，为了延长有效使用期，胶膜应在低温下保存。

第六节　聚氨酯胶黏剂

聚氨酯（PU）全名氨基甲基甲酸酯，是主链上含有重复氨基甲酸酯基团（—NHCOO—）的大分子化合物的统称。由有机异氰酸酯与二羟基或多羟基化合物加聚而得。反应式如下：

$$OCN—R—NCO + HO—R'—OH \longrightarrow \left[\overset{O}{\overset{\|}{C}}NHRNH\overset{O}{\overset{\|}{C}}RO \right]_n$$

聚氨酯大分子中除了有氨基甲酸酯外，还可以有异氰酸酯、醚、脲、缩二脲等。

聚氨酯胶黏剂俗名“乌利当”，以低温、柔韧性、高断裂伸长率、高剥离强度和耐磨性以及对多种基材的粘接适应性等著称。在鞋类制造业方面的应用非常成功，其对各种制鞋用材料均能进行很好的粘接。

一、多异氰酸酯胶黏剂

原料以多异氰酸酯为主体，常用的多异氰酸酯主要有甲苯二异氰酸酯（TDI）、二苯基甲烷二异氰酸酯（MDI）和三苯基甲烷三异氰酸酯（PAPI）等。使用时配成浓度为 20% 的二氯乙烷溶液即可作为胶黏剂。直接使用多异氰酸酯作胶黏剂的缺点是毒性较大、不太适于作结构胶黏剂。

【配方】　聚氨酯胶黏剂－7（配方为质量份）

三苯基甲烷三异氰酸酯　　20 份　　二氯甲烷　　80 份

固化工艺和性能：将金属表面打碎、喷砂或将金属浸入硫酸中 1～2 h 后洗净除锈，用溶剂洗去油；涂胶后室温固化 24 h，用于橡胶和金属的粘接。

二、预聚体类聚氨酯胶黏剂

预聚体类是聚氨酯胶黏剂中最重要的一种，它是由多异氰酸酯和多羟基化合物反应生成的端羟基或端异氰酸酯基预聚体。预聚体有单组分和双组分两种。

单组分型是由异氰酸酯和聚酯多元醇或聚醚多元醇以物质的量的比 2∶1 反应，在常温下，遇到空气中的潮气即产生固化，因此可作为湿气固化胶黏剂来应用。此胶黏剂使用方便，具有一定的韧性。但空气湿度对粘接速度和粘接性能有一定影响。相对湿度以 40%～90% 为宜。

双组分预聚体胶黏剂分为两个组分，一个组分为聚酯或聚醚多元醇，另一组分为端异氰酸酯预聚体或多异氰酸酯本身，这两个组分按一定比例混合，即可使用，并可根据不同的配方来粘接不同的材料。以下介绍双组分聚氨酯胶黏剂生产工艺，工艺流程如图 5—5 所示，双组分聚氨酯胶黏剂配方见表 5—6。

表 5—6　　双组分聚氨酯胶黏剂配方（按生产 1 t 产品计）

A 组分		B 组分	
原料	消耗定额/kg	原料	消耗定额/kg
己二酸	735	三羟甲基丙烷	60
乙二醇	367.5	甲苯二异氰酸酯	246.5
乙酸乙酯	229.5	乙酸乙酯	212
甲苯二异氰酸酯	73.5		

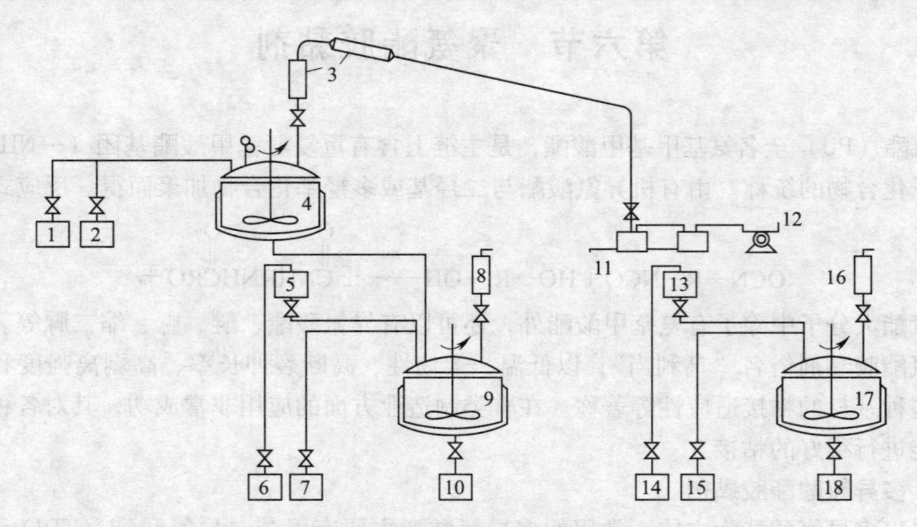

图 5—5　双组分聚氨酯胶黏剂生产工艺流程

1—己二酸槽　2—乙二醇槽　3，8，16—冷凝器槽　4—聚酯釜　5，13—高位槽　6—乙酸乙酯槽　7，15—TDI 槽　9—预聚釜　10—甲组分储槽　11，12—真空泵　14—三羟甲基丙烷槽　17—反应釜　18—乙组分储槽

1. A 组分生产工艺

（1）聚己二酸乙二醇酯的制备

于不锈钢反应釜中投入367.5 kg乙二醇，加热并搅拌，加入735 kg己二酸，逐步升温，出水量达185 kg。当酸值达40 mgKOH/g时，再减至0.048 MPa，釜内温度控制在200℃，出水8 h，酸值达10 mgKOH/g时，再减至0.67 kPa以下，内温控制在210℃，减压去醇5 h，控制酸值2 mgKOH/g出料，制得羟值为50～70 mgKOH/g（相对分子质量1 600～2 240），外观为浅黄色聚己二酸乙二醇酯，产率为70%。

（2）改性聚酯树脂（A组分）的制备

反应釜中投入5 kg乙酸丁酯，开动搅拌，投入60 kg聚己二酸乙二醇酯（即由上一个步骤制备的聚酯），加热至60℃，加入4～6 kg甲苯二异氰酸酯（根据羟值和酸值决定添加量），升温至110～120℃，黏度达到6 Pa·s（变速箱W－6，电动机2.8 W）。打开计量槽加入5 kg乙酸乙酯溶解，再加10 kg乙酸乙酯溶解，最后加入134～139 kg丙酮溶解。制得浅黄色或茶色透明黏稠液（A组分），产率为98%。

2. B 组分生产工艺

反应釜内加246.5 kg甲苯二异氰酸酯和212 kg乙酸乙酯（一级品），开动搅拌器，滴加预先熔融的三羟甲基丙烷60 kg，控制滴加温度65～70℃，2 h滴完，并在70℃保温1 h。冷却到室温，制得外观为浅黄色的黏稠液（B组分），产率为98%。

三、端封型聚氨酯胶黏剂

为使异氰酸酯基在水中稳定，用活性氢化物（苯酚、己内酰胺、醇类）作为封端剂暂时封闭所有的异氰酸根，涂胶后升高温度，可以解除封闭，恢复异氰酸根的活性，发挥胶黏剂的作用。

第七节　橡胶胶黏剂

橡胶胶黏剂又称做弹性体胶黏剂，是以橡胶或弹性体为主体材料，加入适当的助剂、溶剂等配制而成。它具有优良的弹性，较好的耐冲击与耐振动的能力，特别适合柔软的或线膨胀系数相差悬殊的材料粘接及在动态条件下工作的材料的粘接，在航空、交通、建筑、轻工、机械等工业中应用广泛。下面讨论几个主要的品种。

一、氯丁橡胶胶黏剂

以氯丁橡胶为主体材料制成的胶黏剂称为氯丁（橡胶）胶黏剂。氯丁橡胶是由氯代丁二烯以乳液聚合方法制得，其反应式可表示为：

$$n\mathrm{CH_2{=}CH{-}\overset{\overset{\large Cl}{|}}{C}{=}CH_2} \longrightarrow \mathrm{\{CH_2{-}CH{=}\overset{\overset{\large Cl}{|}}{C}{-}CH_2\}_{\mathit{n}}}$$

式中，n一般很大，因此，其相对分子质量很大，简称CR。

氯丁橡胶胶黏剂主要是由氯丁橡胶或胶乳与硫化剂、促进剂、防老剂、交联剂、填料、增稠剂、溶剂等配制而成。

氧化镁和氧化锌是缓慢的硫化剂。除硫化作用外，氧化镁可以和改性树脂反应，提高耐热性，还能够吸收氯丁橡胶老化过程中分解出来的微量氯化氢，以及防止胶料在加工过程中烧焦等。

填料起到补强和调节黏度的作用，并可降低成本，常用的填料有炭黑、碳酸钙、二氧化硅等。

促进剂可使室温硫化加快，常用的促进剂有多异氰酸酯、二苯基硫脲、氧化铝等，其中以二苯基硫脲效果最好，能使溶液稳定性增强。

防老剂的加入不但可以提高胶黏剂的热老化性能，而且可以提高其储存稳定性。若不考虑着色，防老剂 D、防老剂 A 都可作为氯丁橡胶的防老剂，一般用量为 2% 左右。

一般采用异氰酸酯作为交联剂，以提高耐热性及与金属的结合力，并形成牢固的化学键。用量为 10% ~15% 的粘接用氯丁橡胶仅能溶解于芳香烃和氯代烃中，但这两种烃毒性较大，所以一般采用混合溶剂。

氯丁橡胶胶黏剂是合成橡胶胶黏剂中产量最大、应用最广的品种。已大量地用来粘鞋底、塑料、纸张、皮革、木材、泡沫塑料、水泥、钙塑地板、金属等材料，并可以用来制造压敏胶。氯丁橡胶胶黏剂也广泛地应用在建筑、汽车、制鞋等工业中。

1. 填料型氯丁胶

一般适合于对性能要求不太高的场合。木材、PVC、织物、地板革等所用的胶黏剂属于这一类型。例如，用于 PVC 地毡与水泥的胶接。

【配方】氯丁胶（按混炼顺序）

氯丁橡胶（通用型）	100 份	氧化锌	10 份
氧化镁	8 份	汽油	136 份
碳酸钙	100 份	乙酸乙酯	272 份
防老剂 D	2 份		

该胶在室温下储存期为 1 个月，室温抗剪强度为 0.42 MPa，剥离强度为 1 053 kN/m。

2. 树脂改性氯丁胶

古马隆树脂、萜烯树脂、松香树脂、烷基酚醛树脂及酚醛树脂等都可以对氯丁橡胶进行改性。加入改性树脂可改善纯氯丁橡胶或填料型氯丁橡胶耐热性不好、粘接力低等缺点。其中热固性烷基酚醛树脂的极性较大，加入后能明显增加对金属等被粘材料的黏附能力，故对叔丁基酚醛树脂改性的氯丁橡胶胶黏剂已发展成为氯丁胶黏剂中性能最好、应用最广的重要品种。

树脂改性氯丁胶黏剂除胶接橡胶与金属、橡胶与橡胶外，还广泛应用于织物皮革、塑料木材、玻璃等材料，具有一定的通用性。其胶接工艺也甚为方便：常温下在干净的被粘表面涂（刷）胶 2 次，每次晾干 5 ~10 min，然后黏合，加以接触压力，室温下放置 1 ~2 天即可，胶接接头在 100℃以下有较好的胶接强度。

3. 双组分氯丁胶

在氯丁橡胶中加入多异氰酸酯或二苯硫脲。多异氰酸酯或二苯硫脲作促进剂，可使胶膜在室温下硫化，从而提高胶膜的耐温性和改善对非金属材料的胶接性。由于这类胶液活性大，室温下数小时就可全部凝胶，故一般配成双组分储存。

【配方】氯丁多异氰酸酯（列克那）胶液

甲液：通用型氯丁橡胶	100 份	防老剂	2 份
氧化镁	4 份	氧化锌	5 份

乙液：20% 三苯基甲烷三异氰酸酯的二氯乙烷溶液。

混炼后溶于乙酸乙酯: 汽油 = 2: 1 的混合溶剂中，配成 20% 浓度的胶液。使用前将甲、乙液按 10: 1 的比例混合，即可使用，使用期小于 3 h。

4. 氯丁胶黏剂生产工艺

氯丁胶黏剂配方见表 5—7，工艺流程如图 5—6 所示。

表 5—7　　氯丁胶黏剂配方（按生产 1 t 产品计）

原料	消耗定额/kg	原料	消耗定额/kg
粘接型氯丁橡胶 LDJ-240	100	甲苯	225
氧化锌	4	2402 酚醛树脂	30
氧化镁	8	乙酸乙酯	125
乙二醇	0 ~ 50	120# 汽油	150
防老剂 D	1		

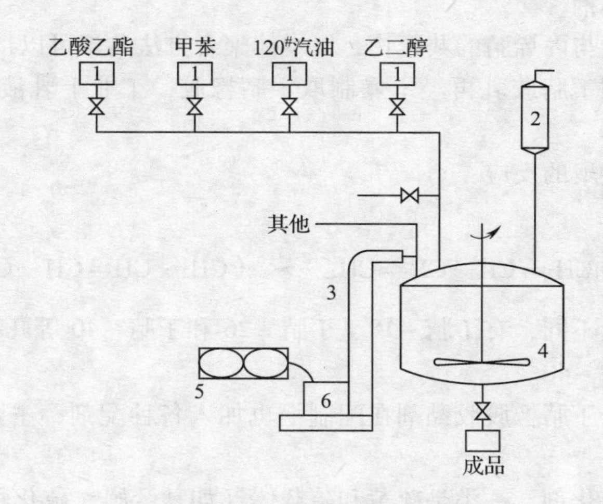

图 5—6　氯丁胶黏剂生产流程

1—高位槽　2—冷凝器　3—提升机　4—配胶　5—双辊混炼机　6—储槽

（1）炼胶

在炼胶机上将氯丁橡胶炼胶，辊距 0.5 ~ 1 mm，辊温不超过 40℃，塑炼 30 次，然后加大辊距至 8 ~ 10 mm，滚炼 5 min 后，依次加入氧化镁、防老剂 D、氧化锌，全部加完后再薄通 10 次，切片。

（2）预反应

在甲苯 - 120# 汽油混合溶剂中对叔丁基酚醛树脂（2402 树脂）与氧化镁、适量催化剂存在下预反应，即室温下搅拌反应 6 ~ 10 h，当物料中无氧化镁沉淀时为反应终点。

（3）配制胶液

在配胶釜中投入预反应树脂液、混炼的氯丁橡胶，继续搅拌 5 ~ 6 h 使之溶解，加乙酸乙酯、乙二醇（防冻剂），再搅拌 1 h 充分混匀，制得产品。

二、丁苯橡胶胶黏剂

丁苯橡胶胶黏剂是由丁苯橡胶和各种烃类溶剂所组成。由于它的极性小，黏性差，因而限制了它的应用不如氯丁胶黏剂那样广泛。

丁苯橡胶胶黏剂通常采用硫黄硫化体系，常用的溶剂有苯、甲苯、环己烷等。为了提高黏附性能，往往加入松香、古马隆树脂和多异氰酸酯等增黏剂。在丁苯胶液中加入三苯基甲烷三异氰酸酯后胶接强度可增加 3 ~5 倍，但胶液的使用寿命却大大缩短了。

丁苯橡胶胶黏剂是将丁苯胶与配合剂混炼，再溶于溶剂中制得的。丁苯橡胶胶黏剂可以用于橡胶、金属、织物、木材、纸张等材料的胶接。

【配方】用于胶接橡胶与金属的丁苯胶液（质量份）

丁苯橡胶	100 份	炭黑	适量
氧化锌	3.2 份	邻苯二甲酸二丁酯	32 份
硫黄	8 份	二甲苯	1 000 份
促进剂 DM	3.2 份	防老剂 D	3.2 份

硫化条件为 148℃，30 min。

三、丁腈橡胶胶黏剂

丁腈橡胶是丁二烯与丙烯腈的共聚物，以本体聚合方法共聚可以得到丁腈橡胶片胶，也可以采用乳液聚合得到丁腈胶乳再经干燥制取丁腈橡胶，工业上乳液聚合的方法应用更为广泛。

丁二烯与丙烯腈共聚的反应：

$$n\mathrm{CH_2{=}CH{-}CN} + m\mathrm{CH_2{=}CH{-}CH{=}CH_2} \longrightarrow \mathrm{\lbrack CH_2{-}CH{=}CH{-}CH_2 \rbrack}_m \mathrm{\lbrack CH_2{-}\underset{}{\overset{CN}{\overset{|}{C}}}H \rbrack}_n$$

根据丙烯腈的含量不同，有丁腈 -18、丁腈 -26 和丁腈 -40 等几种类型。作为胶黏剂，一般最为常用的是丁腈 -40。

与氯丁橡胶相似，丁腈橡胶胶黏剂在配制上也加入各种配剂，主要有硫化剂、防老剂、增塑剂、补强剂等。

丁腈橡胶有两类硫化剂，一类是硫黄和硫载体（如秋兰姆二硫化物）；另一类是有机过氧化物。硫黄/苯并噻唑二硫化物/氧化锌（2/1.5/5）是一个常用硫化体系。

丁腈橡胶结晶性小，必须用补强剂来增加内聚强度。常用的补强剂有炭黑、氧化铁、氧化锌、硅酸钙、二氧化硅、二氧化钛、陶土等。其中以炭黑（尤以槽黑）的补强作用最大，用量一般为 40 ~60 份。

增塑剂常用硬脂酸、邻苯二甲酸酯类、磷酸三甲酚酯或醇酸树脂、或液体丁腈橡胶等，以提高耐寒性并改进胶料的混炼性能。加入酚醛树脂、过氯乙烯树脂等增黏剂，以提高初粘力。没食子酸丙酯是最常用的防老剂。常用的溶剂为丙酮、甲乙酮、甲基异丁酮、乙酸乙酯、乙酸丁酯、甲苯、二甲苯等。

丁腈橡胶具有优异的耐油性，耐水性也很出色，并且粘接强度极限高。丁腈橡胶不仅可用来改性酚醛树脂、环氧树脂以制取性能很好的金属结构胶黏剂，而且其本身可作为主体材料胶黏剂，用于耐油产品中橡胶与橡胶、橡胶体与金属、织物等的粘接。

丁腈橡胶可以配制成单组分和双组分，也可以配制成室温固化或高温固化等多种丁腈橡胶胶黏剂，下面为一丁腈橡胶胶黏剂的典型配方。

【配方】用于人造防雨布、防尘罩的丁腈胶黏剂

丁腈橡胶 -26	100 份	过氧乙烯树脂	90 份
乙酸乙酯	668 ~680 份		

剥离强度为 1 960 N/m，在处理好的粘接面上均匀涂胶，晾置 3 ~5 min，待溶剂挥发，立即贴合。在 9.8×10^4 Pa 压力下，于室温下固化 24 h 以上。

第八节　特种胶黏剂

随着科学技术的飞速发展和胶黏剂应用领域的日益扩大，出现了许多胶黏剂新品种，其中有些能满足粘接特定的胶接对象及特种工艺上的某种需要，称之为特种胶黏剂。如热熔型、压敏型、导电型、密封型等。下面简单介绍热熔胶黏剂和压敏胶黏剂。

一、热熔胶黏剂

热熔胶黏剂是一种室温呈固态，加热到一定温度就熔化成液态流体的热塑性胶黏剂。与其他类型胶黏剂相比，热熔胶黏剂粘接迅速，适于连续与自动化操作。热熔胶黏剂不含溶剂，能防止火灾与污染且粘接面广，可粘接多种同类或异类材料。由于热熔胶黏剂是百分之百固含量，便于储运。另外热熔胶黏剂有再熔性，使用余胶可再用，粘接件胶层可借热重新活化。由于它具有这些优点，近年来发展异常迅速，广泛应用于服装加工、书籍装订、塑料胶接、包装、制鞋、家具、玩具、电子电器、卫生等部门。

1. 热熔胶黏剂的组成

热熔胶黏剂一般由主体聚合物、增黏剂、蜡类、增塑剂、抗氧化剂及填料等组成。许多热塑性聚合物均可作热熔胶的主体聚合物，使用较多的主要是乙烯和醋酸乙烯酯的无规共聚物（EVA）、聚酯和聚氨酯等。

常用的增黏剂有松香、改性松香、萜烯树脂、古马隆树脂等。加入增黏剂能够降低熔融温度，控制固化速度，改善润湿和初黏性能，达到改进工艺、提高强度的目的。

常用的配合剂有烷烃石蜡、微晶石蜡、聚乙烯蜡等。蜡类加入的作用是降低熔融温度与黏度，改进操作性能，降低成本；同时还可以防止胶黏剂渗透基材。

常用的增塑剂有邻苯二甲酸酯类和磷酸酯类化合物。增塑剂能使胶层具有柔韧性和耐低温性，并有利于降低熔融温度；但对内聚强度却有明显的影响。使用增塑剂时要考虑其与主体聚合物及其他组分的相容性，也要考虑被粘体的性能及增塑剂的迁移特性。

常用的抗氧化剂有 2，6 - 二叔丁基对甲酚（BHT），用量一般为 0.5%。抗氧化剂能防止热熔胶在高温下长时间的熔融过程中氧化变质，保持黏度稳定。

常用的填料有碳酸钙、滑石粉、黏土、石棉粉、硫酸钡、氧化钛、炭黑等。填料能防止渗胶，减少固化时的收缩率，保持尺寸稳定性，降低成本，但用量一定要适度。

2. 热熔胶的类型

（1）乙烯 - 醋酸乙烯酯共聚物（EVA）热熔胶

在聚乙烯分子结构中引入醋酸乙烯酯（VAc）可使结晶度降低，黏合力和柔韧性提高，

耐热和耐寒性兼顾，流动性和熔点可调。此外 EVA 价格低廉，易与其他辅料配合，因而 EVA 是十分理想的热熔胶的基体。以下是十分通用的 EVA 热熔胶配方。

【配方】EVA 热熔胶

乙烯－醋酸乙烯酯共聚体	100 份	聚合松香（软化点 >120℃）	30 份
石蜡	20 份	*N*－苯基－*β*－萘胺	1 份

此配方中基体醋酸乙烯含量大于 28%，在 230℃左右熔融施工涂布。主要用于拼接木材，也可用于浸渍玻璃纤维。

（2）聚酯热熔胶

聚酯热熔胶一般是由二元酸与二元醇共聚而得。它们可以是无规共聚物或嵌段共缩聚物，在特殊条件下可制得交替共缩聚物。从化学结构来看，聚酯类热熔胶可分为共聚酯类、聚醚型聚酯类、聚酰胺聚酯类三大类。目前多采用多种原料混合制取的共聚酯。

聚酯热熔胶的性能与相对分子质量的大小有关，随着相对分子质量的增加，熔融黏度和熔点均有所提高。一般聚酯热熔胶的相对分子质量比较大，分子链上有大量的极性基团，有的还含有相当量的氢键，它的黏合力和内聚力都比较好。因此，聚酯热熔胶具有较好的粘接强度和耐热、耐寒、耐干湿洗性，耐水性比 EVA、聚酰胺好，价格比较便宜。聚酯热熔胶主要用于织物加工、无纺布制造、地毯背衬、服装加工、制鞋等。

聚酯热熔胶的生产可充分利用涤纶（PET 聚酯）生产和加工过程中的边角料，这对配合涤纶厂搞好综合利用具有十分重要的意义。

（3）聚氨酯热熔胶

聚氨酯热熔胶的主体材料是由末端带有羟基的聚酯或聚醚与二异氰酸酯通过扩链剂进行缩聚反应而制得的线型热塑性弹性体。聚氨酯热熔胶的特点是强度较高，富有弹性及良好的耐磨、耐油、耐低温和耐溶剂性能，但耐老化性较差。从强度和软化点考虑，一般多采用聚酯型聚氨酯。

聚氨酯热熔胶主要用于塑料、橡胶、织物、金属等材料，特别适用于硬聚氯乙烯塑料制品的粘接，它具有较大的实用性。

【配方】聚氨酯热熔胶

聚乙二醇己二酸酯（M－2000）	50 mL	二苯基甲烷二异氰酸酯	150 mL
1,4－丁二醇	100 mL		

此配方软化点为 130℃。主要用于织物胶接。胶膜抗张强度 38 MPa，伸长率 600%。胶接织物剥离强度 250～350 N/cm，耐热水性、耐湿热老化性均优良。

二、压敏胶黏剂

压敏胶是制造压敏型胶黏带用的胶黏剂。胶黏带是胶黏剂中一种特殊的类型，它是将胶黏剂涂于基材上，加工成带状并制成卷盘供应的。胶黏带有溶剂活化型胶黏带、加热型胶黏带和压敏型胶黏带。由于压敏型胶黏带使用最为方便，因而发展也最为迅速。

压敏胶黏带在现代工业和日常生活中有着广泛的应用。除了大量用于包装、电气绝缘、医疗卫生以及粘贴标签外，在喷漆和电镀作业中用来遮蔽不要喷涂和电镀的部位；在复合材料制造过程中用来固定盖板和粘贴脱膜布，铺设输油管道和地下管道时，也常用来包覆在金属管外，以防管道腐蚀；以及用于办公、画图、账面修补等。

【配方】压敏胶黏剂

丙烯酸-2-乙基乙酯	75份	二甲基乙二醇乙烯基硅氧烷	0.5份
丙烯酸乙酯	20份	过氧化苯甲酰	1份
N-羟甲基丙烯酰胺	2份		

此配方主要用于制备保护用压敏胶带。配制时用甲苯和甲醇混合溶剂（甲苯:甲醇=9:1），配成39%~40%的溶液，黏度3.4 Pa·s，涂于聚乙烯薄膜上，经70℃加热3 min，初始胶接强度为0.2 N/cm^2，200 h后为0.35 N/cm^2。

第九节　酚醛树脂胶黏剂生产

酚醛树脂是由酚（苯酚、甲酚、二甲酚、间苯二酚等）与醛（甲醛、乙醛、糠醛等）在酸性或碱性催化剂存在下作用所生成的，酚醛树脂胶黏剂是全世界上最早实现工业化的合成树脂品种，目前在产量上居合成树脂品种的第三位。酚醛树脂除用于胶黏剂外，还有许多其他重要用途。

酚醛树脂可分为热塑性和热固性两种类型，用于胶黏剂的主要是后一种类型，下面主要讨论热固性酚醛树脂的合成原理和工艺方法。

一、合成原理及产物结构

苯酚与甲醛（过量）在碱或酸性介质中进行缩聚，生成可熔性的热固性酚醛树脂，一般若在碱性介质中反应，则苯酚与甲醛的物质的量比为6:7（pH=8~11），可用的催化剂为氢氧化钠、氨水、氢氧化钡。用氢氧化钠作催化剂时，总反应可分作两步：

1. 加成反应

苯酚与甲醛起始进行加成反应，生成多羟基酚，形成了单元酚醇与多元酚醇的混合物。

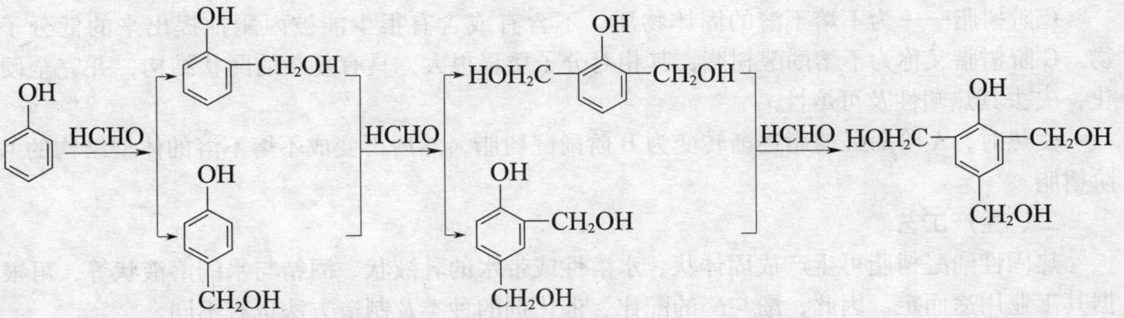

OH　HCHO　OH　CH_2OH　OH　CH_2OH　HCHO　HOH_2C　OH　CH_2OH　OH　CH_2OH　CH_2OH　HCHO　HOH_2C　OH　CH_2OH　CH_2OH

2. 羟甲基的缩合反应

羟甲酚进一步可进行缩聚反应有下列两种可能的反应：

a.

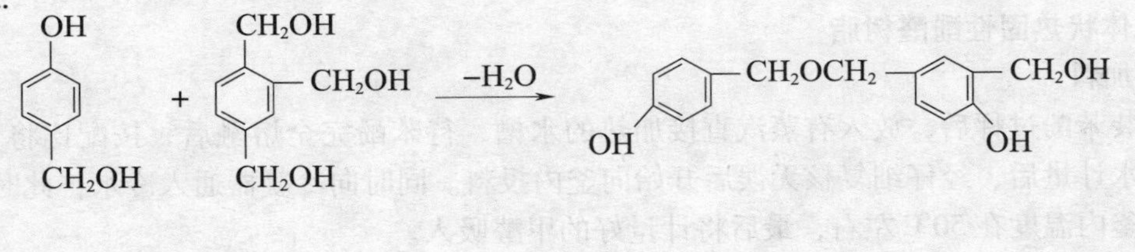

OH　CH_2OH　+　CH_2OH　CH_2OH　CH_2OH　$-H_2O$　CH_2OCH_2　CH_2OH　OH　OH

b.

$$\text{HO-C}_6\text{H}_4\text{-CH}_2\text{OH} + \text{C}_6\text{H}_4(\text{CH}_2\text{OH})(\text{OH}) \xrightarrow{-H_2O} \text{HO-C}_6\text{H}_4\text{-CH}_2\text{-C}_6\text{H}_3(\text{CH}_2\text{OH})(\text{OH})$$

$$\downarrow -HCHO$$

虽然反应 a 与 b 都可发生，但在碱性条件下主要生成 b 式中的产物，也就是说缩聚体之间主要是以次甲基键连接起来。当继续反应会形成很大的羟甲基分子，据测定，加成反应的速率比缩聚反应的速率要大得多，所以最后反应物为线型结构，少量为体型结构。

由上述两类反应形成的单元酚醇、多元酚醇或二聚体等在反应过程中不断地进行缩聚反应，使树脂平均相对分子质量增大，若反应不加控制，最终形成凝胶，在凝胶点前突然使反应过程冷却下来，则各种反应速度都下降，由此可合成适合多种用途的树脂。如控制反应程度较低可制得平均相对分子质量很低的水溶性酚醛树脂，用做木材胶黏剂；当控制缩聚反应至脱水成半固树脂时，此树脂溶于醇类等溶剂，可作成清漆及制备玻璃钢用树脂；若进一步控制反应到脱水制成酚醛固体树脂，则可用作酚醛模塑料或特殊用的胶黏剂等。

由于缩聚反应推进程度的不同，所以各阶树脂的性能也不同，巴克兰将树脂分为不熔不溶状态的三个阶段如下：

A 阶树脂——能溶解于酒精、丙酮及碱的水溶液中，加热后能转变为不熔不溶的固体，它是热塑性的，又称可熔酚醛树脂。

B 阶树脂——不溶解于碱溶液中，可以部分或全部溶解于丙酮或乙醇中，加热后能转变为不熔不溶的产物，它亦称半熔酚醛树脂。B 阶树脂的分子结构比可熔酚醛树脂要复杂得多，分子链产生支链，酚已经在充分地发挥其潜在的三官能作用，这种树脂的热塑性较可熔性酚醛树脂差。

C 阶树脂——为不熔不溶的固体物质，不含有或含有很少能被丙酮抽提出来的低分子物。C 阶树脂又称为不熔酚醛树脂，其相对分子质量很大，具有复杂的网状结构，并完全硬化，失去其热塑性及可熔性。

受热时，A 阶酚醛树脂逐渐转变为 B 阶酚醛树脂，然后再变成不熔不溶的体型结构的 C 阶树脂。

二、生产工艺

热固性酚醛树脂可生产成固体状、水溶性或带水的乳液状、酒精与水的溶液状等，可根据其工业用途而定。因此，酚与醛的配比、催化剂的种类及制造方法也有不同。

制造铸型树脂或木材黏结剂时，常按 1 mol 苯酚与 1.5 ~2 mol 甲醛相混合，催化剂采用氢氧化钠、氢氧化钾等。用于制造各种层压制品的热固性酚醛树脂为 6 mol 酚与 7 mol 甲醛相混合，并用氨水为催化剂，酚类用苯酚、甲酚等。生产工艺流程如图 5—7 所示。

1. 固体状热固性酚醛树脂

（1）加料

将桶装苯酚过秤后，放入有蒸汽直接加热的水槽，待苯酚完全熔融后，按配比将苯酚、苯胺和氨水计量后，经仔细复核无误后开始向釜内投料。同时向冷凝器通入冷水，此时开动搅拌，使釜内温度在 50℃左右，最后将计量好的甲醛吸入。

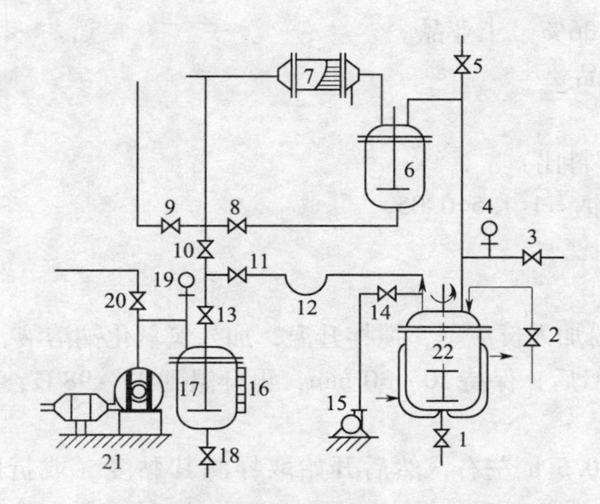

图 5—7　制造酚醛树脂的工艺流程

1—放料阀　2—真空加料阀　3—真空调节阀　4—真空压力表　5—安全阀　6—缓冲器　7—冷凝器　8，11—回流阀　9，20—通大气阀　10—视镜　12—U 型管　13—真空阀　14—加料阀　15—齿轮泵　16—液面计量玻璃管　17—接受器　18—放水阀　19—真空表　21—真空泵　22—反应釜

(2) 加热与缩聚

物料加毕后，随即调整管路阀门，打开通大气的阀门，使反应釜与大气保持平衡状态。检查回流液返回反应釜的阀门是否开启，冷凝液通接受槽的阀门是否关闭。再检查一下设备，管路是否调节到缩合的条件，然后通蒸汽加热，蒸汽压力不宜过大，在 5 ~ 10 min 左右使物料温度缓缓加热到 85℃，停止通入蒸汽，否则就不易控制温度。因为酚与醛在氨水（催化剂）和温度的影响下，立即开始放热反应，约在 5 ~ 110 min 后釜内温度上升到 92 ~ 97℃。此时出现沸腾和回流，从沸腾回流开始，保持 1 h，反应物由透明液体变为乳白色，并逐渐分离出水，这种乳化状况，表示反应物已起缩合作用。

(3) 脱水干燥和放料

达到缩合时间后，调整管道闸门，开通回流到接受槽的阀门，关闭回流液通反应釜的阀门，然后开动真空泵，缓缓调节真空，在 10 ~ 15 min 内使真空达到 53 328 ~ 58 660 Pa (400 ~ 440 mmHg)，往夹套中通入 0. 294 ~ 0. 392 MPa（2. 94 ~ 3. 92 kgf/cm^2）的蒸汽，保持恒温在（80 ± 2）℃，使其大量脱水，当温度升到 90 ~ 94℃时，根据釜内树脂黏度大小，取样测聚合速度或停止抽真空加入冷水，在常压下搅拌 3 ~ 5 min。然后再抽真空，当温度下降到 85℃左右时，可向夹套通入微量的蒸汽，当釜内温度又开始回升，停止蒸汽，当温度再升到 90℃左右时，取第二次样测聚合速度或再加 3% ~ 4% 冷水，这样反复多次，直到聚合速度达到 80 ~ 90 s 为止。树脂最终温度不得超过 104℃，如果超过则加入 10 ~ 15 kg 冷水，搅拌后，关真空泵立即放料，放料要快，每盘厚度不宜大于 3 cm，并迅速移到通风处冷却，放完料关闭放料口，并通入冷水。树脂产率以苯酚苯胺量计为 110%。

2. 可溶性酚醛树脂

可溶性酚醛树脂胶黏剂生产工艺流程如图 5—3 所示。

(1) 原料及其规格

苯酚　　含量大于98%　工业品

甲醛　　含量大于36%　工业品

氢氧化钠　　工业品

乙醇　　工业品

（2）生产定额（投料比）

苯酚: 甲醛: 氢氧化钠 = 1: 1. 5: 0. 05

乙醇：适量原料配比。

（3）工艺步骤

1）将溶化好的苯酚加入反应釜，搅拌升温，加入氢氧化钠溶液，然后加入甲醛。

2）当温度升至70℃后，保持20 ~ 30 min，再升温到93 ~ 98℃，反应为放热反应，应注意控制温度。

3）保持沸腾回流0. 5 h左右，然后开始取样测其黏度（或折射率），达到预定值为终点。

4）进行真空脱水，当黏度达到1 400 mPa · s时停止脱水。

5）加入适量的乙醇，并降温、搅拌至均匀溶解，当温度为40℃时，出料即可。

（4）技术指标

外观	红棕色透明黏稠液体
固含量	>65%
黏度（20℃）	1 000 ~ 2 000 mPa · s
游离酚	<3%

（5）用途

主要用于木材工业的胶合板、人造纤维板、密度板等加工及电绝缘层压板材等的制造中。使用时，根据其应用领域的不同而进行胶接工艺的调整。

思考与练习

1. 什么是胶黏剂？有哪些分类方法？若按黏料分有哪些？

2. 胶黏剂的主要成分有哪些？各有什么作用？

3. 阐述胶黏剂的粘接工艺。

4. 什么叫热熔胶？有哪些类型？

5. 在选用胶黏剂时要考虑哪些因素？

6. 酚醛树脂合成的原料是什么？其生产方法有哪几种？

7. 热固性合成树脂胶黏剂有什么优点？常见有哪几种？

8. 分析总结酚醛树脂生产原理、工艺流程。

9. 为什么说环氧树脂胶黏剂是应用最广的、综合性能优异的结构胶黏剂？

10. 下列情况应用什么品种的胶黏剂？

（1）木制家具的粘接。

（2）生产胶合板。

（3）一个聚苯乙烯的玩具部件裂开了，要求一般粘接，部件不受外力。

（4）聚氯乙烯床单、鞋底、人造革粘接（一般要求）。

（5）脆性材料（如瓷器）的粘接，想采用强度和硬度均大、不易变形的热固性树脂胶黏剂，用什么品种好？

（6）室内墙上粘贴塑料墙板。

（7）室内水泥墙，钉子钉不进去，用胶黏剂粘接衣钩。

技能链接

胶乳配制工

一、工种定义

操作各种专用配料设备，将原料胶乳和辅助材料按配方要求制备成溶液、分散体、乳浊液及配合胶乳、硫化胶乳等。

二、主要职责任务

胶乳配制是胶乳制品生产的关键作业。它包括投料、去氨、配合、出料、离心、过滤、调节工艺参数进行观察、判断、检查、记录、送样检测，协调岗位与岗位之间，工种内外人员工作等。

三、中级胶乳配制工技能要求

（一）工艺操作能力

1. 能按工艺规程和岗位操作法熟练进行本工种多岗位开停车及正常操作，能稳定达到产量、质量、消耗等技术经济指标。能带教初级工。

2. 能进行本工种多岗位的调优操作，以及操作过程的分析判断能力。

3. 能对本工种多岗位大修后设备或更新设备进行试车、试生产的操作能力。

4. 能按工艺规程要求对本工种多岗位原物料进行合格验收及各项中间控制、分析判断。

5. 能对本工种多岗位的操作提出改进建议，善于总结和推广先进的操作经验。

6. 在本工种各岗位范围内参与新工艺、新设备和新原物料加工制备的试验工作，并能作一定的调节适应，提出改进建议，参与结果分析和执行。

（二）应变和事故处理能力

1. 能及时发现、报告和正确处理本工种多岗位各种异常现象和事故并分析、寻找原因，提出改进措施，防止重复发生。

2. 能对生产装置及操作进行安全检查，对不安全因素及时报告，并采取措施，能制止违章指挥和操作，能使用安全防火器材和急救器材。

（三）设备及仪表使用维修的能力

1. 能正确使用本工种多岗位的设备：电器、仪表、计控器具等设施及其维护保养。

2. 掌握设备、电器、仪表、计控器具的运行情况，判断故障，及时提出检修项目以及检修后的验收试车。

（四）工艺计算能力

掌握本工种多岗位原物料配料计算，根据不同基本配方、投料的配比浓度正确计算出各种实用配方及用量。掌握本岗位物料计算，生产能力计算。

（五）识图制图能力

熟悉本产品工艺流程图，设备布置图。绘制本产品的工艺流程示意图、各种管理图。

（六）管理能力

1. 对本工种多岗位的生产工艺、质量、设备、安全、消耗等方面具有管理能力，能运用全面质量管理手段，针对存在问题，制定改进措施，并组织实施，直至写出书面报告。

2. 能对本工种多岗位进行经济核算。

（七）语言文字领会与表达能力

能进行书面生产小结，提出书面合理化建议。

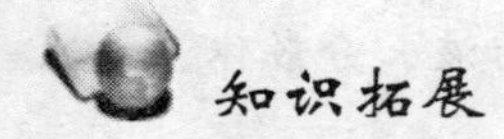

知识拓展

胶黏剂的发展动向

一、胶黏剂的发展史

在进入20世纪以前，胶黏剂技术的进展甚微。直到酚醛树脂的发明开始，胶黏剂进入了一个崭新的发展时期。20世纪30年代，由于高分子材料的出现，生产出了以高分子材料为主要成分的新型胶黏剂，如酚醛—缩醛胶、脲醛树脂胶等。从此，胶黏剂开始了合成树脂胶黏剂为主的发展道路。60年代后期开发了厌氧胶黏剂、热熔胶以及其他改性丙烯酸酯树脂胶黏剂。70年代有了第二代丙烯酸酯胶黏剂，以后又有第三代丙烯酸酯胶黏剂。80年代以后，胶黏剂的研究主要在原有品种上进行改性、提高其性能、改善其操作性、开发适用涂布设备和发展无损检测技术。

二、胶黏剂的未来趋势

从世界角度看，胶黏剂不仅品种和产量增加很快，而且其研究出现以下新的趋势。

1. 研制更新换代的产品

如丙烯酸酯胶黏剂存在脆性大、强度差等缺点，用氯磺化聚乙烯、ABS、橡胶等弹性体进行改性，成功开发出第二代丙烯酸酯结构胶黏剂（SGA）。在此基础上又利用氨基甲酸酯液体丁腈橡胶改性环氧树脂制成第二代环氧胶黏剂，提高了韧性和强度。第三代丙烯酸酯（TGA）也早已开发出来，这些都说明当前胶黏剂的性能向结构胶发展的趋势，以扩大应用范围。

2. 开发环保、性能优异的胶种

水性胶不含有机溶剂，无污染，是环保型胶黏剂，是快速增长的胶种之一。如反应性熔胶（用于汽车车灯、零部件、家用电器塑料件等）、高性能（如无底涂）的汽车挡风玻璃粘接封胶等。热熔胶无污染，固化迅速，粘接面广，适合于连续化生产，便于储存和运输，近年来得到了迅速发展，是我国增长最快的胶种。

开发高强度、耐水、耐腐蚀、耐磨和耐候性的聚醋酸乙烯酯乳液，以扩大其在建筑、造纸、纺织工业的作用。开发高强度、高韧性、高性能聚氨酯胶黏剂。开发环氧树脂和特殊系列环氧树脂胶黏剂，如阻燃型、耐高温、耐高压、高黏性的环氧树脂胶黏剂。研究和开发化学改性的鞋类胶黏剂，以解决开胶问题。

3. 粘接技术和粘接工艺的新发展

发展单组分包装的胶黏剂，一直为人们所关注，通常采用微胶囊技术。由于水基胶黏剂黏度低，应用受到限制，采用双混喷技术，可获得满意效果。目前有些国家大力采用紫外线或电子束固化新工艺。

第六章 涂 料

学习目标

1. 掌握涂料的定义、特点和分类。
2. 了解各类型涂料的实际应用以及主要生产方法和工艺。
3. 理解醇酸树脂涂料生产原理及生产工艺。
4. 能阅读和绘制醇酸树脂涂料生产工艺流程图。
5. 理解乳液涂料的配方设计与生产工艺。

第一节 涂料概述

涂料是指涂覆到物体表面后，能形成坚韧涂膜，起到保护、装饰、标志和其他特殊功能的一类物料的总称。它在工农业、国防、科研和人民生活中起到越来越广泛的作用，人类生产和使用涂料已有悠久的历史，我国几千年前已经使用天然原料树漆、桐油作为建筑、车、船和日用品的保护和装饰涂层，国外在埃及木乃伊的箱子上就使用了漆，由于当时使用的主要原料是油和漆，所以人们习惯上称它们为油漆。随着社会生产力的发展，特别是化学工业的发展及合成树脂工业的出现，使能起到油漆作用的原料种类大大丰富，性能更加优异多样，因此，“油漆”一词已不能恰当反映它们的真实含义。

一、涂料的组成

涂料由不挥发成分和溶剂两部分组成。涂饰后，溶剂逐渐挥发，而不挥发成分干结成膜，故称不挥发成分为成膜物质，它又分为主要、次要、辅助成分三种。涂料组成中没有颜料的透明液体称为清漆，加有颜料的不透明体称为色漆（磁漆、调和漆、底漆），加有大量颜料的稠厚浆状体称为腻子。如图 6—1 所示。

1. 成膜物质

成膜物质具有能粘着于物面形成膜的能力，因而是涂料的基础，有时也叫做基料和漆料，它主要有以下种类：

（1）油料

用于涂料的油料主要是各种植物油，其主要组成是甘油三脂肪酸酯，包括月桂酸、硬脂酸、软脂酸、油酸、亚油酸、亚麻酸、桐油酸、蓖麻油酸等。根据它们的干燥性质，又可分为干性油、半干性油和不干性油。早期的涂料，人们都是用天然油脂为基料进行调配而成。它们的特点是原料易得，涂刷流动性好，有较强的渗透力，膜层具有一定伸缩性，但由于天然油脂存在许多缺点，如耐酸、耐碱性差，不耐磨，干燥速度慢等。因此，二次大战后逐渐被以后出现的各种树脂所代替。

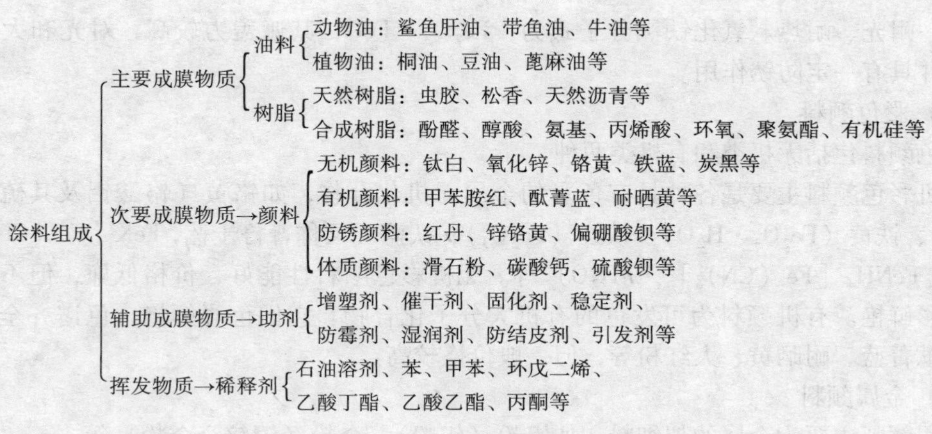

图 6—1　涂料的组成

（2）树脂

按树脂的来源可分为天然树脂和合成树脂。

用于涂料的天然树脂有松香及其衍生物、纤维素衍生物、氯化天然橡胶、沥青等，由于松香软化点低，故常将松香与石灰、甘油、顺丁烯二酸酐反应制得松香衍生物，然后与干性油炼成涂料，其涂膜硬度、光泽、耐水性方面有很大改观，常用于普通家具门窗、金属制品的涂装。纤维素包括硝酸纤维素、醋酸纤维素、乙基纤维素等，它们制成的涂料干燥迅速，涂膜光泽好，坚硬耐磨。氯化橡胶制的涂料耐化学性、耐水性、耐久性都较好，但不耐高温和油。沥青则常用于制造各种金属及木材的防腐涂料，它的耐水性和耐化学性都较好。

合成树脂是目前涂料工业中大量使用的成膜物质，它们通常是无定形、半固体或固体的聚合物。常用的合成树脂有酚醛树脂、醇酸树脂、氨基树脂、丙烯酸树脂、环氧树脂、聚氨酯树脂等。由于合成树脂的发展，为涂料工业提供了广泛的新型原料来源，它们制成的涂料在耐化学性、耐高温、耐老化、耐磨性、耐水、耐油性及光泽度等方面达到了天然树脂根本无法实现的程度。

2. 颜料

颜料是为了赋予涂膜许多特殊性质，如使涂膜呈现色彩，遮盖被涂物表面，增加厚度和光滑度，提高力学强度、耐磨性、附着力和耐腐蚀性等，它们通常是固体粉末，自己本身不能成膜，但溶剂挥发后会留在涂膜中。常用的颜料有以下种类：

（1）白色颜料

白色颜料主要有钛白、锌白和锌钡白。

钛白的化学成分是二氧化钛（TiO_2），其遮盖能力非常好，耐光、耐热、耐酸碱，无毒性，是最常用的白色颜料。锌白即氧化锌，它着色力较好，不易粉化，但遮盖力较小。锌钡白又称立德粉，是硫化锌和硫酸钡的混合物，遮盖力和着色力仅次于钛白，缺点是不耐酸，不耐暴晒，不宜用于室外涂料。

（2）黑色颜料

黑色颜料主要有炭黑和氧化铁黑。

炭黑是一种疏松而极细的无定形炭末，其有非常高的遮盖力和着色力，化学性质稳定，耐酸碱、耐光、耐热。氧化铁黑分子式为：$Fe_2O_3 \cdot FeO$，其遮盖力较高，对光和大气作用稳定，并具有一定防锈作用。

（3）彩色颜料

彩色颜料包括无机类和有机类两种。

无机彩色颜料主要是各种具有色彩的金属无机化合物，如铬黄（铬酸铝及其硫酸铝的混合物）、铁黄（$Fe_2O_3 \cdot H_2O$）、铁红（Fe_2O_3）、铁蓝（又称普鲁士蓝，$FeK[Fe(CN)_6] \cdot nH_2O$ 或 $FeNH_4[Fe(CN)_6] \cdot nH_2O$）等。无机彩色颜料性能好，价格低廉，但不及有机颜料色彩鲜艳。有机颜料为可发色的有机大分子化合物，它们色彩鲜艳，色谱齐全，性能好，如酞菁蓝、耐晒黄、大红粉等，但一般价格较高。

（4）金属颜料

金属颜料主要为金属的超细粉，如银粉（铝粉）、金粉（铜锌合金粉）等。

（5）体质颜料

体质颜料又称填料，用于增加涂膜的厚度和体质，提高涂料的物理、化学性能，常用的有重晶石粉（天然硫酸钡）、碳酸钙、滑石粉、石英粉等。

（6）防锈颜料

防锈颜料主要用于防锈涂料中，它们的化学性质较稳定，例如氧化铁红、石母氧化铁、石翠、红丹（Pb_3O_4）、锌铬黄、偏硼酸钡、铬酸银、磷酸锌等。

3. 助剂

涂料中应用的助剂很多，它们的用量一般很小，但对涂料的性能却有很大的影响。若按其功能分，可有以下种类：

（1）催干剂

催干剂是一种能加速涂膜干燥的物质，对干性油膜的吸氧、聚合起催化作用。常用的催干剂是钴、锰、铅、铁、锌和钙等的金属氧化物、盐类和它们的有机酸皂，如环烷酸钴等。

（2）增塑剂

它们是一类与成膜物质具有良好相溶性而不易挥发的物质，其作用是增加涂膜的柔韧性、强度和附着力。常用的增塑剂如邻苯二甲酸二丁酯、邻苯二甲酸二辛酯、磷酸三苯酯、氯化石蜡等。

（3）表面活性剂

表面活性剂又称润湿剂和分散剂，它们能改善液体和固体的表面张力，增加液体与固体表面的润湿性，促进固体粒子在液体中的悬浮，使分散体稳定的有脂肪酸皂、磺酸盐阴离子表面活性剂和烷基酚聚氧乙烯醚类非离子表面活性剂等。

另外还有防沉剂、防结皮剂、防霉剂、消光剂、抗静电剂和消泡剂等。

二、涂料的分类

涂料的分类方法很多，通常有以下分类方法。

按涂料的形态可分为水性涂料、溶剂性涂料、粉末涂料、高固体分涂料等；按施工方法可分为刷涂涂料、喷涂涂料、辊涂涂料、浸涂涂料、电泳涂料等；按功能可分为装饰涂料、防腐涂料、导电涂料、防锈涂料、耐高温涂料、示温涂料、隔热涂料等；按成膜外观可分为大红漆、有光漆、亚光漆、半亚光漆、皱纹漆、锤纹漆等；按用途可分为建筑涂料、电气绝缘涂料、汽车涂料、飞机涂料、船舶涂料、木器涂料、桥梁涂料、塑料涂料、纸张涂料等。

按成膜物质为基础来进行分类，是目前我国最普遍的一种分类方法。以成膜物质中起决定作用的一种树脂为分类依据，可将涂料分为18大类，其中最后一类为辅助材料，包括稀释剂、催干剂、脱漆剂和固化剂等，见表6—1。

表6—1　　涂料的分类

序号	代号	类别	主要成膜物质
1	Y	油性漆类	天然动物油、清油（熟油）
2	T	天然树脂漆类	松香及其衍生物、虫胶、乳酪素、动物胶、大漆及其衍生物
3	F	酚醛树脂漆类	改性酚醛树脂、纯酚醛树脂、二甲苯树脂
4	L	沥青漆类	天然沥青、石油沥青、煤焦沥青、硬质酸沥青
5	C	醇酸树脂漆类	甘油醇酸树脂、季戊四醇酸树脂、其他改性醇酸树脂
6	A	氨基树脂漆类	脲醛树脂、三聚氰胺甲醛树脂
7	Q	硝基漆类	硝基纤维素、改性硝基纤维素
8	M	纤维素漆类	乙基纤维、苄基纤维、羟甲基纤维、醋酸纤维、醋酸丁酸纤维、其他纤维酯及醚类
9	G	过氧乙烯漆类	过氧乙烯树脂、改性过氧乙烯树脂
10	X	乙烯漆类	氯乙烯共聚树脂、聚醋酸树脂及共聚物、聚乙烯醇缩醛树脂、聚四乙烯乙炔树脂、含氟树脂
11	B	丙烯酸漆类	丙烯酸酯树脂、聚醋酸乙烯及其改性树脂
12	Z	聚酯漆类	饱和聚酯树脂、不饱和聚酯树脂
13	H	环氧树脂漆类	环氧树脂、改性环氧树脂
14	S	聚氨酯漆类	聚氨基甲酸酯
15	W	元素有机漆类	有机硅、有机钛、有机铝等元素有机聚合物
16	J	橡胶漆类	天然橡胶及其衍生物、合成橡胶及其衍生物
17	E	其他漆类	未包括以上所列的其他成膜物质、无机高分子材料、聚酰亚胺树脂
18		辅助材料	稀释剂、防潮剂、催化剂、脱漆剂、固化剂

涂料的命名原则规定：命名＝颜料或颜色名称＋成膜物质名称＋基本名称。例如，红醇酸磁漆，锌黄酚醛防锈漆等，对于某些专业用途及功能特性产品，必要时在成膜物质后再加以说明。例如，醇酸导电磁漆，白硝基外用磁漆。

第二节　涂料的使用

一、涂料的功用

当今涂料的生产广泛采用石油工业、炼焦工业、有机合成化学工业等部门的产品为原料，其品种越来越多，应用范围也不断扩大，逐步形成了一个独立的、重要的生产行业，其功用包括四个方面。

1. 保护作用

金属、木材等材料长期暴露在空气中，会受到水分、气体、微生物、紫外线等的侵蚀而逐渐被毁坏。涂料能在物件表面形成一层保护膜，防止材料磨损和碰撞以及隔绝外界的有害影响。对金属来说，有些涂料还能起到缓蚀作用，例如，磷化底漆可使金属表面钝化，富锌底漆则起到阳极保护作用。一座钢铁结构的桥梁如果不用涂料，只有几年寿命，若用涂料保护并维修得当则可以使用几百年以上。

2. 装饰作用

随着人们物质文化生活的不断提高，对商品的外表及包装要求档次越来越高，尤其是对如钟表、自行车、家具、电器等日用消费品，其外观的装饰好坏直接影响到商品的价格，对于机器和设备，涂料不但可使其美观，更可方便清洗和擦拭。

3. 功能作用

涂料还具有某些特殊功能，如船舶被海洋生物附殖会影响航行速度，加速船体的腐蚀，涂上专用的涂料，海洋生物就不再附殖。电器设备涂上导电涂料，可移去静电，绝缘涂料可起绝缘作用。电阻大的涂料可用于加热、保温。侦察飞机需涂上能吸收雷达波和红外线的涂料，航天器需涂上吸收和反射辐射能的涂料。另外还有示温涂料、感湿涂料等。

4. 色彩标志作用

涂料可作为管道、机械设备上的标志，比如蒸汽管用红色、上水管用绿色、下水管用黑色，以使操作人员易于识别和操作。工厂的化学品、危险品也用涂料做标志，另外道路的画线标志，交通运输部门通常用不同色彩来表示警告危险、前进、停止等信息，以保证安全。目前国际上对涂料作标志正逐渐标准化。

二、涂料的使用

一种性能优良的涂料，必须具备两项最基本的要求：一是要与被涂物能很好黏结，并且具有一些相应的物理化学性能；二是涂膜应具有相应良好的固化过程。

1. 涂料的黏结力和内聚力

一般来说，低极性、高内聚力的物质（如聚乙烯）有很好的力学性质，但黏结力很差，这种物质由于不能黏附在基质上，且常常很难溶解，因此不能作为涂料。而有低内聚力的物质具有低黏度薄膜完整性，例如，高黏度的压敏胶，几乎可以黏附在任何基质上，但却不能给被黏附物提供任何保护作用，这种黏附膜对摩擦几乎没有任何抵抗力，不具备硬度和张力强度，没有对溶剂的抵抗力和抗冲击强度，而且对气体是可渗透的，这些性质都是由于它是低内聚力物质，因此，也不能作为涂料。

一种物质作为涂料的另一个条件是应该具有尽量小的收缩性，当溶剂（也可是水）蒸发时，高分子薄膜必然收缩，对于不饱和聚酯或环氧树脂涂料使用时会发生聚合，也就是固化。高分子固化时伴随着收缩，收缩引起了张力，破坏了黏合，造成薄膜从基质上剥离。假如粘合力很强，它就能收缩平衡，颜料和其他填充剂特别是无机化合物也有相同的作用，如果薄膜有一定伸缩性，即内聚力较小，收缩也小。例如，环氧树脂的黏结力强，收缩性小，而不饱和聚酯的收缩性则较大。

2. 涂膜的固化机理

涂膜的固化机理有两种类型，第一类为物理固化，第二类为化学型固化。

（1）物理固化

物理固化是一种物理干燥过程，依靠涂料中液体（溶剂或分散相）蒸发而得到干硬涂膜层的干燥过程，聚合物在制成涂料时已经具有较大的相对分子质量，失去溶剂后就变硬而不黏，在干燥过程中，聚合物不发生化学反应。

（2）涂料与空气发生反应交联固化

氧气能与干性植物油和其他不饱和化合物反应而产生游离基并引起聚合反应。水分也能和异氰酸酯发生聚合反应，这两种反应都能得到交联的涂膜。

（3）涂料组分之间发生反应的交联固化

涂料在储存期间必须保持稳定，可以用双罐装涂料法或是选用在常温下不发生反应，只是在高温下或受辐射时才发生反应的组分。

第三节　常用的涂料品种

一、油脂漆类

油脂漆是以具有成膜能力的油类制造的油漆的总称，它是一种较为古老而又是最基本的油漆材料。油脂来自植物种子和动物脂肪，在涂料工业中用的最多的是植物油，如亚麻仁油、桐油、椰子油等。

油脂是油脂漆的主要部分，它是由不同种类的脂肪酸的混合甘油酯组成的。我国有丰富的油脂漆的原料，成本较低，使用方便，有较佳的渗透力，涂层虽经干燥，而迟缓的氧化过程仍在进行，直到涂层老化为止，故有一定的室外耐候性，但由于它干燥较慢，且不耐酸碱和溶剂，故目前已使用不多。

二、天然树脂漆类

天然树脂是以干性植物油与天然树脂经过热炼后制得的涂料，加有颜料、催干剂、溶剂，可分为清漆、磁漆、底漆、腻子等。从成膜物质组成来看，主要是干性油和天然树脂两部分，其中干性油赋予漆膜韧性，树脂则赋予漆膜以硬度、光泽、快干性和附着力，因此，天然树脂漆的性能较油脂漆有所改进。

作为天然树脂漆的天然树脂主要有松香、沥青、虫胶等。所用油脂有桐油、梓油、亚麻仁油、豆油及脱水蓖麻油等。天然树脂漆的生产方法主要是热炼法，即是将精制干性油或聚合油与树脂在高温下进行反应，使油和树脂互相结合起来，并聚合成高分子，达到一定程度后，冷却并加入溶剂稀释，再经过滤，便制成漆料。如要制成清漆，则在炼制的漆料中加入催干剂，如制磁漆，则还需加入颜料、体质颜料等。根据确定的配方不同，可分别制成有光漆、半亚光漆、亚光漆和底漆等。

天然树脂漆施工简便，原料易得，制造容易，成本较低，与油脂漆相比，其保护与装饰性能有所提高，可广泛应用于质量要求不高的家具、民用建筑、金属制品的涂覆，其最大缺点是耐久性不好，故不能做高级涂层。

三、醇酸树脂涂料

醇酸树脂涂料是以醇酸树脂为主要成膜物质的涂料。它是以多元醇、多元酸和脂肪酸（油脂）为原料，通过酯化作用缩聚制得的，也称为聚酯树脂。醇酸树脂可以制成清漆，也可制成色漆。醇酸树脂涂料干燥后形成高度的网状结构，不易老化，耐候性好，光泽能持久不褪，漆膜柔韧而坚牢，并耐摩擦，抗矿物油、抗醇类溶剂性良好，烘烤后的漆膜耐水性、绝缘性、耐油性都大大提高，而且它与其他各种树脂的混溶性好。因此，可与其他树脂混合使用以提高和改进涂层的物理和化学性能。所以醇酸树脂涂料在涂料工业中是产量最大、品种最多、用途广泛的优良涂料。

四、丙烯酸树脂涂料

丙烯酸树脂涂料一般是应用甲基丙烯酸酯与丙烯酸酯的共聚树脂制成涂料。为了改进共聚树脂的性能和降低成本，在配方组成上除了采用甲基丙烯酸酯、丙烯酸酯外，往往还采用一定比例的其他不饱和烯烃单体与之共聚，如丙烯腈、（甲基）丙烯酰胺、（甲基）丙烯酸、醋酸乙烯、苯乙烯等。由于制造树脂时所用单体不同，丙烯酸树脂涂料可分为热塑性涂料和热固性涂料两大类。

丙烯酸树脂涂料是一种性能优异的新型涂料，它具有优良的色泽，可制成水白色清漆及色泽纯白的磁漆，其有良好的保色保光性能，在大气及紫外光照射下，不易发生断键、分解或氧化等化学变化，因此，其颜色及光泽可长期保持稳定。它耐热性能良好，热塑性丙烯酸涂料一般可在180℃以下使用，热固性丙烯酸涂料耐热性能更好。另外，丙烯酸树脂涂料耐化学性能良好，可耐酸、碱、醇、油脂及盐雾、湿热等。它可制成中性涂料调入金粉、银粉，可改变配方和工艺，通过自身交联和外加交联剂来控制漆膜的硬度、柔韧性、抗冲击强度、耐水抗油性等。丙烯酸树脂涂料广泛应用于航空、汽车、机器仪表、建筑轻工产品的涂饰，如在电冰箱、医疗器械、电风扇、缝纫机、自行车、家具以及皮革行业等作涂饰剂。

丙烯酸树脂还可以用来制造无毒、安全的水乳胶涂料及水溶性涂料，这是涂料工业发展的方向，如丙烯酸—醋酸乙烯酯乳液是我国建筑涂料使用较多的乳液品种。此外丙烯酸树脂还可作为其他树脂的改性剂，以提高它们的保色保光性能及其他性能，如丙烯酸改性醇酸树脂就可改进醇酸树脂的干燥速度、颜色和光泽的耐久性。丙烯酸树脂可作为氯乙烯涂料和硝基涂料的中间涂层，以解决这两种涂料之间粘附不牢的缺点。

丙烯酸树脂涂料是一种比较新型的涂料，虽然目前在涂料总产量中所占比重不是很大，但是由于石油化工的迅速发展，合成丙烯酸树脂的单体品种大大增加，成本也大幅度下降，丙烯酸树脂涂料将成为发展最快的合成树脂涂料之一。

五、聚氨酯树脂涂料

聚氨酯树脂是以多异氰酸酯和多羟基化合物反应制得的含氨基甲酸酯的高分子化合物。聚氨酯涂料具有以下特点：涂膜坚硬耐磨、韧性强、柔性好，有优异的耐化学腐蚀性能，良好的耐油、耐溶剂性，涂膜光亮丰满，其有较好的耐热性和附着力。它可用于室内家具、地板的装饰，也可用于金属、水泥表面及橡胶、皮革等方面的装饰。聚氨酯涂料也有一些缺点，如用芳香族甲苯二异氰酸酯制成的聚氨酯涂料保光、保色性差，涂膜长期暴露于阳光下，易失光失色，但用脂肪族聚氨酯涂料则无此缺点。

六、环氧树脂涂料

环氧树脂种类很多，目前产量最大、用途最广的是由环氧氯丙烷与双酚 A 在碱性条件下合成的双酚 A 环氧树脂。

环氧树脂涂料就是以环氧树脂为基料，再加入其他树脂及固化剂等辅料配合而成，它可以做成烘干型、气干型和光固化型等。其固化剂可以是多元胺类，如乙二胺、二乙烯三胺、聚酸胺类以及合成树脂类。

环氧树脂可以和含羟基的树脂交联，制成如环氧酚醛树脂涂料，它的抗化学性很好，但色泽较差，常用于罐头的容器内壁涂层，也可制成环氧脲醛树脂涂料。它的抗化学性和色泽较好，常用作金属卷材底漆。环氧树脂可以和含羟基的树脂交联，发生酯化反应，制成如环氧丙烯酸树脂涂料，可提高耐用性，常用于家具涂层。由环氧树脂改性的丙烯酸酯水乳液可提高涂层硬度，改善乳胶漆的回黏性。它与硅溶胶配制的复合涂料，即体现了硅溶胶的强附着力，又显示了环氧树脂的高黏结力，加之聚丙烯酸酯的优异保光、保色性，使涂膜的综合性能大为提高。

环氧—三聚氰胺甲醛—醇酸树脂涂料黏着力高，柔韧性好，并抗腐蚀、抗水、抗划痕、抗磨，常用于家具涂饰。环氧树脂粉末涂料是一种新型品种，它采用高相对分子质量的固体环氧树脂，再加入交联剂（如氨基树脂、聚酰胺树脂）以及固化剂颜料、填料等其他助剂，使用时经喷涂后高温烘烤成为涂膜。粉末涂料附着力强，耐腐蚀，无溶剂毒性，公害小，便于实现流水线自动化施工，已成为涂料工业中一门独立的门类。

七、聚乙烯树脂涂料

在聚乙烯树脂涂料中，聚醋酸乙烯系列涂料是其中最主要的品种，它多为乳液型。聚醋酸乙烯过去由乙炔和乙酸合成，而目前则由乙烯合成生产。

聚醋酸乙烯可以做成均聚型乳胶涂料，它是以醋酸乙烯为单体，加入引发剂、乳化剂、胶乳保护剂，在一定温度和条件下进行聚合，最后加入增塑剂、消泡剂、填料、色料，再经研磨而成，此种涂料大量用于建筑物内的平光涂料。它制造容易，价格较低，但耐水、耐候、耐擦性较差，目前已逐渐被别的涂料所代替。

醋酸乙烯与顺丁烯二酸二丁酯共聚，制成共聚乳液，由于起到内增塑作用，与均聚乳液相比，共聚乳液的耐碱性、耐候性提高，可适合于制成建筑室外用涂料。醋酸乙烯与丙烯酸酯共聚所得共聚乳液耐水性、耐碱性、耐光性、耐候性都比较优越，另外在共聚液中引入官能团单体，如三羟甲基丙烷三丙烯酸酯和引入含氮单体，如甲基丙烯酸氨基乙酯，可增强涂膜的附着力，它可用于制成建筑内用或外用平光、半亚光或高光的乳胶涂料。在醋酸乙烯系乳液涂料中，醋酸乙烯—丙烯酸共聚乳液涂料目前具有较重要的地位。

八、特种涂料

由于应用部门使用涂料的目的不同，要求一些涂料除了具有一般的装饰和保护作用外，还应具有其他特殊的功能，这些涂料在组成和使用的原料上与一般的涂料有所不同，习惯上称此品种为特殊涂料。现在普遍使用的有美术漆、船舶漆、绝缘漆、耐高温漆、防水漆、示温漆等品种。

1. 美术漆

此种涂料是为了装饰物件表面而得到美丽的图案花纹。它不是由描绘制成，而是由涂料本身经过施工而自然形成，此种涂料称为美术漆。

（1）皱纹漆

它的涂膜经干燥后会形成美丽有规则的皱纹，起到装饰外观、隐蔽物件粗糙表面的作用。常用的有油基漆料和醇酸树脂制成的皱纹漆，它们的漆料中含有聚合度不够的桐油和较多的钴催干剂，由于桐油聚合度不够，经过烘烤就易于起皱，同时较多的钴催干剂，使涂膜表面干得快，里层干得慢，增加了涂膜起皱的效应；另外还有乙烯基树脂皱纹漆，则是由于加入了如聚二甲基丙烯酸乙二醇酯的作用，而使涂膜产生皱纹。

（2）锤纹漆

这种漆膜干固后形成如同锤击金属表面形成均匀花纹而得名。其涂膜是光滑的，但直观效果具有凹凸不平的感觉，不像皱纹漆真的是皱折不平。这种漆用不浮型铝粉和快干、较稠、不易走平的漆料制成，利用的溶剂挥发得快，在涂料干燥时使涂膜形成旋涡状，铝粉随旋涡固定，形成盘状，再加上施工时采用喷溅操作而形成锤击花纹。

2. 船舶涂料

船舶由于长期在内河或海洋中航行，受河水及海水长时间浸蚀，环境非常苛刻，为了保护船体，延长寿命，需要各种特殊涂料。

（1）水线漆

水线漆是涂饰在船舶水线附近船壳的专用漆，这部分漆有时在水下，有时露出水面，所以这些漆既要能抵抗海水的浸蚀，又能耐风吹暴晒，耐摩擦冲击。一般采用酚醛树脂或醇酸树脂涂料配制，聚氯乙烯—醋酸乙烯树脂、氯化橡胶或环氧树脂也是常用的原料。

（2）船底防锈漆

船底防锈漆是涂刷船底部分的底层漆，用以防止钢板锈蚀，常用的有沥青、酚醛树脂、聚氯乙烯—醋酸乙烯树脂、氯化橡胶和环氧树脂等类型涂料。这些涂料具有防锈能力强，附着坚牢，抗水性强，耐海水浸蚀的优良性能。其中环氧富锌底漆和无机富锌底漆的性能是目前较突出的，一般寿命可达十几年。

（3）船底防污漆

船底防污漆是涂刷在船底用以杀死附在船底的海洋生物，防止船底被腐蚀。这种漆含有毒剂，可以慢慢释放出来，使附着的生物中毒死亡，而不再附殖。如常用的毒剂是铜、汞的化合物，或者为有机锡化合物、滴滴涕、六六六、甲酚等。近年来，荷兰西格玛涂料公司研制成功了新型不含锡的防污涂料，它的抛光性与现有的含锡涂料相同，但其防缩孔性和防开裂性大大优于其他含锡的防污涂料。

3. 绝缘涂料

这是涂饰电动机、电线以及电工器材的一类专用涂料，它们的涂膜要求具有良好的绝缘能力、耐热能力，良好的力学性能，即附着力强，柔韧性好，硬度高，耐摩擦，并具有良好的耐化学性、耐水性、耐溶剂性、耐油性能等。常用的绝缘漆为漆包线漆和浸渍漆。

过去常用的漆包线漆为油基清漆和酚醛清漆，但它们的涂膜强度较差。聚乙烯醇缩醛树脂漆和聚氨酯漆包线漆的强度和耐热性较好，对苯二甲酸酯漆则是目前使用比较广泛的品种，而最近用聚酰亚胺树脂制造的漆包线漆性能更为优越，它可在220℃下长期使用，同时具有优良的抗辐射性能，耐水和耐溶剂性，能适合于原子能工业和宇宙航空的需要。

适合做浸渍漆的品种也很多，虫胶清漆、沥青清漆是最早用来做浸渍漆的，它们的耐热度低，使用量较小，而使用酚醛树脂、氨基树脂、醇酸树脂、环氧树脂、聚氨酯等制作的浸渍漆耐热度较高，要使耐热度再高，可使用有机硅树脂清漆、聚酰亚胺树脂。目前的浸渍漆都是几种树脂合用，互相改性，取长补短，以满足不同要求。

4. 耐高温涂料

耐高温涂料通常在工业上是涂刷各种加热设备，如锅炉热交换器、烟囱等。这方面的耐热要求不太高，因此，一般是用酚醛树脂、醇酸树脂等涂料加入铝粉、石墨等耐热色料制成。随着航天、航空工业的发展，需要耐特高温度的涂料，这就促进了耐高温涂料的迅速发展。

近年来，通用的耐高温涂料是用有机硅树脂和有机钛树脂制成的。有机硅树脂制成的耐高温涂料能在250~300℃温度保持一定时间，加入铝粉制成色漆后，耐温可提高到500℃左右。在有机硅树脂中加入磁粉，可将耐温性更加提高。在有机钛树脂中加入金属色料后，耐温可达500～700℃，但它的耐候性比有机硅树脂差。最近为了适应更高的耐高温要求，又发展了杂环高分子聚合物高温涂料，已采用的有聚酰亚胺树脂、聚苯并咪唑、聚苯并吡酮、聚苯并噻唑等，这些聚合物一般耐高温可达600～700℃。

5. 防火涂料

防火涂料主要用于易着火的物件表面，如仓库、油轮等。当物体表面遇火时，能在一定时间内延缓燃烧的发展，防止火势蔓延，但它不能阻止燃烧或消灭火灾。防火涂料一般是采用不燃烧或难燃烧的树脂制成，常用的有过氯乙烯树脂、氯化橡胶、聚氯乙烯—醋酸乙烯树脂、酚醛树脂、氨基树脂等，另外，如丙烯酸乳液、醋酸乙烯乳液也可。最近根据溴化氢能抑制火焰生成，中断燃烧的道理，制造出一些新型树脂。如用四溴苯二甲酸酐制成的醇酸树脂，它在受热时能分解出溴化氢，使火焰熄灭，这种树脂称为自熄性树脂。

为了得到更好的效果，防火涂料中常加入适当的辅助材料，以改善防火的效果。可在涂料中加入能产生不燃烧气体（如二氧化碳、氨）的辅料，这些气体可隔断空气，以达到熄火的目的。这类材料有氯化石蜡、五氯联苯、磷酸铵、磷酸二甲酚等，也可在涂料中加入低熔点无机化合物，遇火熔化成玻璃层，以隔绝火路，如硼酸钠、硅酸钠、玻璃粉等。还可在涂料中加入遇热生成不可燃烧泡沫层的材料，使火源隔断，常用的发泡剂有硼酸锌、磷酸二氢铵、淀粉等。

随着宇航科学的发展，对防火涂料提出更高的要求，要求能耐更高温度和延长更长时间，并在阻燃的同时又能保护底层温度处于较低范围。防火涂料的研究在不断深入进行。

6. 示温涂料

示温涂料的涂膜遇热时，可在一定温度范围内改变颜色，用来指示被涂物体的温度，能起到警示和指示操作的作用。如某些长期处于运转机器的外壳，涂了示温涂料以指示机器是否过热。现在有些防伪商标的制作也加入示温涂料，用手触摸即可使其变色，以防假冒。在幼儿的奶瓶的制作上利用示温涂料在不同温度下显色的作用，可显示瓶中奶的温度是否适合于儿童吸吮。

示温涂料之所以能变色，是由于在涂料中加入了一些遇热变色的化合物，它们可分为两种：一种叫做可逆性示温涂料，它的涂膜颜色遇热达到一定温度时会变成另一种颜色，撤温后又能恢复到原来颜色。如碘化汞、碘化铜复盐，在常温下为胭脂红色，在65℃变为咖啡色，温度降低，又恢复原色。另一种叫不可逆示温涂料，它的涂膜遇热达一定温度后变色，温度再降低，颜色不再恢复。如加有氧化铁红的涂料，原来为黄色，在280℃变为红色，温度再降低，颜色不再恢复。

示温涂料所用的漆料应选用无色或浅色的，以不影响涂膜颜色的变化为要，常用的是油基颜料和醇酸树脂、氨基树脂、丙烯酸树脂等。

第四节　涂料工业发展分析

世界涂料工业发展，正在本着力求符合“4E”原则的方向发展，即经济（Economy）、效率（Efficiency）、生态（Ecology）、能源（Energy）。随着社会的发展和科技的进步，人们生活水平的不断提高，环境保护的意识逐渐增强，对资源的利用越来越珍惜，对涂装产品质量要求越来越高，多方面因素促进涂料工业朝着高性能、高保护、低污染、低消耗的方向发展。

一、涂料工业的行业发展

科技水平的不断提高，为涂料工业提供了多种新型原材料和技术装备，促使涂料工业的生产水平和技术水平得到迅速提高。目前使用涂料最广泛的航空、造船、车辆、机械、电器制造、电子工业等部门，都在高速发展，这就对作为保护、装饰材料的涂料产品提出了更高要求。如航空工业要求涂料工业提高适应超音速飞行，具有高度耐磨性、耐高温性、耐骤冷性和耐热的涂料品种；空间技术方面要求提供耐几千度高温，耐宇宙射线辐射的涂料；电子工业要求耐高温的绝缘材料；造船工业要求具有高度耐腐蚀和使用寿命更长的船舶涂料，如长效无毒的船底防污涂料等；汽车工业要求提供适应在提高行驶速度和在各种气候环境下，都具有优良保护、装饰性能的涂料；石油化工、机械制造等方面要求提供高度耐化学品腐蚀的涂料等。

我国的涂料工业今后将有四大发展趋势。一是企业向专业化、规模化、集团化方向发展；二是产品向高科技含量、高质量、多功能方向发展；三是品种向环保型、节能型方向发展，其中低污染、低能耗、水性化、高固含量、粉末化乃是今后涂料产品的发展方向；四是产品逐步走出国门，参与国际竞争，将与“洋涂料”一决雌雄。我国涂料工业是一个极具发展潜力的产业，前景十分广阔。只有不断优化涂料工业的技术结构、产品结构和企业组织结构，通过技术创新、管理创新和品牌创新来全面提高我国涂料工业的发展速度，才能使我国涂料工业由大变强、靠新出强，为国民经济和城乡建设的发展做出更大的贡献。

当今的涂料产品广泛以石油工业、炼焦工业、有机合成化学工业等部门的产品为原料，品种越来越多，应用范围也不断扩大，涂料工业已经成为化学工业中一个重要的独立生产工业部门。

二、涂料工业的技术发展

世界工业涂料向环保型涂料方向发展的趋势已经形成，传统的低固体分涂料由于存在大量有害溶剂挥发物，受到世界各国 VOC 法规限制，产量将逐渐下降，最终将逐步被淘汰，其占有率将由 2000 年的 30.5% 下降到 2010 年的 7%，而无污染、环保型的水性涂料、粉末涂料、高固体分涂料等将成为涂料的主角。

1. 水性涂料

水性涂料所用的树脂是以水为载体合成的，目前广泛应用的有水性丙烯酸涂料、水性聚氨酯涂料、水性环氧树脂涂料、水性紫外光固化涂料等。与溶剂型涂料相比，它最大的优点就是 VOC 含量较低、无异味、不燃烧且毒性低，优越性十分突出。因此，近十年来，水性涂料在一般工业涂料领域的应用日益扩大，随着水性树脂生产技术的进步和发展，使得水性涂料逐步替代溶剂型涂料成为可能。随着各国对挥发性有机物及有毒物质的限制越来越严格，以及树脂和配方的优化和适用助剂的开发，预计水性涂料在用于金属防锈涂料、装饰性涂料、建筑涂料等方面替代溶剂型涂料将取得突破性进展。

水性涂料代表着低污染涂料发展的主要方向。为了不断改善其性能，扩大其应用范围，近半个世纪以来国内外对水性涂料进行了大量的研究，其中无皂乳液聚合、室温交联、紫外光固化以及水性树脂的混合是目前该领域研究的热点，并将成为水性涂料发展的关键技术。

2. 粉末涂料

在涂料工业中，粉末涂料属于发展最快的一类。由于世界上出现了严重的大气污染，环保法规对污染控制日益严格，要求开发无公害、省资源的涂料品种。因此，无溶剂、100%地转化成膜、具有保护和装饰综合性能的粉末涂料，便因其具有独有的经济效益和社会效益而获得飞速发展。

粉末涂料是一种由树脂、颜料、填料及添加剂等组成的粉末状物质，其中作为主要成膜物质的树脂组分可以是一种树脂及其固化系统也可以是几种树脂混合物。粉末涂料的主要品种有环氧树脂、聚酯、聚酯丙烯酸和聚氨酯粉末涂料。近年来，芳香族聚氨酯和脂肪族聚氨酯粉末以其优异的性能令人瞩目。随着科学技术的迅速发展，粉末涂料的类型和品种与日俱增，目前正在向制造工艺超临界流体化、色彩多样化、专用产品高端化、涂装薄膜化四化方向发展。

3. 高固体分涂料

在环境保护措施日益强化的情况下，高固体分涂料有了迅速发展。其中以氨基、丙烯酸和氨基—丙烯酸涂料的应用较为普遍。

4. 光固化涂料

辐射固化技术从辐射光源和溶剂类型来看可分为紫外（UV）固化技术、非紫外光固化技术、油性光固化技术、水性光固化技术。

辐射固化技术产品中80%以上是紫外线固化技术（UVCT）。随着人类环保意识的增强，发达国家对涂料使用的立法越来越严格，在涂料应用领域，辐射固化取代传统热固化必将成为一种趋势。

光固化涂料是一种不用溶剂、很节省能源的涂料，主要用于木器和家具等。最近又开发出聚氨酯丙烯酸光固化涂料，它是将有丙烯酸酯端基的聚氨酯低聚物溶于活性稀释剂（光聚合性丙烯酸单体）中而制成的。它既保持了丙烯酸树脂光固化涂料的特性，也具有特别好的柔性、附着力、耐化学腐蚀性和耐磨性。主要用于木器家具、塑料等的涂装。

5. 防腐涂料

防腐涂料总的发展趋势是在现有涂料的成果基础上，遵从无污染、无公害、节省能源、经济高效的原则发展高性能、多功能的防腐产品。

防腐涂料是涂料的重要品种。近年来，我国工业防腐涂料在传统防腐涂料的基础上开发了许多性能优良的新型防腐涂料，如高固体分涂料、长效防腐涂料、鳞片防腐涂料、粉末涂料、无溶剂涂料、水性防腐蚀涂料、含氟涂料等。此外，也开发了一些特种防腐涂料品种如高温防腐涂料、抗静电涂料、高弹性涂料、无毒涂料等。

6. 建筑涂料

建筑涂料是涂料工业的重要支柱，也是我国涂料行业发展最迅速的涂料。建筑涂料主要发展趋势有六个方面：高固体分涂料、水性涂料、粉末涂料、辐射固化涂料、超耐候性涂料和功能性涂料。

实现产品多功能化、装饰效果多样化、产品多功能化是建筑涂料行业长期以来的发展方向，必须研发各类功能性涂料，扩大建筑涂料应用范围，以满足市场的需求。

7. 汽车涂料

作为涂料工业的两大支柱（建筑涂料、汽车涂料）之一，汽车涂料增长速度迅猛，汽车的发展将推动汽车涂料在质量、产量和品种上迈上新台阶。随着国产轿车生产的迅速增长，轿车进口量急剧增加，国内汽车保有量与日俱增，中国汽车修补漆市场发展前景诱人。

8. 特种涂料

特种涂料主要包括防污涂料、阴极电泳涂料、氟碳涂料和保温涂料。

9. 涂装新技术、新工艺

目前应用较多和正在推广的涂装新技术、新工艺有阴极电泳涂装工艺、静电喷涂工艺、粉末静电喷涂工艺、高红外快速固化技术、反渗透（RO）技术、机械人喷涂技术等。

10. 其他方面

（1）涂料辅料

为了提高涂料的相关性能，涂料辅料起着重要作用，在涂料中扩大使用辅助材料对涂料的发展也显得越来越重要。这些辅助材料在今后将被更广泛地利用。

涂料辅料发展的主要推动力是日益严格的有机化合物排放法规，许多涂料已经被迫重新研究配方以求更加环保。因此，又产生了新的问题，比如凝固、发泡及施工固化困难等问题。涂料助剂的主要发展趋势如下：

1）乳化剂。应用水性相对分子质量低的聚合物替代传统乳化剂，实现无皂聚合；应用反应型乳化剂；应用功能型乳化剂。

2）流平剂。应用高效、相容性广泛、具有可重涂性、不含有机硅的流平剂。

3）分散剂。应用高分子分散剂和带有高效稳定基团的分散剂。

4）防污剂。应用高效低毒无锡防污剂、天然产品提取物防污剂和多功能防污剂。

5）防霉剂。应用高效、安全的防霉杀菌剂和混合杀菌剂。

6）引发剂。应用官能团引发剂，除引发自由基反应外，也参与固化反应；应用新型光敏引发剂。

7）消光剂。应用于低污染涂料，如水性、粉末、高固体、无溶剂涂料用消光剂；对光泽无影响的高分子蜡消光剂。

8）流变剂。应用酰胺蜡和微凝胶。

9）氟碳表面活性剂。开发价格适中的氟碳表面张力调节剂。

10）增稠剂。应用聚氨酯类增稠剂和综合性增稠剂。

（2）涂料用颜料

为了适应涂料的需要，涂料用颜料必须符合多重要求。它们必须具有强烈的色彩、高度可分散性，此外，根据不同用途，还需要其具有不褪色性、热稳定性以及耐候性和耐化学性。同时，采用无重金属的防锈颜料，如三聚磷酸铝、磷酸锌、云母氧化铁等防锈颜料，替代传统有毒的红丹、铬黄等铅铬系防锈颜料，使得涂料无毒、环境友好性和便于使用。

（3）其他添加剂

光敏剂和光增感剂是光固化涂料中特有的助剂。光敏剂是指吸收光能后能将能量转移给光引发剂的物质，大部分光敏剂为有机络合物吸收可见光区能量与光引发剂在不同的光谱部分吸收能量，因此，光敏剂与引发剂配合常能达到更有效利用光源的目的。光增感剂则可以产生抗氧化作用。提高固化速度常用的有胺类和酚类，将二者混合使用抗氧化效果显著增强。此外，其他涂料中用的分散剂、流平剂、消泡剂等助剂以及制备色漆的颜料等也必不可少。光固化涂料对这些助剂及颜料具有更高要求，必须考虑它们对紫外光固化体系聚合成膜过程及涂膜性能的影响。

（4）计算机的应用

计算机在涂料工业中的应用可使涂料配方改进、大工业生产、生产设施的设计最佳化，且能迅速解决涂料的研究、生产、应用和销售等方面所出现的技术和管理问题。随着涂料需求量和产品品种的增加，涂料生产工艺也需不断改进。改进的总趋势是进一步简化工艺过程，提高生产率，实现连续化、自动化生产。今后射流技术、可控硅技术、纳米技术等将在涂料工业中广泛应用，从而使生产的自动化程度达到新的水平。

第五节　着色涂料生产工艺

着色涂料，俗称色漆，由成膜物质、颜料、溶剂和助剂调制而成，用作面漆，起装饰、保护作用。有人说，涂料能美化世界，使世界五彩缤纷，主要靠着色涂料。

一、影响色漆性能的因素

1. 颜料

颜料是不溶性有色物质的小颗粒，制造色漆时，首先要求颜料能均匀地分散、稳定地存在漆料中。影响颜料分散及其稳定性的因素大致有以下方面：

（1）颜料的平均粒度及粒度分布

颜料颗粒的大小，不仅决定着颜料的特性，而且决定着色漆及其涂膜的质量。从颜料学性质出发，粒度并不是越小越好，而是有一个最低、最佳值。在该值以下，通常不是越细越好（特殊条件下，可能要求使用粗粒颜料）。同种颜料，其粒子越细，则表面张力越高，就越易分散、分散稳定性也好。同时，加强了颜色的主色调和亮度。当然，粒子越细，其吸油量越大。

对同种颜料而言，在一定范围内越细越好，粒度分布以较为集中且偏向于较细一侧为佳。过大粒子含量是颜料的重要指标之一，过大粒子是解聚集的主要对象。因此，最好尽量除去过大粒子颜料，若不除去，则对分散效果会有不良影响。经超细分散加工过的一些颜料，如钛白、铁红、滑石粉等，没有或很少有过大粒子，在分散操作中无需使用高剪切力的分散设备。

（2）颜料的粒子形态及粒子硬度

颜料的粒子形态对其分散稳定性的影响是显著的。针状及片状结晶的颜料在介质中均有良好的悬浮性质。粒子表面粗糙者比同类型表面光洁者易于润湿。硬度大的颜料不但不易分散，而且会给分散设备带来较大磨损。

（3）颜料中的水分

颜料的颗粒表面常吸附着一层薄薄的水膜，水分的存在，有时会影响颜料分散等特性，含水分太高，往往给涂料造成许多问题，如产生絮凝、返粗、变稠等现象。一般来说，颜料含水是一个对分散不利的因素。但有的颜料含有微量水分时反而适宜，如华蓝，过分干燥（含水1%以下）时，反而不易研磨，当其含水量为4%时最易于分散，但含水量高达8%时就出现返粗现象。

（4）颜料的吸油量

吸油量代表颜料的吸油能力（用规定方法测试100g 重的颜料耗用精制亚麻油的克数），其数值大小取决于颜料颗粒大小、分散程度及颗粒表面性能。吸油量直接决定着颜料与漆料配比的制定，因而是一项重要指标。

（5）颜料粒子表面性质

这是影响颜料分散及其稳定性的一个重大因素。颜料本身固有某种表面性质，表现为极性、电荷性等，决定着颜料的分散难易性乃至其分散稳定性。然而，对于任何颜料的表面性质均可人为予以改变，钛白就是表面改性得最多的例子。使钛白粒子覆以有机、无机（铝、锌、硅）等种种被覆层，从而得到适宜在不同介质中分散的改性品种。表面改性后的颜料，其分散难易程度、分散效率可以极大地提高，分散稳定性也能显著改善。

此外，颜料的一系列固有性能，如颜色、遮盖力（每遮盖 1 m^2 面积所需颜料的克数）、着色力、耐光性、粉化性、相对密度和比容、耐热性、耐溶剂性、耐酸碱性能等，都是在设计色漆配方时，颜料的选择所应考虑的因素，因为颜料的作用不仅仅是色彩和装饰性，更重要的作用是改善涂料的一系列物理化学性能。

2. 漆料

色漆的性能主要取决于漆料。底漆要求附着力好、与面漆结合力强；面漆则要求装饰性好、耐候性好、耐酸碱、耐热、耐磨等。

（1）漆料对颜料的黏结力

不同漆料对等量的某种颜料所表现出的黏结力有极显著的差异。纯净植物油及其加工品是对颜料黏结力最佳的漆料，醇酸树脂、丙烯酸树脂次之，其他漆料都比这些差。对颜料黏结力不佳的漆料，当添加过多颜料时，分散效果就不好，分散稳定性也差。若采用不适当的颜料与漆料比例，就会从涂层外观上鲜明地表现出问题来。

（2）漆料的黏度

漆料的黏度大小取决于固体分（黏结剂）的相对分子质量、溶剂的含量及其溶解力。从分散稳定性出发，通常以漆料黏度稍高为佳。但也不是绝对的，因高黏度漆料对颜料的湿润性不好，而分散设备也各有一定的黏度适应范围。黏度确定后，在考虑涂料中溶剂挥发性这一因素基础上相应选择分散设备。

（3）漆料的触变性质

使漆料具有某种触变性是对分散稳定性极为有利的因素。重力沉降粒子重新聚集，可因触变性的发生而大大减弱以得到杜绝。许多漆料自身拥有某种程度的触变性，在没有触变性的漆料中可以引入能够致使产生触变性的助剂。引入触变性是现代制漆技术的重大进展。

二、颜料的选择与配色

1. 颜料的选择

首先根据所指定的涂料色卡，参考涂料配色参考表，找出此色由哪几种基色配合而成及相应于几种基色的几种合适颜料；然后确定所需要的颜料的性能；接着用初选的颜料进行试验性配色；试涂样板，对比所指定的色卡进行调整，直至接近或完全达到色卡要求；对样板涂膜的性能进行测试。

在选择、确定颜料时，应了解所选颜料的性能数据，了解所需颜料的较详细的性能数据、制造厂、产品说明书以及颜料的色卡等。

2. 配色

配色要先懂得颜色配制的基本原理（光学原理）。物体（包括颜料）之所以有颜色，均为对光线不同程度的吸收和反射作用而形成的。日光由红、橙、黄、绿、青、蓝、紫七色构成，如果一物将日光全部吸收，视觉告诉我们是“黑色”，反之，全部反射则是“白色”。如果吸收一部分，则不能吸收那一部分就是物体的颜色。例如，铬黄是黄色的，是因为它吸收了日光中的青、蓝等颜色的光线，反射了橙、黄、绿等颜色的光线。根据同样原理，可以利用较少几种颜料，配成无数种色彩。

配色原则有三个方面：配色用的原色是红、黄、蓝三种，按不同的比例混合后可以得到一系列复色，如黄加蓝成绿，红加蓝成紫，红加黄成橙色等；加入白色，将原色或复色冲淡，得到“饱和度”不同的颜色（即深浅度不同），如淡蓝、浅蓝、天蓝、蓝、中蓝、深蓝等；加入不同分量的黑色，可以得到“亮度”不同的各种色彩，如灰色、棕色、褐色、草绿等。

配色的步骤大致如下：

（1）先要判断出色卡上颜色的主色和底色，颜色是鲜艳的还是萎暗的。

（2）根据经验并运用减色法配色原理，选择可能使用的颜料。

（3）将所选的每一种颜料分别分散成色浆，再分别配制成色漆，每种漆中只有单独一种颜料，将之称为单色漆料。

（4）将各种单色漆料以不同比例进行配合，直至得到所要的颜色，记下所用漆料的配比及其中颜料的比例。

（5）最终确定的色漆常常是由几种单色漆料配成的。如果将各种选定的颜料按确定的配比在同一研磨机中一起分散，往往能得到稳定的颜料分散体，即所谓“颜料的共分散”。若共分散得到的色泽与色卡稍有偏离，再用适量色浆或单色漆料来略加调整。

在现代化的大型涂料企业中，常用分光光度计或色泽仪，配以电子计算机来配色，其配色速度相当快。

表 6—2 列举了若干种颜色的配色配方（以硝基漆为准，也适合其他各类涂料中、同类涂料内各色的配制）：

表 6—2　　颜色的配色配方

复色	配色配方
橙红	47.3% 红 +52.7% 黄
玫瑰红	29.58% 红 +46.25% 白 +24.17% 紫红
橘黄	84.92% 黄 +15.08% 红
浅稻黄	65.4% 黄 +34.6% 铁红
棕色	2.95% 黄 +94.51% 铁红 +2.54% 黑
绿色	32.52% 蓝 +8.5% 黄 +58.98% 浅黄
草绿	24.66% 蓝 +26.02% 黄 +46.88% 铁红 +2.44% 黑
苹果绿	83.18% 白 +9.43% 浅黄 +7.39% 绿
湖蓝	87.85% 白 +4.80% 蓝 +1.69% 黄 +5.66% 浅黄
电机灰	91.25% 白 +1.25% 蓝 +3.50% 黄 +4.00% 黑
天蓝	93.55% 白 +6.45% 蓝
银灰	90.73% 白 +4.72% 黑 +1.30% 蓝 +3.25% 黄

三、色漆中颜料与漆料配比设计

颜料与漆料（基料）的比例，简称颜/基比，是色漆配方设计中的重要参数。在选定颜料和漆料之后，就要考虑颜/基比。涂膜的性能与成膜物质体积—颜料体积的比例有关，而与两者的质量关系不大。因此，生产中常以颜料体积浓度（PVC）来计算颜料漆料的用量：

$$\mathrm{PVC}=\frac{\text{所有颜料的真体积}}{\text{成膜物质体积}+\text{所有颜料的真体积}}$$

为了降低色漆成本，在满足光泽度的要求下，遮盖力越大越好，同时还应考虑色漆黏度适宜、颜料沉淀性小等要求。一般底漆、无光面漆的 PVC 较高，半光面漆次之，有光面漆的 PVC 较小；遮盖力大的颜料在干漆膜中的 PVC 小，黑色颜料用量少，其次是大红粉等红色颜料，白色颜料用量多，黄色颜料遮盖力低、用量更高。

色漆中的其他组分，如溶剂、稀释剂、助剂等，可根据涂料施工要求及技术标准，选择溶剂及稀释剂的品种，确定其用量；按品种要求选择助剂的品种及其用量。

四、色漆生产工艺

使颜料在漆料中均匀地分散以制成色漆的操作，大致分为三步，分述如下：

1. 混合

此步常称为调浆或拌和，是把颜料或颜料混合物投入漆料内，通过搅拌使之混合均匀的过程。漆料量应满足润湿颜料，并保证所制得的漆浆具有下一步操作所需要的触变性。

2. 分散

此步习惯上往往称之为研磨（需要研磨设备）。为了得到平整均匀的漆膜，对涂料的细度有较高的要求，尤其是面漆，装饰性要求高，细度通常要在 20 μm 以下。细粉状的颜料可能由于各种因素而聚集成或软或硬的大颗粒，所以在色漆制造中，研磨是重要的过程。研磨的作用是使聚集成较大颗粒的颜料分离开来，并被成膜物质包覆且能持久地不再聚集成大颗粒，从而稳定而均匀地分散在漆料中，达到涂料产品所要求的细度。生产上一般用配方量中的一部分漆料与所需颜料及某些助剂（如润滑剂、分散剂等）在适当的研磨设备中一起研磨，到细度合格后再进入下一步操作。

常用的颜料分散设备有砂磨机、三辊机、球磨机、捏和机等，对某些研磨设备来说，混合和分散同步进行。

3. 调和

此步又称调漆，是把漆浆、漆料及其他辅助成分按配方规定配成色漆，达到规定的颜色、黏度、细度，并实现全系统稳定化的过程。带有搅拌的罐一般都可用做调和设备。

现代颜料工业的某些产品，易分散性已达到很高的程度，可以无须经过混合、分散等预备性步骤，而在调和中进行分散一步成漆。

此外，在色漆配方中常常同时使用数种颜料，由于各种颜料各有其特性，有的易分散、有的难分散、有的很纯、有的含杂质，如果把数种颜料按配方与漆料混合一起研磨，势必会互相影响而降低效率和质量。因此，一般采用分色研浆，即把数种颜料分别与部分漆料研磨成单一颜料的色浆。然后在调和这一步，根据颜色的要求，把各单色色浆按配方中所规定的比例调配在一起，最后再调入配方中的其余部分漆料、助剂和溶剂等所有组分，得到符合要求的色漆。

第六节　乳液涂料生产工艺

以合成树脂代替油脂、以水代替有机溶剂，这是涂料工业的主要发展方向之一。以聚合物的微粒（粒径在0.1～10 μm）分散在水中成稳定乳状液称为聚合物乳液，简称乳液。聚合物乳液一般由烯类单体经乳液聚合而得。这种乳液加入颜料、助剂，经研磨即成乳液涂料。乳液涂料不用油脂、不用有机溶剂，不仅节省资源而且解决了施工应用时的环境污染、劳动保护及火灾危险，因而得到迅速发展。

按受热所呈现的状态，乳液涂料可分为热塑性乳液涂料和热固性乳液涂料，通常所遇到的大部分属于前者。乳液涂料的应用是从建筑开端和发展的。迄今，在世界范围内已形成有重要工业应用价值的有十大类非交联型乳液，分别构成各自的乳液涂料：醋酸乙烯均聚物乳液（醋酸乳液）、丙酸乙烯聚合物乳液（丙均乳液）、纯丙烯酸共聚物乳液（纯丙乳液）、醋酸乙烯—丙烯酸酯共聚物乳液（醋丙乳液、乙丙乳液）、苯乙烯—丙烯酸酯共聚物乳液（苯丙乳液）、醋酸乙烯—顺丁烯二酸酯共聚物乳液（醋顺乳液）、氯乙烯—偏氯乙烯共聚乳液（氯偏乳液）、醋酸乙烯—叔碳酸乙烯共聚物乳液（醋叔乳液）、醋酸乙烯—乙烯共聚物乳液（EVA 乳液、乙醋乳液）、醋酸乙烯—氯乙烯—丙烯酸酯共聚物乳液（三元乳液）。

一、乳液涂料的基本组分

乳液涂料的主要基料在性质上与传统涂料的基料有根本差别，为使乳液涂料性能近似于传统涂料，就必须求助于一系列助剂，乳液涂料的组成及其作用如图6—2所示。

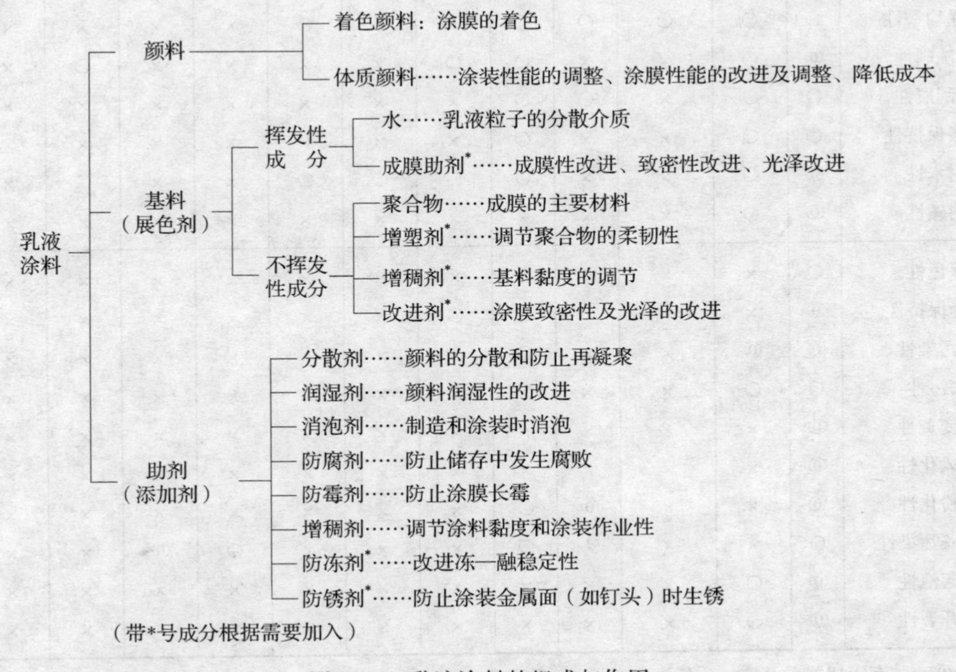

图6—2　乳液涂料的组成与作用

二、乳液涂料的组分与涂料性能的关系

乳液涂料的组分与其性能的关系见表 6—3。

表 6—3　　　　**乳液涂料的组分与涂料性能的关系**

性能	基料			颜料		助剂（添加剂）							PVC
	乳液	增塑剂	成膜助剂	着色颜料	体质颜料	增稠剂	分散剂	润湿剂	防腐剂	防霉剂	防冻剂	消泡剂	
颜料混合稳定性	◎	×	×	○	◎	○	×	×	×	×	×	×	×
黏度	○	×	×	○	○	◎	○	×	×	×	×	×	◎
固体分浓度	○	×	×	○	○	×	×	×	×	×	×	×	◎
储存稳定性	◎	×	×	×	○	○	×	○	×	×	◎	×	○
防腐性	○	×	×	×	○	○	×	×	◎	◎	×	×	×
耐涂性	○	×	×	○	◎	◎	○	○	×	×	×	×	◎
流平性	○	×	×	○	◎	◎	○	○	×	×	×	×	◎
抗流挂性	○	×	×	○	◎	◎	○	○	×	×	×	×	◎
喷涂作业性	○	×	×	○	◎	◎	○	○	×	×	×	×	◎
立体花纹形成性	○	×	×	○	◎	◎	○	○	×	×	×	×	◎
附着性	◎	○	○	×	○	×	×	×	×	×	×	×	○
遮盖力	○	×	×	◎	○	×	○	○	×	×	×	×	◎
颜色均一性	○	○	○	◎	○	×	○	○	×	×	×	×	○
光泽	○	○	○	○	◎	○	○	○	×	×	×	×	◎
光泽均一性	○	○	○	○	○	×	○	○	×	×	×	×	○
耐洗刷性	◎	○	×	×	○	○	×	×	×	×	○	×	○
耐刮痕性	○	○	×	○	○	×	×	×	×	×	×	×	◎
磁漆保持性	○	○	×	×	○	×	×	×	×	×	×	×	◎
耐水性	◎	○	×	×	○	○	○	○	×	×	○	×	○
耐碱性	◎	○	×	×	×	×	×	×	×	×	×	×	×
保色性	○	×	×	◎	○	×	×	×	×	×	×	×	○
光泽保持性	◎	×	×	○	×	○	×	×	×	×	×	×	○
抗污染性	◎	◎	×	×	○	×	×	×	×	×	×	×	◎
去污性	○	○	×	×	○	×	×	×	×	×	×	×	◎
耐变黄性	◎	×	×	×	×	×	×	×	×	×	×	×	○
耐风化性	◎	×	×	×	×	×	×	×	×	×	×	×	○
耐粉化性	◎	×	×	◎	○	×	×	×	×	×	×	×	◎
抗菌藻污染性	○	×	×	×	○	×	×	×	○	◎	×	×	×
抗起泡性	◎	○	×	×	×	×	×	×	×	×	×	×	◎
抗开裂性	◎	○	×	×	×	×	×	×	×	×	×	×	◎

注：◎——有密切关系；○——有关系；×——无关系。

由表6—3可见，基料和PVC与涂料的制造及其大部分性能有着密切的关系。基料中的主要成分乳液则与涂料的制造及其全部性能都有关系。可见，乳液在乳液涂料中占有何等重要的地位，基料的其他组分增塑剂和成膜助剂则可以改性乳液，主要与涂膜性能有关。颜料与涂料制造及涂料性能有着多方面的关系，其中着色颜料主要关系到涂膜性能中的遮盖力、着色均匀性、保色性和粉化性等，而体质颜料主要关系到涂装作业性及涂膜的光泽等。添加剂（助剂）则在较狭窄的范围内与涂料的制造及性能发生联系。明确各组分的作用及各种性能之间相互关系，对涂料组分的选择是非常重要的。

三、乳液涂料的配方设计

1. 颜料体积浓度、颜/基比

乳液涂料的配方变化，基本上是颜料填料与乳液的比例变化，表达这种变化的尺度首先是颜/基比，更科学地说是颜料体积浓度。其选择取决于一系列条件，包括：施工条件、黏结剂品种、颜料和填料的遮盖力等。其参考数据见表6—4。

表6—4　　乳液涂料的颜/基比情况

涂　料　类　型	颜/基比（质量）	颜料体积比/%
有光乳液涂料	1:(0.6~1.1)	15~18
石板、水泥板用涂料	1:(1~1.4)	18~30
木面用涂料	1:(1.4~2)	30~40
石膏墙面、混凝土及砂浆表面用涂料	1:(2~4)	40~55
室内墙用涂料	1:(4~11)	55~80

2. 助剂用量

在颜/基比确定之后，确定助剂用量，有三种情况：据乳液或乳液中黏结剂的量来确定增稠剂、保护胶等；据颜料填料量来确定润湿剂、分散剂等；据乳液涂料量来确定消泡剂等。在特定配方中的助剂用量也有所变化，要通过试验确定。

3. 乳液涂料的固含量、黏度和pH值

在确定乳液、颜料填料、助剂的品种和用量之后，还需考虑乳液涂料的总固体分含量。在乳液浓度达到50%左右的情况下，通常要加一定量的水把总固体分含量调到乳液涂料所要求的规模范围内。黏度和pH值也是乳液涂料的重要指标，通常可加适量的氨水来调节。

4. 乳液涂料的配制与生产工艺

（1）配制

在已得乳液、颜料填料和助剂，并且确定配方之后，紧接着就是选择混合（配制）方法并进行配制。在这些组成物的混合过程中，由于乳液（基料）和颜料的数量最大，因此，配制方法主要指这两类组成物的混合方法。

市售颜料都是由数百至数千个一次粒子凝聚起来的二次粒子组成的。若将颜料的二次粒子还原成一次粒子后再和乳液混合，就叫做研磨着色法或色浆法；若将二次粒子直接加到乳液中进行混合，就叫做干着色法。

色浆法是对颜料的二次粒子通过研磨机施加大量的机械能，使之先在水中解聚、分散形成色浆再与基料混合，此法制造乳液涂料的流程如图6—3所示。先将颜料、分散剂和润湿剂、增稠剂水溶液、水及其他组成物用捏和机或拌浆机进行预混合之后，再用胶体磨或砂磨

机将颜料的二次粒子解聚、分散，调制成颜料浆。把颜料浆移到拌浆机中，再把事先加有增塑剂、成膜助剂的乳液加到拌浆机中进行调和，加水调节黏度，经过滤即得乳液涂料成品可以包装。干着色法是将乳液、颜料和添加剂在拌浆机或捏和机中混合制得涂料。它比色浆法工艺简单，且可制得高浓度涂料（其固体分可高达 84%，而色浆法要使固体分达到 65% 以上就非常困难），其缺点是颜料分散状态不能达到要求的标准，用作基料的乳液要经受较苛刻的条件，与颜料混合稳定性的要求很高。

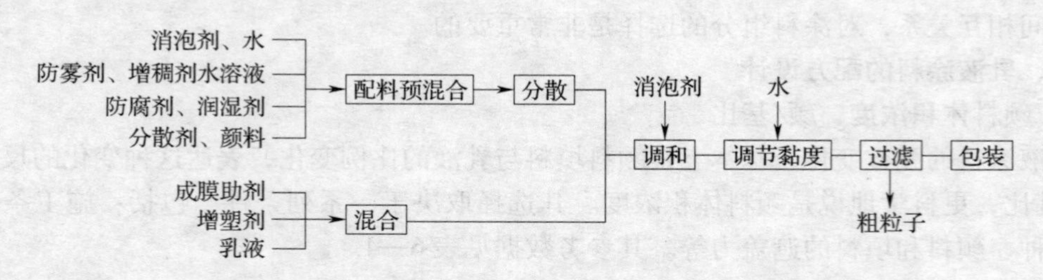

图 6—3　色浆法制乳液涂料的流程示意图

（2）生产工艺

聚合物乳液的生产是用聚合釜为主体的配套设备，对中小企业而言，其容积以 500 ~ 2 000 L为宜。乳液涂料的配制与传统油漆工艺大体相似，其生产工艺流程如图 6—4 所示。

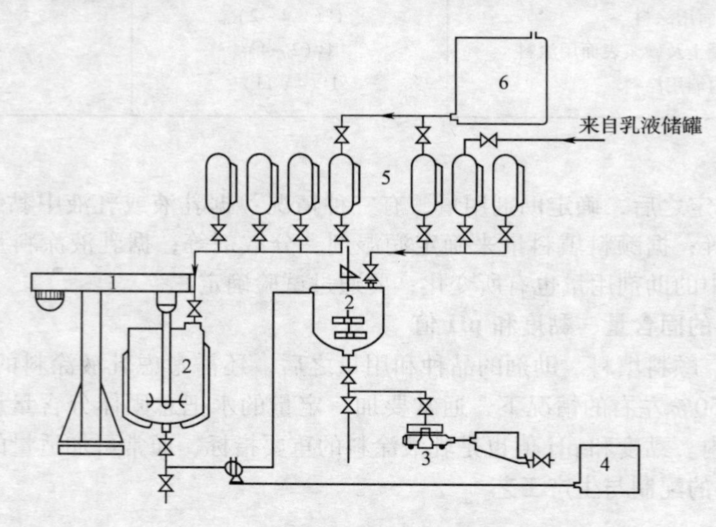

图 6—4　乳液涂料生产工艺流程图

1—高速分散机　2—调漆罐　3—振动筛　4—洗釜水储罐　5—助剂计量罐　6—去离子水罐

乳液涂料的产品以白色和浅色为主，生产作业线主要考虑钛白和填料的分散。现已有专供乳液涂料用的极易分散的钛白品种，常用的填料也是经过超细处理的，建筑用涂料对细度要求较低。因此，涂料生产线上通常只需高速分散机。在某些条件下，遇到氧化铁、酞菁蓝之类彩色颜料，除高速分散机外，还需砂磨机和球磨机等设备。

由于乳液涂料发展非常快，产量剧增成为重要的涂料品种，因而钛白工业也相应发展了钛白水浆。以钛白水浆生产乳液涂料，不但使钛白工业节省了干燥、气流粉碎和分级作业耗用的能源，而且也使涂料工业缩短工时、提高工效、节省分散作业的能耗。现代乳液涂料专业生产厂的工艺流程模式主要是：用槽车将乳液、钛白水浆、散供超细处理过的填料送入厂内，用泵送到乳液和水浆储缸储及沸腾粉仓中。配料时，将钛白水浆、填料用泵送到质量计量器中落入高速分散机，加水和助剂进行分散作业，然后将乳液用泵送到计量器中，同样落入低速运转的高速搅拌罐中，加入其他助剂混合（必要的话加入色浆等）完成调色、调黏度的过程，制成的乳液涂料经过滤送包装作业线进行包装入库。

四、醋酸乙烯均聚乳液涂料

醋酸乙烯系乳液涂料开发较早，除均聚型外，还有共聚型的品种。主要用做建筑物内用和外用平光涂料。由于其价格较廉、用量较大，因此目前产量较高。

1. 乳液的制备

制备聚醋酸乙烯乳液的配方见表6—5。

表6—5　　聚醋酸乙烯乳液配方

组分名称	醋酸乙烯	OP－10	PVA－1799	邻苯二甲酸二丁酯	过硫酸钾	碳酸氢钠	去离子水
质量/%	46.0	0.5	2.5～5.0	5.0	0.09	0.15	45.76

配方中OP－10为乳化剂；PVA除作乳化剂外，还起着保护胶和增稠剂的作用；邻苯二甲酸二丁酯是增塑剂，在聚合反应结束后加入；过硫酸钾为引发剂。

操作方法采用半连续乳液聚合法。将PVA与去离子水一起在85～90℃条件下搅拌至溶解完全（约1 h）。然后加到反应锅中。加OP－10，搅拌均匀，加入醋酸乙烯总量的15%与过硫酸钾用量的40%，加热升温。当温度升至60～65℃时停止加热，通常在66℃时开始共沸回流，待温度升至80～83℃且回流减少时，同时滴加醋酸乙烯单体和配成10%水溶液的过硫酸钾，反应温度保持在78～82℃。单体控制在8 h左右加完，过硫酸钾每小时以总量的4%～5%的速度滴完，当单体加完后，一次性加入余下的过硫酸钾。温度因放热而自动升到90～95℃，保温30 min。冷至50℃以下，加入预先溶解好的10%碳酸氢钠水溶液和邻苯二甲酸二丁酯，搅拌均匀后冷却出料。

所得的乳液为乳白色稠厚液体，固体分含量50%左右，粒径小于3 000 nm。由于只使用了非离子表面活性剂，故粒径较大。因使用了较多的聚乙烯醇（PVA）而影响涂膜光泽，所以该配方所制乳液适用于平光乳胶涂料。

2. 醋酸乙烯乳液涂料的调制

这类涂料的配方举例见表6—6。乳液涂料多为白色和浅色，因此配方中钛白粉一般都要使用。内用涂料可用锐钛型、而外用涂料应选用耐候性较好的金红石型钛白粉。内用平光乳液涂料的颜/基比一般为1～2.5（质量），也有高达4，甚至更高。但是，如果乳液少则涂膜的耐水、耐洗刷性能就差。外用涂料颜/基比较小，一般为1～1.5。

表6—6　　内用平光乳液涂料的配方举例

物料名称	配方一	配方二	配方三	配方四
聚醋酸乙烯乳液（50%）	42	36	30	26
钛白粉	26	10	7.5	20
锌钡白	—	18	7.5	—
碳酸钙	—	—	—	10

续表

物料名称	配方一	配方二	配方三	配方四
硫酸钡	—	—	15	—
滑石粉	8	—	8	5
瓷土粉（瓷土）				9
乙二醇	—	—	3	—
磷酸三丁酯	—	—	0.4	—
缩二乙二醇丁醚醋酸酯				2
羧甲基纤维素	0.1	0.1	0.17	—
羟乙基纤维素	—			0.3
聚甲基丙烯酸钠	0.08	0.08	—	—
六偏磷酸钠	0.15	0.15	0.2	0.1
五氯酚钠	—	0.1	0.2	0.3
苯甲酸钠	—	—	0.17	—
亚硝酸钠	0.3	0.3	0.02	—
醋酸苯汞	0.1	—	—	—
水	23.37	27.27	30.84	32.3
颜/基比	1.62:1	2:1	2.33:1	3:01

配方一中，钛白粉用量多，体质颜料滑石粉用量小，颜/基比小（约0.8），故涂膜的遮盖力强、耐洗刷性好，可用于要求较高的内墙涂装，也可用一般外用平光涂料。但此配方成本高。配方二中用部分锌钡白代替钛白，遮盖力比配方一差些、耐洗刷性也差些，是稍微经济的一般内墙平光涂料。配方三的着色颜料用量较低、体质颜料用量增加很多、乳液用量也少，所以遮盖力、耐洗刷性能都比前两种配方的差，属于较为价廉的一种内用涂料。配方四的颜料比例较大，主要用于室内要求白度、遮盖力较好而耐洗刷性要求不高的场合。各配方中列举的助剂品种及用量不同，可根据不同的使用要求及经济因素等综合考虑而选定。

如要配制着色涂料，则在最后加入各色颜料浆进行配色。配色浆时必须使颜料分散得均匀，若色浆的色彩不均匀，那么在涂料施工时，因涂刷次数多少或涂刷方向不同会出现色彩不均一的墙面，在储存过程中还会出现凝聚或颜色变化等现象。色浆配方举例见表6—7。

表6—7　　涂料用色浆配方举例

组分名称	色浆种类		
	黄色浆	蓝色浆	绿色浆
耐晒黄G	35	—	—
酞菁蓝	—	38	—
酞菁绿	—	—	37.5
乳化剂OP-10	14	11.4	15
水	51	50.6	47.5

色浆配方中可以加入部分乙二醇，以便在研磨时泡沫易消失、色浆不易干燥、冰冻。

乳液涂料的生产，一般可用高速分散机、球磨机或砂磨机等分散机械设备。通常把水、白色颜料、体质颜料、分散剂和润滑剂、增稠剂的一部分或全部混合后进行研磨，达到细度要求后，即可在搅拌下加入乳液以及其余各组分，搅拌均匀即成产品。若制着色涂料，则需要首先制好色浆，在最后所制的白色涂料内加入配方量的色浆，搅拌均匀即得着色涂料。

第七节　醇酸树脂生产工艺

一、醇酸树脂的特点及原料来源

1. 醇酸树脂的特点与用途

醇酸树脂涂料有以下特点：漆膜干燥后形成高度网状结构，不易老化，耐候性好，光泽持久不退；漆膜柔韧坚牢，耐摩擦；抗矿物油、抗醇类溶剂性良好，烘烤后的漆膜耐水性、绝缘性、耐油性都大大提高。

醇酸树脂涂料也有一些缺点：干结成膜快，但完成干燥的时间长；耐水性差，不耐碱。

醇酸树脂可与其他树脂配成多种不同性能的自干或烘干磁漆、底漆、面漆和清漆，广泛用于桥梁等建筑物以及机械、车辆、船舶、飞机、仪表等涂装。

2. 醇酸树脂的原料来源

醇酸树脂是由多元醇、多元酸和其他单元酸通过酯化作用缩聚而得。其中多元醇常用的是甘油、季戊四醇，其次为三羟甲基丙烷、山梨醇、木糖醇等。多元酸常用邻苯二甲酸酐（即苯酐），其次为间苯二甲酸、对苯二甲酸、顺丁烯二酸酐、癸二酸等。单元酸常用植物油脂肪酸、合成脂肪酸、松香酸，其中以油的形式存在的如桐油、亚麻仁油、梓油、脱水蓖麻油等干性油，豆油等半干性油和椰子油、蓖麻油等不干性油。以酸的形式存在的如上述油类水解而得到混合脂肪酸和合成脂肪酸、十一烯酸、苯甲酸及其衍生物等。

二、醇酸树脂的生产方法

工业上醇酸树脂主要是通过脂肪酸、多元酸和多元醇之间的酯化反应生产的，根据使用原料的不同，醇酸树脂的合成有醇解法、酸解法和脂肪酸法三种。脂肪酸法的原料是脂肪酸、多元醇与二元酸，能互溶形成均相体系在一起酯化，缺点是脂肪酸通常是由油加工制造，增加了生产工序，提高了成本。醇解法是用多元醇先将油（甘油三酯）加以醇解，再使之与二元酸酯化时形成均相体系，可制得性能优良的醇酸树脂。醇解法的工艺简单，操作平稳易控制，原料对设备的腐蚀性小，生产成本也较低。

从工艺过程上区分，有溶剂法和熔融法两种。如在缩聚体系中加入共沸液体以除去酯化反应生成的水，则称为溶剂法；不加共沸液体则称为熔融法。溶剂法的优点是所制得的醇酸树脂颜色较浅，质量均匀，产率较高，酯化速度较快，酯化温度较低且易控制，设备易清洗等。但熔融法设备利用率高，比溶剂法安全。溶剂法和熔融法的生产工艺比较见表 6—8。

表 6—8　　　　　　溶剂法和熔融法的生产工艺比较

方　法	项　目				
	酯化速率	反应温度	劳动强度	环境保护	树脂质量
溶剂法	快	低	低	好	好
熔融法	慢	高	高	差	较差

通过比较可以看出，溶剂法的优点较突出。因此，目前在醇酸树脂的工业生产中，反应过程仍以醇解法为主，在缩聚工艺上多采用溶剂法。

三、醇解法生产醇酸树脂工艺原理

工业上醇解法生产醇酸树脂，就是将油（甘油三酯）先与甘油进行醇解，形成甘油的不完全脂肪酸酯，再与苯酐酯化制备醇酸树脂的方法。化学反应方程式如下：

$$\begin{array}{c} CH_2OOCR \\ | \\ CHOOCR \\ | \\ CH_2OOCR \end{array} + \begin{array}{c} CH_2OH \\ | \\ CHOH \\ | \\ CH_2OH \end{array} \longrightarrow \begin{array}{c} CH_2OOCR \\ | \\ CHOOCR \\ | \\ CH_2OH \end{array} + \begin{array}{c} CH_2OH \\ | \\ CHOH \\ | \\ CH_2OOCR \end{array}$$

$$C_6H_4\begin{array}{c} \overset{O}{\overset{\|}{C}} \\ \diagdown \\ \diagup \\ \underset{O}{\underset{\|}{C}} \end{array}\!\!O + \begin{array}{c} CH_2OOCR \\ | \\ CHOOCR \\ | \\ CH_2OH \end{array} + \begin{array}{c} CH_2OH \\ | \\ CHOH \\ | \\ CH_2OOCR \end{array} \longrightarrow$$

$$\begin{array}{c} CH_2\text{—}CH\text{—}CH_2\text{—}O \\ | \qquad | \\ O \qquad O \\ | \qquad | \\ O{=}C \quad O{=}C \\ | \qquad | \\ R \qquad R \end{array} \left[\overset{O}{\overset{\|}{C}}\text{—}C_6H_4\text{—}\overset{O}{\overset{\|}{C}}\text{—}O\text{—}CH_2\text{—}\begin{array}{c} CH \\ | \\ CH_2 \\ | \\ O \\ | \\ C{=}O \\ | \\ R \end{array}\text{—}O \right]_n \overset{O}{\overset{\|}{C}}\text{—}C_6H_4\text{—}\overset{O}{\overset{\|}{C}}\text{—}O\text{—}\begin{array}{c} CH_2\text{—}CH\text{—}CH_2 \\ | \qquad | \\ O \qquad O \\ | \qquad | \\ C{=}O\;C{=}O \\ | \qquad | \\ R \qquad R \end{array}$$

醇酸树脂大分子是由简单的酯化反应逐步生成的，酯化反应时有水生成。酯化反应的速度取决于酯化反应生成的水引出反应体系的速度。另外还可用催化剂提高酯化速度。

油与甘油在低温下不能醇解。碱性催化剂（NaOH、Na_2CO_3、LiOH、CaO、PbO）可使醇解易于进行。油（甘油三酯）必须精制，特别是要经过碱漂，借以除去蛋白质、磷脂等杂质，以免影响催化作用。

四、醇解法生产醇酸树脂工艺影响因素

醇解法生产醇酸树脂中醇解过程是整个生产过程中最重要的一步，目的是使油（甘油三酯）的成分改变，形成甘油的不完全脂肪酸酯（最主要的是甘油一酸酯），以便能与苯酐进行均相酯化，制成成分均匀的醇酸树脂。醇解过程是在油相内完成的，催化剂的类型及用量、反应温度、油的品质、甘油在油中的溶解度和醇解体系情况均对醇解反应有较大影响。

1. 催化剂

在碱性催化剂存在下，醇解速度加快。其中，以铅化合物和锂化合物的催化效果最好。常用的醇解反应催化剂还有氧化钙、环烷酸钙和环烷酸铅。

在相同温度下，不同催化剂对亚麻仁油—甘油体系醇解反应的影响见表6—9。

表6—9　亚麻仁油—甘油体系醇解反应的影响☆

催化剂类型	达到平衡所需时间/min	甘油一酸酯含量/%	色泽（铁钴比色法）/号
无	615	50.59	6
LiOH	10	61.63	7
CaO	9	60.36	6～7
PbO	16	64.42	7～8

☆备注：催化剂量0.04%，反应温度250℃；亚麻仁油∶甘油＝1∶2.6（摩尔比）。

研究表明，在醇解温度较低、催化剂用量较少时，CaO的催化效果较其他催化剂好。增加催化剂用量有利于缩短达到平衡所需的时间，但是，催化剂过多会使树脂色泽加深，酯化时反应体系的黏度增长加快，有时还会造成树脂发浑（不透明），甚至降低漆膜的抗水性和耐久性，而甘油一酸酯的产率并不能提高。所以，催化剂用量必须控制在一定范围内，通常为油量的0.02%～0.10%。

在实际生产中，醇解反应时间一般应控制在3 h以内。对不同的催化剂应适当控制醇解反应温度。例如以氧化钙和环烷酸钙为催化剂的反应体系，醇解温度应控制在220～260℃；以氧化钙为催化剂的反应体系，醇解温度应控制在230～240℃；而以氢氧化锂或环烷酸锂为催化剂的反应体系，醇解温度应控制在220～240℃。

2. 原料配比

醇解反应是可逆反应，增加甘油用量有利于提高甘油一酸酯的含量。但是在不同油料中甘油的溶解度各不相同。若甘油用量超过了溶解度限值，则其余部分可自成一相，这时，即使再增加甘油用量，对反应也无明显影响。

3. 保护性气体的影响

在整个醇酸树脂反应中，如果通入一定量的保护性气体，不仅可以避免一部分油发生氧化、聚合等副反应，而且有利于迅速排除反应产物水等低分子挥发物。因此，其产品外观优于未加保护的同类产品。常用的保护性气体为氮气和二氧化碳。在条件允许的情况下，选用二氧化碳作为保护性气体较为经济。

4. 杂质的影响

如果精制不好，油脂中会含有脂肪酸等杂质。它们将消耗催化剂而使醇解缓慢，且使反应深度降低。因此，对原料油必须精制，反应釜也应清洗干净，不能含有残余的苯酐等杂质。如果条件允许，应使醇解反应和酯化反应在不同的反应器内完成。

5. 醇解终点控制

在正常生产中，一般采用乙醇（或甲醇）容许度法或电导测定法来确定醇解的深度。

取1 mL醇解物于试管中，在规定的温度下以95%乙醇（或无水甲醇）进行滴定，至开始浑浊作为终点，所用乙醇（或甲醇）的体积（mL）即为容许度。使用电导测定法控制终点较简便，有利于反应的自动控制。

酯化过程可采用熔融法，也可采用溶剂法。经醇解后的物料降温至 180～200℃后，即可加入邻苯二甲酸酐，再升温至 200～256℃进行酯化反应。在酯化过程中定期取样，测定酸值与黏度。当酸值与黏度达到规定要求后终止反应，并将树脂溶解成溶液。

五、醇酸树脂生产工艺流程

醇解法生产醇酸树脂工艺操作过程如图 6—5 所示，生产装置流程图如图 6—6 所示。

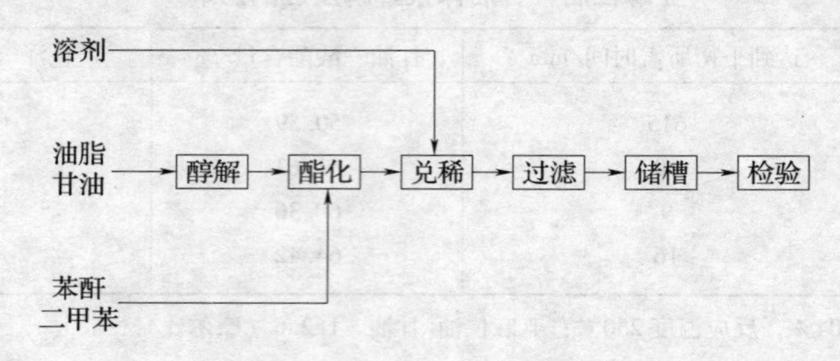

图 6—5　醇酸树脂生产工艺流程框图

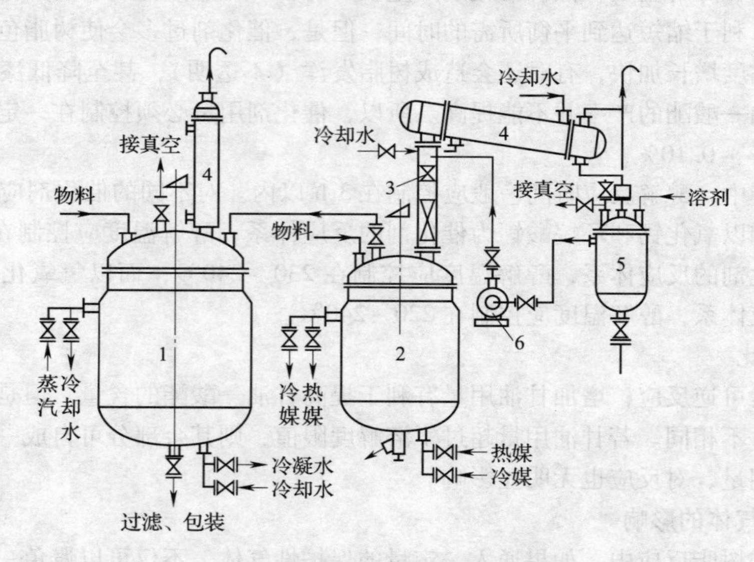

图 6—6　醇酸树脂生产装置流程图

1—兑稀釜　2—反应釜　3—填料塔　4—冷凝器　5—分水器　6—回流泵

醇解法生产醇酸树脂中，采用二甲苯与水共沸法蒸出反应生成的水（溶剂法），水和二甲苯蒸气经冷凝后进入分离器，水排出体系外，分水后的溶剂二甲苯不直接回流入反应釜中，而是用循环泵打入填料塔（用填料塔代替了通常的蒸出管）顶部，回流液与釜内蒸出的共沸物蒸汽在填料塔内进行良好的传热传质，使共沸物蒸汽中夹带的低分子多元醇、脂肪酸冷却流回反应釜，以减少低分子反应物的损失。进入反应釜的冷溶剂在填料塔内被初步加热，进入反应釜后不致使反应物温度波动过大，减少热量的消耗。树脂合成完毕，用溶剂稀释后，进入过滤净化（添加少量助滤剂，树脂透明度高，储存稳定）工段。最后包装产出合格产品。

该流程中的共沸蒸出和回流装置对于生产意义重大，它使生产过程中的二甲苯和水能够迅速蒸出，经冷凝后在分水器内充分分离（酯化开始时可向反应釜内补充新鲜二甲苯），整个酯化过程中流入反应釜的二甲苯基本上不会带水。这样可以缩短酯化时间，树脂透明度提高，树脂相对分子质量分布要窄一些，改进了树脂的性能。

这套装置还有一些优点：由于使用填料塔，反应釜性能提高，除生产醇酸树脂外，还可生产其他缩聚型树脂；填料塔有恒量的热溶剂回流，可以防止积聚污垢；加热和净化方式的改进，使反应釜加热均匀有效，保证了醇酸树脂酯化聚合均匀进行；使用填料塔代替蒸出管，避免了酯化聚合过程中低沸点反应物的损失，保证配方实现，从而保证了树脂的质量。

思考与练习

1. 什么叫涂料？涂料的作用是什么？
2. 涂料的组成有哪些？各起什么作用？
3. 按功能划分，涂料可分为哪几类？按成膜物质为基础来划分，涂料可分为哪几类？
4. 涂料的命名规则是什么？说明 Y03 -1 和 G -4 的含义。
5. 优良涂料应具备哪两项最基本要求？
6. 涂料的固化机理是什么？
7. 按成膜物质和剂型分类的重要涂料有哪些？它们各有什么特性？
8. 醇酸树脂合成的原料是什么？根据原料的不同，其生产方法有哪几种？
9. 醇解法生产醇酸树脂的影响因素有哪些？
10. 简述乳液涂料和色漆的生产工艺。

技能链接

涂料合成树脂工

一、工种定义

按照规程（工艺操作规程、安全技术操作规程等）和作业计划，操纵和照管反应设备、机泵、仪表等，控制一个或多个、间歇或连续的化学（或物理）过程，将原料制成具有特定性质的涂料树脂半成品或成品。

二、主要职责任务

涂料树脂制造是涂料生产的主体作业。它包括投料、热炼、出料，调节控制工艺参数，进行观察、判断、检查、记录、现场分析测试，协调岗位之间、工种内外人员工作等。

三、中级涂料合成树脂工技能要求

（一）工艺操作能力

1. 能熟练掌握本岗位操作，使生产指标达到先进，并会本工种多岗位的操作。
2. 能识别和验收本工种常用的原料和半成品。
3. 对本工种主要产品的中间控制指标、质量指标（如酸值、黏度、固体分、透明度、细度、颜色、外观等）能够自检。
4. 在技术人员指导下，能接受新产品试生产。

5. 能提出改进配方、工艺、质量、设备、降低消耗等方面的合理化建议。

6. 能对本工种多岗位操作进行协调。

(二) 应变和事故处理能力

1. 在本工种生产过程中能发现、判断、处理各种异常现象和紧急事故（如胶化、设备故障等）。

2. 能正确使用安全、消防及急救器材进行本工种多岗位的应急处置，具有自我保护和保护他人的能力。

(三) 设备及仪表使用维护能力

能正确使用本工种主岗位及相关岗位的设备、仪器、仪表、电动机、各种泵类及计量装置等，能判明存在的问题，处理一般机械故障，提出修理项目，进行检查验收。

(四) 工艺计算能力

能进行本工种产品的投入、产出、消耗、物料平衡等计算。

(五) 识图制图能力

能看懂工艺流程图、设备平面布置图等，能绘制本工种主要产品的工艺流程示意图。

(六) 管理能力

1. 对本工种多岗位的生产工艺、质量、消耗、设备、安全等方面具有管理能力。能带教初级工。

2. 能运用全面质量管理手段，针对存在问题，制定改进措施，并组织实施。

(七) 语言文字领会与表达能力

1. 能看懂、理解并应用本工种的技术资料。

2. 能处理例行文字，对生产、质量、消耗、安全、设备、事故等写出书面报告。

第七章 日用化学品

学习目标

1. 了解洗涤剂去污原理以及洗涤剂去污作用的影响因素。
2. 理解洗涤剂的分类、洗涤剂的原料组成知识。
3. 掌握洗涤剂生产技术、生产原理和工艺流程要点。
4. 了解化妆品的类别以及化妆品生产的基质原料和辅助原料。
5. 掌握典型乳化体、牙膏的生产技术、工艺流程。

日用化学品也可以称为家用化学品，是指用于家庭日常生活和居住环境的精细化学品，是精细化学品的重要门类。随着人类精神文明和物质文明的快速发展，大量日用化学品正在以前所未有的速度进入普通家庭。日用化学品的使用，不但促进了社会文明的进步，美化了生活环境，使人们的生活更舒适、方便，而且也为人类预防疾病、保障健康发挥了重要作用。现代社会中，人们对日用化学品的依赖日益增加，离开日用化学品人们几乎无法正常生活。

日用化学品与人们的衣、食、住、行息息相关，它具有以下几个特点：其一，它是大众化的产品，广为消费者使用；其二，许多产品与人体直接接触，产品的安全性显得格外重要；其三，随着人们生活水平的不断提高，市场接受新产品的周期日益缩短；其四，对生态环境的影响越来越引起人们的广泛关注。

日用化学品品种不计其数，商品名称变化无穷，生产工艺不断更新，新品种、新工艺、新设备层出不穷。常见日用化学品根据使用目的，大致可分为洗涤剂、化妆品、消毒剂、黏合剂、涂料、家用杀虫（驱虫）剂等几大类。其中，各种各样的洗涤用品、化妆品、口腔卫生用品及香料、香精是日用化学品工业的主体。

第一节 洗涤剂的分类和原料组成

洗涤用品是人们日常生活中不可或缺的日用产品，洗涤用品的作用除了提高去污能力外，还能赋予其他功能，如织物的柔软性、金属防锈的功能、玻璃表面防止吸附尘埃的功能等；随着人们生活水平日益提高，洗涤用品几乎成为人们不可缺少的生活用品，而且洗涤用品的品种丰富，各有特色，它具有清洁、护肤、美容、营养、治疗等作用。

一、洗涤剂的分类

洗涤剂是指按照配方制备的有去污洗净性能的产品，洗涤剂也称合成洗涤剂。洗涤剂的产品形式常以粉状、液状、浆状或块状出现，其中颗粒粉状洗涤剂的产量最大。洗涤剂的种类很多，按照不同的标准大致可以分为以下几类。

1. 按洗涤用途分类

（1）家庭日用品清洁剂，如餐具洗涤剂、玻璃洗涤剂、卫生间用洗涤剂等。

（2）个人卫生清洁剂，如洗手液、洗发香波、沐浴液等。

（3）织物用洗涤剂，如洗衣粉、重垢洗涤剂、干洗剂等。

（4）工业用洗涤剂，如金属清洗剂、交通工具清洗剂、食品工业洗涤剂等。

2. 按洗涤剂的剂型分类

（1）粉状洗涤剂，如普通洗衣粉、特种洗衣粉等。

（2）液体洗涤剂，如衣用液体洗涤剂、餐具洗涤剂、洗发香波等。

（3）浆状洗涤剂，如洗面奶、干洗剂等。

（4）块状洗涤剂，如肥皂、香皂等。

3. 按去除污垢的类型分类

按去除污垢的类型可分为重垢型洗涤剂和轻垢型洗涤剂。

二、洗涤剂的原料组成

洗涤剂所用原料品种繁多，主要可分为两大类，一类是主要原料，即起洗涤作用的各种表面活性剂。它们用量大、品种多，是洗涤剂的主体。另一类是辅助原料，即各种助剂。用量可能不大，但作用非常重要。实际上，主要原料和辅助原料没有严格的界限，需根据它们在洗涤剂中的用量及作用而定。

1. 洗涤剂的主要成分

（1）阴离子表面活性剂

阴离子表面活性剂占表面活性剂总量的65%～70%。其中以脂肪酸金属盐［分子通式为RCOOM，其中R：C_{12}～C_{22}，M：K、Na等］、烷基硫酸酯盐［分子式为$ROSO_3M$，其中R：C_8～C_{18}，M：K、Na等］、烷基磺酸盐用量最多。它们的优点是：价格便宜，与碱配用可以提高洗涤力，在高温下有良好的溶解性，使用范围广，除烷基苯磺酸钠外，用其他品种洗涤纤维时手感舒适。

（2）阳离子表面活性剂

阳离子表面活性剂去污能力差，甚至有洗涤负效果，所以在合成洗涤剂中占的比例小。这类表面活性剂在日常生活中广泛用作杀菌剂。在纺织印染业作纤维的柔软剂、固色剂、抗静电剂，在农业上可用作防莠剂，在矿山上作矿物浮选剂等。

（3）非离子表面活性剂

目前非离子表面活性剂用于合成洗涤剂的很多，具有广阔的前途，在数量上仅次于阴离子表面活性剂，非离子表面活性剂主要用于液体洗涤剂、洗发剂、食品清洗剂和化妆品。

（4）两性离子表面活性剂

在洗涤剂中，主要利用两性离子表面活性剂兼有阴离子表面活性剂的洗涤性质和阳离子表面活性剂对织物起柔软作用的性质，来改善洗后手感。有些两性离子表面活性剂具有很好的起泡力，在高酸度溶液中稳定，在用氢氟酸配制的酸性洗涤剂中得到应用。

关于表面活性剂的品种和洗涤机理，请参阅第一章的有关部分。

2. 洗涤助剂

在洗涤剂中添加助剂能与高价阳离子起螯合作用，软化洗涤硬水；对固体污垢有抗凝聚作用或分散作用；起碱性缓冲作用；防止污垢再沉积。洗涤助剂种类很多，下面是常用的洗涤助剂。

（1）螯合剂、离子交换剂

螯合剂能螯合水中的钙、镁、铁等离子，使水软化。离子交换剂在洗涤剂中具有较好的助洗性能和配伍性，对人体无毒，不会危害环境。

（2）柔软剂、抗静电剂

柔软剂是赋予纤维制品以柔软感觉的表面活性剂。多数阳离子表面活性剂都具有柔软和抗静电的作用。

（3）增溶剂

增溶剂可以提高配方中组分的溶解度和液体洗涤剂的溶解性能，品种如甲苯磺酸钠、二甲苯磺酸钠等。

（4）漂白剂

漂白剂可有效提高去污力，可使洗过的衣物洁白、鲜艳。常用的漂白剂有含氯和含氧两种。常见的品种有次氯酸盐、过硼酸钠、过碳酸钠、过硫酸钠等。

（5）荧光增白剂

荧光增白剂是一类吸收紫外光、发射出蓝色或紫蓝色的荧光物质，洗涤用荧光增白剂的吸收波长为300～400 nm。

（6）硫酸钠

硫酸钠来源广泛，价格低廉，加在洗衣粉中主要用做填充料。

（7）碳酸钠

碳酸钠可使洗涤液的pH值不会因遇到酸性污垢而降低。

（8）酶（蛋白酶、淀粉酶、脂肪酶和纤维素酶）

蛋白酶可将蛋白质转化为相对分子质量较小的物质或水溶性氨基酸；脂肪酶可将油脂污垢水解为脂肪酸和甘油。

（9）泡沫稳定剂和调节剂

常用的泡沫稳定剂有椰子油脂肪酸的烷基二乙醇酰胺、甜菜碱等；常用的泡沫调节剂有肥皂、聚硅氧烷和石蜡油。

（10）腐蚀抑制剂

腐蚀抑制剂具有抗腐蚀作用，如杀菌抑菌剂三溴水杨酰苯胺、二氯异氰尿酸等。

（11）香精

香精可遮盖洗涤液的恶臭，使洗后衣服具有洁净、清新的感觉。

第二节　洗涤作用及其影响因素

一、洗涤剂的洗涤作用

洗涤去污是将固体表面的污垢借助于洗涤剂从固体表面去除的过程，这种洗涤过程是一种物理化学作用过程。洗涤剂可以是有机溶剂也可以是水溶液，汽油、三氯乙烯等是金属清洗、毛料服装干洗的洗涤剂，在日常生活中使用最普及的洗涤剂是含表面活性剂的水溶液。去污是一个动态效应，首先要将污垢从固体表面脱除，然后是悬浮、乳化、分散在洗涤剂中，防止污垢从溶液中再沉积到固体表面，经过漂洗，得到预期的清洁表面。

在去污过程中，洗涤体系存在三个要素，被清洗的固体物，称为基材；黏附在固体物上的污垢；洗涤用的洗涤剂。每个要素本身都是一个复杂的体系，如被洗净的固体可以是金属表面、非金属表面、织物等，表面结构可以是平滑、粗糙、各种几何形状的；污垢可以是固体污垢、液体污垢及其混合物；污垢的组成可以是动植物油脂、脂肪醇、脂肪酸、烃类矿物油、人体排泄的皮脂、空气中的尘土及其混合物；洗涤剂可含有不同组分的助剂与表面活性剂。因此，去污作用决定于三个要素之间的相互作用。

去污包含两个方面：一是从基材表面将污垢脱除；另一是将脱除的污垢分散，悬浮在洗涤剂中，防止污垢再沉积返回到基材。基材与污垢的黏合，通常是通过范德华引力，而静电引力是很微弱的，这对水溶液中的固体污垢更为显著。固体污垢的去除，主要借助洗涤剂的表面活性剂对表面的润湿与界面吸附作用，改变了颗粒污垢与基材之间的界面能，降低相互之间的引力，使两者分离。液体污垢从固体表面的去除，主要是洗涤剂的润湿与卷缩机制。

污垢从基材表面去除后，以胶体状态悬浮在洗涤剂中。悬浮在洗涤剂的固体污垢，由于界面吸附了表面活性剂或无机盐离子，增加了颗粒污垢表面的电势，增强了污粒之间斥力，这种电势垒阻止了微小颗粒的聚集，防止了再沉积。在洗涤剂中加入能产生同样的电势或起空间阻碍作用的其他组分，都可以防止污垢再沉积。例如羧甲基纤维素是一种水溶性高分子化合物，作为洗涤助剂可用来防止污粒的再沉积。

因此，污垢的去除过程可分为三步：

1. 用洗涤剂润湿被洗物表面，不同质地的被洗物的润湿性能有所差异。水在天然纤维（棉、毛等）上的润湿性能较好；在人造纤维上较差，因表面活性剂能够降低水的表面张力，从而使纤维能较好的润湿。

2. 污垢从物体表面去除，一般油污呈薄膜状附着在被洗物的表面。在洗涤过程中，油污逐渐卷缩成液滴从被洗物表面脱离，固体污垢靠的是洗涤剂对固体表面有较好的润湿作用而顶替污垢，使污垢卷缩成液珠而乳化，分散在洗液中。另外，油污可加溶在表面活性剂的胶束中，使污垢不沉积。

3. 被洗脱的油污进入洗液介质中，呈O/W型乳液而分散，当洗涤液排放时，污垢同时被排放掉。

二、影响洗涤作用的因素

洗涤剂洗涤过程是一个可逆过程，基本过程可用如下简单关系表示：

$$\text{载体·污垢} + \text{洗涤剂} \xrightleftharpoons{\text{介质}} \text{载体} + \text{污垢·洗涤剂}$$

洗涤过程中分散、悬浮于介质中的污垢也有可能从介质中重新沉淀到被洗物上。因此，一种优良的洗涤剂除了具有使污垢脱离载体的能力外，还应有较好的分散、悬浮污垢，防止污垢再沉积的能力。洗涤是一个复杂的物理化学过程，其去污作用常受到洗涤剂组成的配比、机械力、水硬度、洗涤温度等的影响。

1. 表面活性剂的浓度

溶液中表面活性剂的胶束在洗涤过程中起到重要作用。当浓度达到临界胶束浓度（CMC）时，洗涤效果急剧增加，但高于 CMC 值后洗涤效果递增就不明显了。过多地增加表面活性剂浓度是没有必要的。

2. 水的硬度

硬水中含有钙、镁等多价金属离子，水的硬度越大，水中的钙、镁离子的质量浓度也越大。钙、镁离子会降低去污力，水硬度越大，则表面活性剂去污效果越差。非离子表面活性剂在硬水中的去污效果下降比阴离子表面活性剂缓和。因此，要取得满意的去污效果，必须设法降低水硬度，或在洗涤剂中加入各种软水剂，例如使用螯合剂将钙、镁等离子螯合。

3. 温度

温度对去污作用影响很大，总的来说，提高温度有利于污垢的去除，但有时过高也会产生不利因素。当洗涤温度大于油污的熔点，促使油污熔化或软化，有利于油污从基材的去除，但水温大于45℃后去污效果就不显著。酶在洗涤剂中的最佳功能作用是在40～60℃，洗涤温度应在40℃以上。不同纤维织物的允许洗涤温度是不同的，洗涤温度过高，对织物是有损害的。最适合的洗涤温度一般与洗涤剂的配方及与被洗对象有关。

4. 泡沫

泡沫与洗涤效果虽然没有直接联系，但是在某些场合下，泡沫还是有助于去除污垢的。泡沫间的薄层能吸入已从基材分离出来的液体污垢或固体污垢，防止再沉积。地毯香波，就是靠产生的泡沫把已洗脱的污垢带出；手洗餐具时洗涤液的泡沫可以将洗下来的油滴携带走；不过，使用洗衣机时，宜用低泡或无泡洗涤剂，以便于清洗。

5. 机械作用

机械作用在洗涤过程中是一个重要因素，对污垢的去除是有利的，特别是固体污垢借助机械力使洗涤剂渗透到固体污垢与基材之间，污垢质点越大，所受的水力冲击越大，容易从基材表面去除，小于0.1 μm的质点不易从织物上洗净。越接近基材表面液体流速越小，只有借助突然改变流速和流动方向，产生涡流增强接近基材表面的水力，才可使质点小的固体污垢脱除。

6. 织物类型

织物的类型不同对去污效果有一定的影响。极性强与亲水性的纤维如棉花，对非极性污垢（如矿物油、炭黑）去除容易，对极性污垢（如油脂黏土）去除难；反之，憎水性强的纤维（如聚烯烃纤维）对非极性污垢的去除要比极性污垢难。合成纤维中的聚酰胺与聚丙烯腈纤维的亲水性和极性要比其他合成纤维大，洗涤液对它们的去污程度就较好。

第三节　洗涤剂的配方组成

一、洗涤剂配方设计的基本要求

洗涤剂是剂型复配加工技术生产的精细化工产品，因此配方设计是洗涤剂生产过程中的一个重要环节。洗涤剂中成分多，各成分混合在一起时会发生加和、协同或对抗效应。配方的目的就是充分发挥洗涤剂中各组分的作用，配制出性能优良、成本较低的产品。

配方设计的基本要求：

1. 必须符合各国家和地区的法规

法规的制定有两个出发点：首先是保证对人体的无害性及对环境的安全性；其二是确保产品的基本性能，比如一般国家对洗涤剂的活性物含量均有最低限量要求，如果不懂这一点，就有可能触犯法规。

2. 应该符合洗涤对象的要求

如不同的金属清洗剂要求不同类型的缓蚀剂；手洗餐具洗涤剂要求对皮肤产生的刺激性小，而机洗餐具洗涤剂则无此要求等。

3. 应该考虑到使用条件

例如，北方地区的水硬度大，洗涤剂组分应该含有较大量的螯合剂，而且所用的表面活性剂应该具有较大的抗硬水性。

4. 应该考虑到原料来源的稳定性及运输的便利性

在选择原料上，有国产的最好不用进口的；有便宜的不用昂贵的。相对来说，固体便于运输，而液体便于配制，节省能源。

二、液体洗涤剂原料与配方组成

液体洗涤剂为无色或有色的均匀的黏稠液体，易溶于水。液体洗涤剂是仅次于粉状洗涤剂的第二大类洗涤制品。液体洗涤剂使用方便、溶解速度快、低温洗涤性能好。同时，还具有配方灵活、制造工艺简单、设备投资少、节约能源、加工成本低、包装美观等诸多显著的优点。随着液体洗涤剂的迅速发展，浓缩化、温和化、安全化、专业化、功能化、生态化已成为液体洗涤剂的发展趋势。

液体洗涤剂一般分为织物用洗涤剂、硬表面清洁剂和个人卫生清洁剂。

织物液体洗涤剂用于洗涤各种衣料、衣物及其他纺织品，可分为重垢液体洗涤剂、轻垢液体洗涤剂、精细织物洗涤剂、地毯清洁剂、氧漂白剂、氯漂白剂、去渍剂、上浆剂、柔软剂、干洗剂等。硬表面清洁剂包括厨房液体洗涤剂、居室液体洗涤剂、金属表面清洁剂及交通工具清洁剂，是一大类洗涤剂。个人卫生清洁剂包括洗发香波、护发素、沐浴液、洗手液、剃须剂等。

织物液体洗涤剂是目前使用量最大的一类液体洗涤剂。设计这种洗涤剂配方时，要满足几点基本要求：去污力强、水质适应性强、泡沫合适、碱性适中、工艺简单。

液体洗涤剂的配方主要由表面活性剂和洗涤助剂组成。主要成分为阴离子表面活性剂和非离子表面活性剂，占5%～30%（质量分数）。使用最多的是烷基苯磺酸钠、十二烷基硫酸钠、脂肪醇聚氧乙烯醚及其硫酸盐、其他芳基化合物的磺酸盐、α－烯基磺酸盐、高级脂肪酸盐、烷基醇酰胺等。它们是去除污垢的主要成分，起润湿、增溶、乳化、分散和降低表面张力的作用。

液体洗涤剂的配方是根据表面活性剂和洗涤助剂的性能和配制产品的要求选取不同的数量进行复配。几个通用液体洗涤剂的配方见表7—1。

表 7—1　　　　　　　　　　　　　　**液体洗涤剂的配方**

组　分	质量分数/%				
	1#	2#	3#	4#	5#
十二烷基苯磺酸钠（30%）	15	23	20	30.0	10.0
脂肪醇聚氧乙烯醚硫酸钠（70%）	5	5	10	3.0	3.0
椰子油二乙醇酰胺（70%）	4	4	3	4.0	4.0
AEO（7）	6	6		3.0	3.0
二甲苯磺酸钠（40%）				2.0	
BS－12					2.0
荧光增白剂			0.5	0.1	0.1
乙二胺四乙酸	0.1			1.0	
羧甲基纤维素钠	2.0			1.5	5.0
乙醇	0.2	0.2			
NaCl	1.5	1.5	1.0	1.0	2.0
色素	适量	适量	适量	适量	适量
香精	适量	适量	适量	适量	适量
三聚磷酸钠			3		
去离子水	加至 100	加至 100	加至 100	加至 100	加至 100

三、粉状洗涤剂原料与配方组成

合成洗涤剂的配方是生产中很重要的一个环节。配方的好坏对配料喷粉过程中料浆的调制、输送、干燥形式的选择及产品质量、外观包装、储存等都有直接影响。要清楚同组配方中各组分的性质及性能。洗衣粉中有大约十几种成分，它们之间不是简单的机械混合，而存在着复杂的物理化学作用过程。因此，制定配方必须全面综合考虑，需要确定洗衣粉类型及质量标准。配方既要满足国家制定的标准，又要满足使用者的要求，全面考虑各组分原料的性能及配比、料浆的调制工艺、总固体含量、生产操作及生产成本等问题。

洗衣粉配方中最主要的成分为表面活性剂及具有一定助洗功能的助洗剂，它们在洗涤过程中发挥着不同的作用。这些协同作用的结果使洗衣粉具有不同的去污作用。各种洗衣粉在使用中性能的差异，主要是配方中表面活性剂的搭配及助洗剂选择不同而产生的。

1. 表面活性剂

洗衣粉的品种牌号繁多，但主要成分相差无几。表面活性剂是洗涤剂的主要成分，称为洗涤剂的活性物。主要有烷基苯磺酸钠、烷基磺酸盐、脂肪醇聚氧乙烯醚、脂肪醇聚氧乙烯醚硫酸盐等，它们在水中能迅速溶解，并具有良好的增溶、乳化、分散、起泡、去污等性能。其性能直接影响到洗衣粉的质量，所以各国的标准虽然不同，但都对表面活性剂的加入量做了规定。我国的洗涤剂最初的配方有 3 种，即 20 型、25 型和 30 型，其表面活性剂的含量分别是 20%、25%、30%（质量分数）。如果在洗衣粉中表面活性剂的加入量少于一定量后，其去污力达不到去污洗涤的标准。

2. 助洗剂

为了降低洗衣粉的成本，进一步完善洗涤去污效果，提高和改善洗衣粉的综合性能，通常需要在洗衣粉中加入各种助洗剂。

助洗剂的作用首先是能提高洗衣粉的去污洗涤性能，通过选择碱性助剂、硬水软化剂等与表面活性剂复配后起到协同作用，使表面活性剂得到增效、减少用量、维持 pH 值稳定等；其次是选择有一定的助洗性能、抗再沉积性能、对去污有利、能改善洗衣粉的物理性能及外观，并在保证洗衣粉的主要性能前提下，能尽量降低其成本的助洗剂。一般分为有机及无机助洗剂，也可按助洗剂的主要功能分类。

（1）无机助洗剂

无机助洗剂对洗衣粉的性能和作用不仅涉及范围广泛，而且在某些关键方面是不可或缺的，对洗衣粉所起的作用仅次于表面活性剂。常用的包括：三聚磷酸钠、碳酸盐、硅酸盐、硫酸钠、漂白剂（包括含氯漂白剂和含氧漂白剂两类）等。

（2）有机助洗剂

有机助洗剂在改善或提高洗衣粉的洗涤性能的同时，还起着其他一些辅助作用，如增溶、漂白与增白、着色与加香，代替三聚磷酸钠、去污增效和抗污垢再沉积等作用。常用的包括：聚丙烯酸钠、丙烯酸—马来酸共聚物、羧甲基纤维素钠（简称 CMC）、酶制剂（洗涤剂用酶制剂共有四大类：蛋白酶、脂肪酶、淀粉酶及纤维素酶）、荧光增白剂（包括二苯乙烯类；香豆素类；萘酰亚胺类；芳唑类；吡唑类等）、抑菌剂（常用的有三溴水杨酰苯胺、二溴水杨酰苯胺及三氯碳酰苯胺等）、香精（常用香型有柠檬型、草药型、玫瑰型、果香型等，可根据产品的档次及成本来选用）等。

普通洗衣粉配方参见表 7—2。

表 7—2　　普通洗衣粉的配方

组　分	质量分数/%	组　分	质量分数/%
表面活性剂	15～30	羧甲基纤维素钠	0.5～1.5
磷酸盐	8～20	荧光增白剂	适量
碳酸钠	5～10	香精	适量
硅酸钠	5～15	色素	适量
硫酸钠	平衡量		

对于一些要求具有特定功能的洗涤剂，可在上述配方的基础上，再添加一些专门的助剂。例如加酶洗涤剂，可加入酶制剂；彩漂洗衣粉，可加入过硼酸钠等释氧物。

四、浆状洗涤剂的配方组成

浆状洗涤剂含有一种或几种表面活性剂、多种无机电解质及少量极性溶剂和高分子物质，它们与水结合的性能各不相同，所以在这个体系中的胶体状态是复杂的多相组合体。根据生产实践经验，从配方和加工两个方面控制好若干因素，可以制成满意的产品。表面活性剂是浆状洗涤剂的主要成分，早期的浆状洗涤剂都用单一阴离子表面活性剂制造，现在还加入一部分非离子表面活性剂进行复配；有时为了降低起泡力或增加膏体的稠度，也可以适当地配入少量的脂肪酸钠。一般来说，碳链短的脂肪酸钠（如 C_{12}、C_{14}或椰子油脂肪酸钠）较碳链长的更适合加入浆状洗涤剂中；纯度较高的硬脂酸钠容易导致膏体变稠变硬。浆状洗涤剂配方的特点是严格控制无机盐如硫酸钠、碳酸钠等的加入量，防止结晶析出。添加少量尿素对无机盐能产生络合作用，可以增加成品在低温下的流动性，加入少许酒精防止成品在低温下裂开。由于稠度的限制，浆状洗涤剂的固体物含量不可能很高，从而电解质的加入量受到限制。在活性物含量相同时，浆状产品的去污力比粉状产品差。为提高固体物含量而又不过多增加稠度，可加入水助溶剂来调节，如甲苯、二甲苯或异丙苯等低级烷基苯的磺酸盐或尿素，其加入量视需要而定。

典型的织物用浆状洗涤剂（亦称洗衣膏）的配方如下：

LAS	15	碳酸氢钠	5
非离子表面活性剂	1	硅酸钠	5
三聚磷酸钠	16	CMC	4
碳酸钠	8	水	加至 100

用于地板、墙壁及硬表面清洗的浆状洗涤剂配方如下：

LAS	5	氯化钠	6
6501	6	去离子水	加至 100
碳酸氢钠	50		

第四节　液体洗涤剂的生产工艺

液体洗涤剂的生产方法有间歇式和连续式两种。一般采用间歇式批量化工艺，而不采用连续化生产方式，主要是因为液体洗涤剂生产过程没有化学反应，也不需要造型，只是几种物料的混配，品种繁多，根据市场需求须不断变换原材料和工艺条件等。

液体洗涤剂的主要工序：原料的精制处理、混配、均质化、排气、老化、成品包装。这些化工单元操作设备主要是带搅拌的混合罐、高效乳化或均质化设备，各种过滤器，物料输送泵、计量泵和真空泵，以及计量罐和灌装设备等。如图 7—1 所示为液体洗涤剂的生产工艺流程。

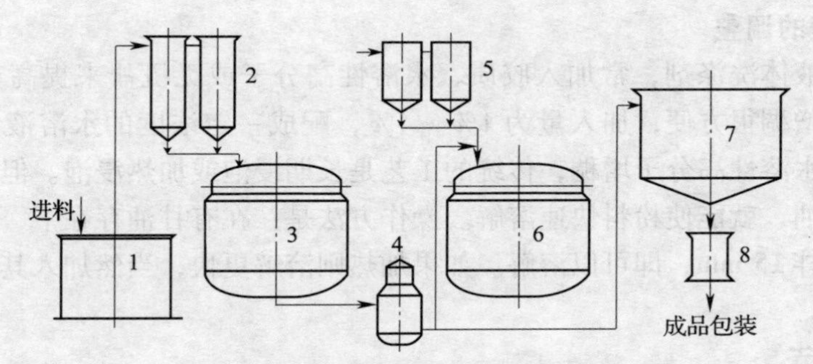

图 7—1　液体洗涤剂的生产工艺流程

1—储料罐　2—主料加料计量罐　3—乳化罐
4—均质机　5—辅助加料计量罐　6—冷却罐
7—成品储罐　8—过滤罐

一、原料处理

液体洗涤剂的原料至少有两种或更多，而且形态各异，固、液、黏稠膏体等均有。因此，需预先调整其形态，以便于均匀地混合。如有些原料应预先加热或在暖房中熔化；有些要用水或溶剂预溶，然后才可加到混配罐中混合；某些物料还应预先滤去机械杂质，而经常使用的溶剂水，还须进行去离子处理等。各种物料都要通过各种计量器、计量泵、计量槽、秤等准确计量。

二、混配

为了制得均相透明的溶液型或稳定的乳液型液体洗涤剂产品，物料的混配是关键工序。在按照预先拟定的配方进行混配操作时，混配工序所用设备的结构、投料方式与顺序、混配的各项技术条件都体现在最终产品的质量指标中。

混配设备锅或罐是具有加热或冷却装置的釜式混合器，材质通常为不锈钢。烷基苯磺酸可在这一混合设备中进行中和，中和温度一般控制在40～50℃，pH＝7～9。中和及混合各种物料时，为了保证物料充分混合，需要选择适当的均质搅拌器。

三、调整

1. 加香

许多液体洗涤剂都要在配制工艺后期进行加香，以提高产品的档次。洗发香波、淋浴液类、厕所清洗剂等一般都要加香。加香液体洗涤所用的香精主要是化妆品用香精，常用的有茉莉型、玫瑰型、香型、桂花型、白兰型以及薰衣草型等。根据不同产品用途和档次，选择不同档次的香精，且用量差别也较大，少到0.5%以下，多到2.5%不等。香精一般在工艺最后加入，加入温度在50℃以下为宜。有时，将香精用乙醇稀释后再加入到产品中。

2. 加色

在液体洗涤剂中添加色素可赋予产品一定的色泽，能给消费者愉悦的感觉。常用的色素包括颜料、染料及珠光剂等。透明液体洗涤剂一般选用染料使产品着色，这些染料大多不溶于水，部分染料能溶于指定溶剂（如乙醇、四氯化碳），用量很少，一般为千分之几。对于能溶于水的染料，加色工艺简单。如果染料易溶于乙醇，即可在配方设计时加乙醇，将染料溶解后再加入水中。有时色素在脂肪酸存在下有较好溶解性，则应将色素、脂肪酸同时溶解后配料。

3. 产品黏度的调整

对于透明型液体洗涤剂，常加入胶质、水溶性高分子或无机盐来提高其黏度。一般来说，用无机盐来增稠很方便，加入量为1%～4%，配成一定浓度的水溶液，边搅边加，但不能过多。若用水溶性高分子增稠，传统的工艺是长期浸泡或加热浸泡。但如果在高分子粉料中加入适量甘油，就能使粉料快速溶解。操作方法是：在有甘油存在下，将高分子物质加入水相。室温搅拌15 min，即可以溶解。如果加热则溶解更快，当然加入其他溶剂亦可收到相同的效果。

4. pH值调节

液体洗涤剂的pH值都有一个范围要求。重垢型液体洗涤剂及以脂肪酸钠为主的产品，pH＝9～10最有效，其他以表面活性剂复配的液体洗涤剂，pH＝6～9为宜。洗发和沐浴产品pH值最好为中性或偏酸性，以pH＝5.5～7为好。特殊要求的产品应单独设计。根据不同的要求，可选择硼酸钠、柠檬酸、酒石酸、磷酸和磷酸氢二钠等作为缓冲剂。

一般将这些缓冲剂配成溶液后再调产品的pH值。当然产品配制后立即测pH值并不完全真实，长期储存后产品的pH值将发生明显变化，这些在控制生产时应考虑到。

四、排气

在搅拌作用下，各种物料可以充分混合，但不可避免地将大量气体带入产品中，造成溶液稳定性差，包装计量不准。一般可采用抽真空排气工艺，快速将液体中的气泡排除。

五、过滤

在混合或乳化时，难免带入或残留一些机械杂质，或产生一些絮状物。这些都会影响产品的外观，因此要进行过滤。液体洗涤剂的滤渣相对来说较少，因此过滤比较简单，只要在底放料阀后加一个管道过滤器，定期清理就可以了。

六、包装

日用液体洗涤剂大都采用塑料瓶小包装。因此，在生产过程的最后一道工序，包装质量的控制是非常重要的。正规大生产通常采用灌装机进行灌装，一般有多头灌装机连续化生产线和单头灌装机间歇操作两类。小批量生产可用高位手工灌装。灌装时，严格控制灌装质量，做好封盖、贴标签、装箱等工作。

第五节　粉状洗涤剂的生产工艺

一、洗衣粉生产方法和成型技术

制造粉状洗涤剂有多种方法，国内主要有喷雾干燥法、附聚成型法及干式混合法、吸收法等几种。虽然粉状洗涤剂的主要质量指标是洗涤性能，但粉体原料的选择、料浆的固/液比等对某些物理性质也有很大影响，并会对产品的整体质量产生影响。

1. 喷雾干燥法

喷雾干燥法是先将表面活性剂与助剂调制成一定黏度的料浆，再用高压泵和喷射器喷成细小的雾状液滴，与200～300℃的热风接触后，在短时间内迅速成为干燥的颗粒，这种方法也叫气流式喷雾干燥法。

大多数普通洗衣粉是用喷雾干燥法生产的。喷雾干燥法生产的粉剂与其他方法生产的粉剂相比有如下优点：配方不受限制；颗粒呈空心状，在水中易溶解；粉剂不含粉尘，不易结块，有悦目的外观；在一定限度内，热敏性原料也可在喷雾干燥器中处理。

尽管高塔喷雾干燥法沿用已久，但却存在不少严重问题，如投资大、能耗高，并且造成周围环境的污染。随着粉状洗涤剂新品种的发展，我国洗衣粉的生产技术逐渐废用高塔喷雾的方法。

2. 附聚成型法

附聚作用是干原料和液体黏结剂混合并形成颗粒的作用过程，形成的颗粒称为附聚物。洗涤剂附聚是物理、化学混合过程，在此过程中，用硅酸盐的液体组分与固体组分混合并形成均匀颗粒。洗涤剂附聚成型的过程是用喷成雾状的硅酸盐溶液来黏结移动床上的干料。雾状硅酸盐溶液在附聚器中与三聚磷酸钠和碳酸钠等能水合的盐类接触，即失水而干燥成一种干的硅酸盐黏结剂，然后通过粒子间的桥接，形成近于球状的附聚物。附聚成型的主要特点是通过配方中可起水合作用的组分，使硅酸盐溶液失水，达到黏结成粒的目的。配方中所用的羧甲基纤维素钠在附聚过程中也起着黏结剂的作用。附聚法的建设投资、生产成本、品种适应性和产品密度均处于喷雾法和干混法之间，附聚法与喷雾法同样对原料的物理性状要求不严。

3. 简单吸收法

简单吸收法是一种投资小、设备简单，但劳动强度较大的方法，此法使用的原料应尽量多用可以水合的无机盐，当表面活性剂溶液中加入这些无机盐时，盐便逐渐进行水合，表面活性剂即随结晶水分散到无机盐中，由于这个反应在室温下进行，所以有相当多的碳酸钠可以水合成十水合物，十水合物的含量相当于碳酸钠本身质量的170%（质量分数），在这个方法中，它比三聚磷酸钠更有利于水分吸收。简单吸收法的缺点是成品活性物含量难以超过8%（质量分数），最高也只能达12%（质量分数），所以这个方法用于生产洗涤棉、麻等重垢物料的产品比较合适。

4. 吸收中和法

吸收中和法是在简单吸收法基础上发展起来的，是用烷基苯磺酸代替烷基苯磺酸钠加入粉剂中，使固体干料吸收液体物料的同时进行烷基苯磺酸与碳酸钠的中和反应。此法所用设备与简单吸收法一样，却可制得活性剂含量高达20%（质量分数）以上的成品。

吸收中和法操作也很简单，将干料先加入混合器内，开动搅拌，将磺酸盐慢慢加入。如使用90%（质量分数）型磺酸，中和反应立即发生，所以加酸速率应控制使未吸收的过量酸不致过多为宜；如使用100型磺酸，则反应速率较慢，加酸速率可以快些，使酸尽量分散开。当粉料呈均匀的褐蓝色时，表明磺酸已分散均匀，此时加入成品量2%（质量分数）的水，促进中和反应进行。随着中和反应的进行，粉料转成浅黄色（没有任何黑色的磺酸聚集体），然后加入硅酸钠和荧光增白剂等添加物，一般情况下，装料量为300～500 kg的混合器反应可在30 min之内完成。反应好的粉剂卸在混凝土地面上，老化过夜，再进行粉碎、包装。如果使用的磺酸是直链烷基苯磺酸，则粉剂易发生黏结现象，可加入少许甲苯磺酸盐或胶体二氧化硅来克服黏结现象。

5. 滚筒干燥法

滚筒干燥法适用于制取活性剂含量高的洗涤剂，这种洗涤剂含助剂较少，甚至不加助剂，主要用于工业洗涤剂配制，或为干混法提供表面活性剂原料。滚筒有两种形式：一种是双旋转加热滚筒，料浆由滚筒上部进入两个滚筒之间的空隙；一种是浸沾式双滚筒干燥器，浆料放在滚筒底下的料盘内，滚筒不断地将浆料从料盘沾起进行干燥。干燥后的薄层连续地由刮刀刮下落到传送带上运至料舱。使用此法时，应注意进入滚筒的料浆的均一性，从调配好料浆至干燥成粉的过程中，料浆中不应产生离析或分层现象。

6. 干混法

干混法是制造洗衣粉最简单的一种方法。将粉状活性剂或易于干燥的表面活性剂送入干燥设备中，脱水变成无水物，然后粉碎、筛分和计量；粉状助剂或易于干燥的助剂也进行上述操作，最后将计量的表面活性剂和助剂照配方设计按比例加入混合器中，搅拌混匀后即可包装，制得成品。干式混合成型法的生产过程及设备比较简单、方便，无须高温干燥，可节约热能，降低成本。由于是在常温下生产，不会产生热分解现象。干混得到的洗衣粉不具备附聚成型的完整实心颗粒和喷雾干燥成型的空心颗粒，它们只是粉料或与液体的简单混合，因此颗粒特性与原料基本相同。这种生产方法制得的成品颗粒大小不易均匀，如果混合不充分还容易夹杂硬块。因此干式混合成型法是生产对产品质量要求不高的颗粒产品的经济适用的方法。得到的产品在混合、包装、运输及使用过程中易吸潮结团，且这种产品在混合设备中，或在使用中易于扬尘、污染空气、危害生产人员和用户的健康。该法采用高于水沸点的温度对原料进行脱水，消耗大量能量，对热稳定性差的材料不能应用。

7. 膨胀法

膨胀法亦称汽胀法或称泡沫干燥法，是利用气体在浆料中膨胀而得到疏松的洗衣粉颗粒。汽胀剂为三偏磷酸钠，分子式 $Na_3P_3O_9$，其中含 Na_2O 为 30.4%（质量分数）、P_2O_5 为 69.6%（质量分数），是六元环结构的白色粉状结晶，密度 2.549 g/mL，其 1%（质量分数）水溶液呈中性。30℃时溶解度为 30 g/100 g。三偏磷酸钠与碱反应，可转化为三聚磷酸钠。反应放出大量的热（$\Delta H = -114.64$ kJ/mol），使料浆中的水分得以蒸发；由于水急剧蒸发是在料浆中进行的，水汽会使料浆膨胀为疏松的固体。汽胀法就是先制造好含有三偏磷酸钠的料浆，然后加碱使之膨化，碱与三偏磷酸钠反应生成的三聚磷酸钠最终转化成六水合物，留在成品中起助剂的作用。使用烷基苯磺酸时，烧碱分两次加入，先加的部分烧碱是为了中和磺酸，使其转化为烷基苯磺酸钠，其余的烧碱最后加入，使之与三偏磷酸钠反应而产生汽胀。

8. 中和造粒法

中和造粒法生产的产品近似于喷雾干燥法生产的产品，但生产成本降低 5% 左右。中和造粒法分为三个步骤：固体物料的预混合，中和造粒和产品的轻化。

（1）预混合

预混合是将所有固体材料组分分批加入到旋转混合器内，可允许加入 3% 左右的液体组分，使配方中所有的固体物料充分混合，碳酸钠物料得到均匀分布，以保证物料各部分的碱度一致。

（2）中和造粒

中和造粒用空气雾化的磺酸和预混合的固体物料在反应器内连续进行配料，使磺酸得到充分中和，物料在反应器内仅停留数秒钟，即可使洗涤剂完全中和和粒化。

（3）产品轻化

中和造粒反应器出来的产品的堆密度大约为 400 ~ 450 g/L，可用两种方法使其轻化。一是冷却粒状洗涤剂在流动床冷却器上用空气冷却，中和反应器出口温度约为 55℃，冷却后温度低于 35℃，然后进行后配料得到堆密度为 400 ~ 450 g/L 的产品；二是粒状洗涤剂先在一台特殊的流动床垫交换器上用空气加热，根据加入五结晶水硼砂的量将其堆密度降到约 300 g/L 后，到冷流动床上冷却，再进行后配料。

中和造粒法也适用于复配性表面活性剂的配方，在洗涤去污力相同时，可节约 5% 的表面活性剂。故用此法生产的洗涤剂价格便宜。

洗衣粉的生产成型方法技术还有很多，如喷雾干燥附聚成型法、干式中和法、流化床干燥法等。

现在，合成洗涤剂的生产和使用受到环境因素和经济因素的影响越来越大。洗衣粉的使用性能就受其基本原料、配方和生产方法的影响，作为工业化产品需要在以下几项指标上符合要求：表面活性剂的含量、原料水分含量、表观密度、粒子分布及均匀度、流动性、溶解性，粉尘行为等。随着社会的进步、工业技术的更新和生活水平的提高，洗衣粉应该不断地推陈出新，外观越来越美，质量越来越好，对环境污染越来越低，生产工艺越来越科学，制作技术越来越先进。

因此，开发和采用新的生产方法和成型技术，要考虑投资生产过程成本，基本原料的供应及消耗、能源的消耗及工厂生产产品对环境的影响。我国洗衣粉的生产方法和成型技术随着粉状洗涤剂新品种的发展而逐渐放弃高塔喷雾的方法，大中型厂采用附聚成型法，或者以高塔喷雾干燥法结合附聚成型法后配料生产；而中小型企业，尤其是小型厂，采用一些投资小、操作费用低的早期使用的生产方法。

二、附聚成型法生产粉状洗涤剂工艺

1. 附聚成型原理

附聚成型法生产洗衣粉是指液体胶黏剂（如硅酸盐溶液）通过配方中三聚磷酸钠和纯碱等水合组分的作用，失水干燥而将干态物料桥接、黏聚成近似球状实心颗粒。附聚作用是干原料和液体黏结并形成颗粒的作用过程，形成的颗粒称为附聚物。洗涤剂附聚是物理、化学混合的过程，用硅酸盐的液体组分与固体组分混合并形成均匀颗粒。该过程是一个物理化学过程，导致附聚的主要机理有机械连接、表面张力、塑性熔合、水分作用或静水作用等。

附聚产品中大多数是以三聚磷酸钠的六水合物和碳酸钠的一水合物存在。这种结合紧密而稳定的水合水，称为结合水。结合松弛而不稳定的水叫游离水。产品的含水是结合水和游离水的总和。为防止结块，一般游离水的含量小于3%。结合水对产品是有益的，它可降低产品的成本，并能增加产品的溶解速率。

2. 附聚成型法生产工艺

根据不同的配方和工艺，附聚成型法的生产工艺有预混合、附聚、调理（老化）、后配料、干燥、筛分和包装等工序，其中附聚、调理（老化）、筛分和包装是必备工序，预混合、干燥和后配料为选用工序。附聚设备基本上是一些混合器。

（1）预混合

预混合是将某些原料在进入附聚器前先行混合，预混物料可以是部分固体原料和部分液体原料的混合物，以促进某些原料的水合作用；可以是干料和干料的混合物、液体原料与液体原料的混合物，可增加物料的均匀度，并提高附聚器的生产能力。最简单的预混合操作是采用螺旋输送机做附聚器的进料装置，使干物料在输送过程中得到混合；液体物料的混合在捏和机中进行。

（2）附聚工序

附聚工序是使物料由游离水转变成结合水的水合过程，体系内释放的水合热使温度升高，一般可达35～45℃。碳酸钠可形成一水合物、七水合物和十水合物，在这样温度下，只存在碳酸钠的一水合物和三聚磷酸钠六水合物。水合过程需要时间，这个过程在附聚器内往往进行得不完全，物料通常还有一定的黏性，所以必须进行调理（老化），使其成为自由流动的不结块的最终产品。

（3）调理

调理是把从附聚器出来的产品放置一段时间，使水合反应进行完全。如果老化后的产品含游离水大于3%（质量分数），还必须进行干燥，以防止产品结块。调理和干燥也可以结合在一起通过流化床进行。

（4）后配料

附聚成型工艺条件比较温和，但有些原料，如酶制剂、漂白剂和杀菌剂等，对温度和湿度仍很敏感，易于失活或变性，这些物料要在筛分工序之后用后配料方法解决。后配料可扩大产品的多样性。

附聚成型法生产装置工艺流程图如图 7—2 所示。将配方中各种固体组分分别粉碎、过筛后送入上部粉仓（其中少量组分先混合后再送入）。粉仓中的原料经过计量后落在水平输送带上送入预混器进行预混合。预混合后的粉料经螺旋输送机进入造粒机。经过预热定量的几种液体组分如非离子表面活性剂、水等同时进入造粒机（附聚器），直接喷洒在处于悬浮状态的粉料上，进行附聚，使物料完成游离水转变成结合水的水合过程。并完成必要的中和反应，再经调理以保证三聚磷酸钠、碳酸钠等充分水合，再加酶加香进行后配制，最后经干燥、筛分后送至成品储槽。

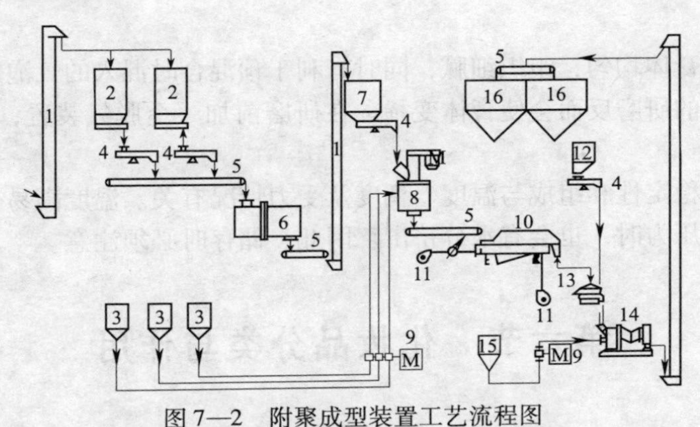

图 7—2　附聚成型装置工艺流程图

1—斗式提升机　2—固体原料储槽　3—液体原料储槽　4—电子皮带秤　5—皮带输送机
6—预混合器　7—预混合料仓　8—连续造粒机　9—计量泵　10—流化干燥床
11—风机　12—酶储槽　13—旋转振动筛　14—后配混合器
15—香精储槽　16—成品粉仓

目前洗衣粉生产中使用最多的是采用混合机附聚和混合机附聚与流化床干燥相结合的工艺，流化床干燥可使附聚成型的浓缩洗衣粉进一步干燥、成型，得到的洗衣粉粒度分布更窄，颗粒表面更光滑，水分含量更少，流动性更好。

三、浆状合成洗涤剂的生产工艺

浆状洗涤剂又称膏状洗涤剂。其制作设备简单、投资少、燃料和动力消耗低、节省硫酸钠，且生产过程中无粉尘，洗涤性能良好，适合中小型工厂生产。

浆状洗涤剂的生产工艺与液体洗涤剂的工艺相同，是按照配方将各种液体和固体组分混合，配制而成的一种均匀、稳定、黏稠的分散体，要求膏体细腻均匀，不因储藏和气温的变化而发生分层、沉淀、结晶、结块或变成稀薄流体等现象。因此其制备工艺条件要求较高，应注意以下三个因素。

1．投料次序

各个生产厂都有自己的经验，所以投料次序并不一致，但要注意掌握以下几个问题。

（1）表面活性剂宜尽早与水混溶成均一溶液，避免产品中各个局部的含量不均。

（2）羧甲基纤维素溶于水中时有一个溶胀过程，故宜尽早投入水中并充分浸溶后，再投入下一种物料。

（3）非离子表面活性剂与硅酸钠不能同时加入，两者相遇易形成难分解的凝冻状物质，影响物料混匀。

（4）三聚磷酸钠中含有Ⅰ型和Ⅱ型两种结构的盐类，Ⅱ型三聚磷酸钠的水合速率较慢，在水合前还需要5 min左右的诱导期，当水合作用发生时，它将吸收料浆中的水分而使料浆的黏度逐渐增大，给物料的搅拌带来一定困难，所以三聚磷酸钠应尽量放在其他物料之后加入。

2. 温度

物料在反应锅内混合是一种预混合的过程，浆状洗涤剂的最后完成还需要经过研磨，以脱气和均质，所以反应锅的温度宜稍高一些，以增加物料的溶解性和流动性，一般控温在60～70℃。

3. 研磨

机械研磨可使膏体均匀，组织细腻，同时有利于预混合时混入的气泡逸出，避免膏体疏松发软，但是过度的研磨反而会使膏体变稀。在研磨前加一个脱气装置，再进行均质研磨，则更紧密细腻。

浆状洗涤剂的稳定性和组成与温度、稠度及受力情况有关。温度高易分层，温度低无机盐易析出；在受到压力时，也会有水分挤出。因此，储存时必须注意。

第六节　化妆品分类与作用

一、化妆品的定义及分类

化妆品是用以清洁和美化人体皮肤、面部以及毛发和口腔的日常生活用品。它具有令人愉快的香气，能充分显示人体的美；可以培养人们讲究卫生的习惯，给人以容貌整洁的好感；并有益于人们的身心健康。

化妆品的品种多种多样，分类方式亦有多样。以下介绍几种常见的分类。

1. 按化妆品使用部位分类

（1）皮肤用化妆品，如洗面奶、雪花膏、粉底、胭脂等。

（2）毛发用化妆品，如洗发水、护发素、染发剂等。

（3）指甲用化妆品，如指甲油。

（4）唇和眼用化妆品，如口红、眼线、眉笔等。

（5）口腔用化妆品，如牙膏、漱口水等。

2. 按化妆品使用功能分类

（1）清洁化妆品，如浴液、香波、清洁面膜等。

（2）基础化妆品，如化妆水、润肤露、发乳等。

（3）美容化妆品，如香粉、指甲油、唇线笔、口红等。

（4）功能性化妆品，如防晒霜、祛斑霜、减肥霜等。

3. 按化妆品的剂型分类

（1）膏霜类，如雪花膏、润肤霜、粉底蜜、祛斑霜等。

（2）粉类，如干粉、湿粉、爽身粉、痱子粉等。

（3）水类，如香水、花露水、紧肤水、香体液等。

（4）香波类，如润发香波、调理香波、儿童香波等。

(5) 其他剂型，如面膜、指甲油、唇线笔、胭脂等。

二、化妆品的作用

化妆品的使用对象为人体表面皮肤及其衍生的附属器官。所起的主要作用如下。

1. 化妆品可温和地清除皮肤及毛发上的污垢，具有清洁作用。

2. 化妆品可使皮肤柔润、光滑，使毛发保持光泽、柔顺，防枯防断，具有保护作用。

3. 化妆品可维护皮肤水分平衡，补充皮肤所需的营养物质及清除衰老因子，延缓衰老，具有营养作用。

4. 化妆品可美化面部皮肤及毛发和指甲，使之光彩照人，富有立体感，具有美化作用。

5. 化妆品还具有染发、烫发、脱毛、祛斑、防晒等特殊作用。

现代的化妆品是在化妆品科学和皮肤科学的最新知识基础上研究、开发出来的，它不再是其诞生之初只供少数人使用的奢侈品，现在已成为人们日常生活的必需品。

第七节　化妆品的原料组成

化妆品质量的好坏，除了受配方、加工技术及制造设备条件影响外，主要还是决定于所采用原料的质量。根据原料在化妆品配方中的比例，可分为基质原料和辅助原料。

一、基质原料

基质原料是构成化妆品基本的物质原料，在化妆品配方中占有较大的比重。体现化妆品的主要性质和功能。

1. 油性原料

油性原料是化妆品的主要基质原料，可使油性污垢易于清洗，能保护皮肤，使皮肤及毛发柔软、有光泽。

一般化妆品中所用的油性原料有三类，分别为油脂类、蜡类及化学合成的高碳烃类。

(1) 油脂类，主要有椰子油、蓖麻油、橄榄油、硬脂酸等。

1) 椰子油。它是由椰子果肉提取制得。常温下为淡紫色的半固体，具有特制的椰子香味。主要成分是脂肪酸和甘油酯，椰子油和牛脂都是香皂的重要基质油料，椰子油和棉子油混合，半硬化后可用于乳膏类化妆品。

2) 蓖麻油。它是从蓖麻种子中提取制得。呈微黄色的黏稠液体，具有特殊气味，能溶于乙醇、乙醚等。常作为整发化妆油和演员用化妆品的主要原料，特别适合制作口红，还可制作化妆皂、膏霜和润发油等。

3) 橄榄油。它是从橄榄仁中提取的。主要成分是油酸甘油酯，是微黄或黄绿色液体，能溶于乙醚、氯仿，不溶于水。橄榄油用作制造冷霜、化妆皂等的原料。

4) 硬脂酸。从牛脂、硬化油等固体脂中提取，呈白色固体，是制造雪花膏的主要原料。

(2) 蜡类，主要有蜂蜡、鲸蜡、霍霍巴蜡等。

1) 蜂蜡。它是由蜜蜂的蜂房精制而得，呈嫩黄色无定形的固体，略有蜂蜜的香气，溶于油类及乙醚，不溶于水。它是制造香脂的主要原料，广泛地应用于膏、霜、乳液、口红、眼影等各类化妆品中。

2）鲸蜡。它是从抹香鲸脑中提取而得，呈珠白色半透明固体，无臭无味，暴露于空气中易酸败。易溶于乙醚、氯仿、油类及热酒精中，不溶于水。它是制造冷霜的原料。

3）霍霍巴蜡。它是从霍霍巴种子中取得。呈透明、无臭的浅黄色液体。霍霍巴蜡不是甘油酯，与动植物油脂不一样。它最突出的优点是不易氧化和酸败，无毒，无刺激，很容易被皮肤吸收，有良好的保湿性，是鲸油的理想替代品，在化妆品生产中的地位逐渐升高，广泛应用于润肤霜、面霜、香波、口红、指甲油、婴儿护肤品清洁剂中。

（3）高碳烃类，主要有液体石蜡、固体石蜡、凡士林等。

1）液体石蜡。又称白油，它是石油高沸点馏分经精制而得。呈无色无臭的透明状液体，可作为制造护肤霜、冷霜、清洁霜、发乳、发油等化妆品的原料，是烃类油性原料中用量最大的一种。

2）固体石蜡。它是由石油中提取出来的，无色无臭的结晶型固体，化学稳定性能好，主要成分是十六个碳以上的直链不饱和烃，价格低廉，与其他蜡类或合成脂类一起用于香脂、口红、发蜡等化妆品。

3）凡士林。它是多种石蜡的混合饱和烃，由于常含有微量不饱和烃，需要加氢制成化学稳定的烃，与液体石蜡一起成为重要的油性原料，在香脂、乳液等化妆品中广泛应用。

2. 粉类原料

粉类原料一般是不溶于水的固体，经研磨制成的细粉状，主要起遮盖、滑爽、吸收等作用。

（1）滑石粉

滑石粉是天然的含水硅酸镁。由于矿床地区不同，质地、品种、成分也略有不同。滑石粉是制造香粉、粉饼、胭脂、爽身粉的主要原料。

（2）高岭土

高岭土是一种天然黏土，经煅烧粉碎而成的细粉。高岭土的吸油性、吸水性、对皮肤的附着力等性能都很好，它是制造香粉的原料。它能吸收、缓和及消除由于滑石粉引起的光泽。

（3）钛白粉

钛白粉由含钛量高的钛铁矿石，经硫酸处理成硫酸钛，再制成钛白粉。有极强的遮盖力，用于粉类化妆品及防晒霜中。

（4）云母粉

云母是含有碱金属的矾土硅酸盐。手感滑爽，黏附性很好，但遮盖力不强。如用化学方法在云母粉上镀一层，即成珠光粉质。珠光粉质用于粉饼和唇膏中。

3. 胶质原料

胶质原料在化妆品中有增稠、乳化、分散、成膜、黏合、保湿、营养等作用。在化妆品中常用的胶质原料有三种：天然高分子化合物（如动物类明胶、酪蛋白等；植物类淀粉、海藻酸钠等）；半合成高分子化合物（如纤维素的衍生物羧甲基纤维钠，纤维素混合醚等）；合成高分子化合物（如聚乙烯醇、聚丙烯酸钠等）。

4. 乳化剂

乳化剂是使油脂、蜡与水制成乳化体的原料，在化妆品配方中是非常重要的组分。乳化剂基本上是各类表面活性剂，如硬脂酸钠是阴离子型乳化剂；高级胺的盐类二甲基十二烷基苄基氯化铵是阳离子型乳化剂，十二烷基丙酸是两性型乳化剂。除了常用的各类表面活性剂外，还有天然的表面活性剂，如羊毛脂、卵磷脂等。

5. 溶剂类原料

溶剂是膏、浆、液状化妆品配方中不可缺少的成分。在配方上与其他成分互相配合，使制品具有一定的物理化学性质，便于使用。

（1）水

它是良好的溶剂，也是一些化妆品的基质原料，如清洁剂、化妆水、霜膏、乳液、水粉等都含有大量的水，现在广泛使用在化妆品中的是去离子水和纯净水。

（2）醇类

低碳醇是香料、油脂类的溶剂，能使化妆品具有清凉感，并且有杀菌作用。如乙醇应用在制造香水、花露水及洗发水等产品上。

二、辅助原料

辅助原料是指除基质原料外的所有原料，是为化妆品提供某些特定性能而加入的。如保湿剂、色素、抗氧化剂、防腐剂、收敛剂、香精、营养添加剂等。它们在化妆品的配方中占的比重不大，但不可缺少。

1. 保湿剂

保湿剂可保持皮肤的柔软性，还可以防止化妆品干裂，延长化妆品的寿命。常用的有多元醇、有机金属化合物，如甘油及酒石酸钠。

2. 防腐剂

因化妆品中含有水与很多营养物质，是微生物繁殖生长的场所，加入防腐剂使微生物生长的可能性降至最低限度，延长化妆品的保质期，防止消费者受污染而损害健康。常用的防腐剂有对羟基苯甲酸酯类、咪唑烷基脲等。

3. 抗氧化剂

化妆品中的油脂及添加剂中的不饱和键会与空气中的氧结合发生氧化作用，而发生腐败臭味，还会引起变色、对皮肤刺激等，所以要加入抗氧化剂。常用的有二叔丁基对甲酚（简称 BHT）、叔丁基羟基甲醚（简称 BHA）、维生素 E 等。

4. 香精

香精可掩盖原料中的不良气味或抑制体臭，也有杀菌防腐的作用。香精是由多种香料配合而成的一种混合物，高档的香精可使用较多的天然香料，如精油、浸膏、树脂等；低档香精则主要使用人造香料。

5. 营养添加剂

营养添加剂作用是调节机体新陈代谢，具有延缓衰老、祛斑、增白、护发等功效。常用的有人参、芦荟、沙棘、胎盘、貂油、甲壳素等。

第八节　化妆品配方与应用

一、基础化妆品

1. 化妆水

化妆水是一种黏度低、流动性好的液体化妆品，能收敛、中和及调整皮肤生理作用，进而防止皮肤老化、恢复活力。一般用于洗脸后、化妆前。如在化妆水中添加滋润剂和各种营养成分，能具有良好的润肤和养肤作用。

化妆水的主要成分是保湿剂（如丙二醇、甘油、乳酸钠等）、收敛剂（如乙醇、硼酸、异丙醇等）、去离子水，有的也添加些表面活性剂，以降低乙醇用量或制备出无醇化妆水，制造时一般不需经过乳化。

化妆水种类繁多，目前较为流行的产品有适于油性皮肤的收敛性化妆水，补充皮肤水分和油分的柔软性化妆水以及清洁功能好的碱性化妆水等。

收敛性化妆水又称紧肤水、收缩水，呈微酸性，接近皮肤的 pH 值，适合油性皮肤和毛孔粗大的人群使用。配方中主要是具有凝固皮肤蛋白质、变成不溶性化合物的收敛剂，如明矾、硫酸铝、氯化铝、硫酸锌、柠檬酸等。此外，配方中还有保湿剂、水和乙醇。

【配方】收敛性化妆水

组成	质量分数/%	组成	质量分数/%
明矾	1.5	乙醇	11.0
苯甲酸	1.0	甘油	5.0
硼酸	3.0	香精	0.5
吐温 -20	2.5	蒸馏水	75.5

将明矾、苯甲酸、硼酸、甘油溶于水，制成水相；将香精、吐温 -20 溶于乙醇，制成醇相，略加热以增加溶解。将醇相加于水相，快速搅拌使之溶解，过滤、灌装，即成。

柔软性化妆水配方中以保湿剂成分居多，除了甘油，还有丙二醇、季戊四醇、山梨醇及天然保湿因子等，另外，还添加少量天然胶质等增稠剂来提高黏度，如半乳糖、果胶等。碱性化妆水的配方中，酒精含量高些，约为 20%，还加以碳酸钾、硼砂等碱，起去垢和软化皮肤角质层的作用。

2. 膏霜

膏霜类化妆品在基础化妆品中起着重要作用。它能在皮肤表面形成薄薄的油脂膜，供给皮肤适当的水分和油脂，从而保护皮肤免受外界不良环境因素刺激，延缓皮肤衰老，维护皮肤健康。近年来，随着乳化技术的改进，表面活性剂品种的增加以及天然营养物质的使用，开发出了各种不同的膏霜制品，其种类与消耗量之多，是其他化妆品望尘莫及的。

(1) 雪花膏

雪花膏的外观洁白如雪，擦在皮肤上先成乳白痕迹，继续擦则消失，如雪花，故得名。也有称霜或护肤霜的。雪花膏不刺激皮肤，主要用作润肤、打粉底（有人称之为粉底霜）和剃须后用化妆品。

雪花膏通常都制成 O/W 型乳状液，是一种非油腻性的护肤用品。主要组分有硬脂酸、水、保湿剂、香精等。

【配方】美白雪花膏

组成	质量分数/%	组成	质量分数/%
蜂蜡	1.2	防腐剂	0.5
硬脂酸	6	抗氧化剂	0.2
鲸蜡醇	3	丙二醇	3
豆蔻酸异丙酯	2.5	薏苡仁提取物（固体）	0.5
聚氧乙烯山梨糖醇	3	香精	0.3

单硬脂酸酯角鲨烷	6	蒸馏水	73.8

除香精外，将各成分混合，加热至85℃，搅拌下进行乳化，冷却至45℃时加香精，继续冷却至室温。

薏苡仁提取物的制备：将薏苡仁粉末1 kg加于2 L的2 mol/L盐酸中，搅拌下加热至98℃左右，保持2.5 h，直至成为浆状流动液时停止加热，冷却。加入同量的三氯三氟乙烷，在300 r/min的速度下搅拌15～20 min，静止分层，取上中层液于40℃减压蒸馏除去盐酸，变成黏稠物；再加三倍水稀释溶解，后加2 mol/L的NaOH溶液，过滤，再于40℃下减压蒸馏成干固物。

这种含薏苡仁提取物的雪花膏具有良好的保湿和柔软作用，能防止黑色素生成，还能增加皮肤的光泽。除此之外，大枣、蜂蜜、当归等天然物中的有效成分也可加入到雪花膏中，赋予其特别的美容护肤效果。

（2）润肤霜

润肤霜是介于弱油性和油性之间的膏霜，油性成分含量一般可达10%～70%，主要指非皂化的膏状体系，有O/W型和W/O型，现仍以O/W型膏状占主导地位。润肤霜有保持皮肤水分的功能。水分是皮肤最好的柔润剂，皮肤只有在保持恰当水分含量时，才能光滑、柔软而富有弹性。质量好的润肤霜应在表皮角质层上形成油膜，水分能通过，但蒸发缓慢。

润肤霜一般都含有润肤剂、营养剂和保湿剂。润肤剂有羊毛脂、高碳脂肪醇、多元醇、癸酸甘油酯、角鲨烷、植物油、乳酸脂肪醇酯。由于改变配方中油分的种类或添加各种药剂便可赋予产品各种独特的使用感觉和效果，因此品种多种多样，如通用型润肤霜、日霜、晚霜及润肤蜜等。

【配方】通用型润肤霜

组成	质量分数/%	组成	质量分数/%
硬脂酸	10.0	羊毛脂衍生物	2.0
蜂蜡	3.0	丙二醇	10.0
十六醇	8.0	三乙醇胺	1.0
角鲨烷	10.0	香精	0.5
单硬脂酸甘油酯	3.0	防腐剂	适量
聚氧乙烯单月桂酸酯	3.0	去离子水	加至100

通用型润肤霜略带油性，较黏稠，涂抹分散时略有阻力，耐水洗，适用于脸部、手和身体敷用。

（3）冷霜

冷霜多为W/O型乳状液，它不仅有保护和柔润皮肤的作用，还可防止皮肤干燥冻裂，此外也能当粉底霜使用。因冬天擦用时，体温使水分蒸发，同时所含水分被冷却成冰雾，因而产生凉爽感，故而得其名。

冷霜的主要成分为蜂蜡、液体石蜡、硼砂和水，含油量可达65%～85%，乳化剂为蜂蜡中的二十六酸与硼砂中和生成的二十六酸钠。原料中对蜂蜡的质量要求较高，至于硼砂的用量可根据中和反应的比例计算出来。

冷霜因包装形式不同而有瓶装和盒装两种，瓶装要求在35℃不致有油水分离现象，冷霜的稠度较软，而盒装的稠度应比瓶装厚些。

【配方】瓶装冷霜

组成	质量分数/%	组成	质量分数/%
蜂蜡	10	乙酰化羊毛醇	2
白凡士林	7	蒸馏水	41.4
1#白油	34	硼砂	0.6
鲸蜡	4	香精、防腐剂和抗氧化剂	适量
斯盘-80	1		

将硼砂溶解在蒸馏水中，加热至70℃，将油相成分混合，加热至70℃，然后将水相加于油相内，在开始阶段剧烈搅拌，当加完后改为缓慢搅拌，待冷却至45℃时加入香精，40℃时停止搅拌，静置过夜，再经三辊机或胶体磨研磨后，瓶装。

3. 乳液

乳液多为含油量低的O/W型的乳化制品，又称润肤乳液或润肤蜜。因有流动性，易搽涂，使用感觉滑爽，尤其适用于夏天使用。

乳液成分类似膏霜，有油脂、高级醇、高级酸、乳化剂和低级醇、水溶性高分子等。制作条件比膏霜严格，要选择好最合适的乳化、温度、搅拌、冷却等条件。通常是在油相中加乳化剂，热溶后加于水相中，以强力乳化器进行乳化，边搅拌边用热交换器冷却乳液。下面以W/O型润肤露为例。

【配方】W/O型，适于干性皮肤润肤露

组成	质量分数/%	组成	质量分数/%
A. 微晶石蜡	1	失水山梨醇倍半油酸酯	4
蜂蜡	2	吐温-80	1
羊毛脂	2	B. 丙二醇	7
液体石蜡	20	蒸馏水	53
异三十烷	10	C. 香精、防腐剂	适量

将A组混合，加热至70℃；将B组混合，加热至70℃，在搅拌下，将B组加于A组，待温度降至40℃时加入C组。搅拌冷却至30℃，灌装。

二、美容化妆品

美容化妆品也称为装饰用化妆品，除以面部使用为主以外，还包括美化指甲的指甲油。主要注重美学上的润色，同时也注意皮肤的生理学，兼顾美容和护肤。

1. 基本美容品

主要包括化妆前打底用的粉底霜类、赋予身体芳香及遮盖瑕疵的香粉类和爽身扑粉。

(1) 粉（底）霜

粉底主要在涂抹其他美容化妆品之前使用，不仅有护肤作用，同时有较好的遮盖力，能掩盖皮肤的斑点、皱纹等。

粉底常用的原料有二氧化钛、硅酸盐、碱土金属氧化物和碱土金属脂肪酸盐等化合物，其粒度要求在40 μm以下，可采用325目的筛子来筛分。

【配方】粉底霜

组成	质量分数/%	组成	质量分数/%
硬脂酸	20.0	甘油	5.0
羊毛脂	1.5	钛白粉	2.0
肉豆蔻酸异丙酯	3.5	丝蛋白粉末	1.0
单甘酯	3.0	香精/防腐剂	适量
三乙醇胺	0.8	精制水	加至 100

钛白粉与甘油先充分搅拌均匀后，加入制成的膏体中，再充分混合均匀。

（2）香粉

香粉可以改变不良肤色，充分发挥其美容品的色彩效果，达到美容目的，其优越性是化妆水、膏霜无法替代的。香粉的生产工艺过程为混合、磨细和过筛，要求香粉粉粒细度为 76 μm 左右，并能混合得十分均匀。混合香精时，最好先把香精与吸附性强的粉质（如碳酸钙、高岭土等）混合，然后再与其他粉质混合，香粉易受生产设备金属粒子的污染变质，即使用玻璃、搪瓷材质设备也要经常注意和检查，确认与香粉直接接触的部位无破损外露金属部件，否则，也会带来同样的不良后果。成品香粉较易吸收空气中的水分，即容易受潮，包装香粉的内外包装应是防潮的。

【配方】化妆香粉

组成	质量份	组成	质量份
尼龙粉	250	硬脂酸锌	10
N－月桂酰基赖氨酸	150	氯化硼	30
云母	440	马来酸二异十八烷酯（防腐剂）	0.25
硬脂酸异二十烷酯	80	染料	15
空心微球	2.5	香精	1.25

（3）粉饼

粉饼和香粉的使用目的相同，将香粉压制成粉饼的形式，主要是便于携带，使用时不易飞扬，其使用的效果应和香粉相同。

【配方】干湿两用粉饼

组成	质量分数/%	组成	质量分数/%
滑石粉	30～80	油剂	3～10
云母粉	2～5	香料	少量
钛白粉	2～20	颜料	适量
高岭土	5～30		

该粉饼既具有粉底作用又有定妆功能，粉质细腻，油润易涂，与皮肤的亲和性好，化妆效果透明自然，手感柔软。它与普通粉饼最大的区别是具有疏水性，因此与皮肤渗出的汗不易融合，可以延长化妆时间。

将固体粉料与颜料在混合器内混合，粉碎，加入油剂，进行粉碎，冲压成型得到干湿两用粉饼。

（4）爽身粉

爽身粉主要用于浴后在全身敷用，能润滑肌肤、吸收汗液、减少痱子的滋生，给人以舒适芳香之感，因此，爽身粉是男女老少都适用的夏令卫生用品。

爽身粉的原料和生产方法与香粉基本相同，对爽滑性更为突出，对遮盖力并无要求。它的主要成分是滑石粉，另外，还添加一些具有杀菌消毒作用的硼酸及清凉感觉的薄荷脑香料。

【配方】爽身粉

组成	质量分数/%	组成	质量分数/%
滑石粉	73	硼酸	4.5
碳酸镁	8.5	着色剂	适量
钛白粉	10	香精	适量
硬脂酸镁	4		

2. 色彩美容品

（1）胭脂

胭脂是涂抹于面颊部，使其红润健康的美容化妆品。在古代所使用的原料是天然红色料，包括天然无机物和植物红花；而到了现代，其来源已丰富多了。

与其他粉末制品相比，差异性主要在于色彩浓淡。胭脂在许多方面与粉底相同，只是遮盖力较粉底弱，色调较粉底深。目前胭脂已被试制成各种形态，有液体、半固体和固体等种类。液体胭脂可分为悬浮体和乳化体；半固体可分为无水的油膏型和含水的膏霜型。但固体粉饼状胭脂是目前市场上最受消费者欢迎的剂型。

【配方】胭脂

组成	质量分数/%	组成	质量分数/%
甘油	5	十二烷基硫酸钠	1
色素	5	蒸馏水	76.5
二甘醇单硬脂酸酯	10	香精/防腐剂	0.5
鲸蜡醇	2		

将除二甘醇单硬脂酸酯外的其余组分混合，另将二甘醇单硬脂酸酯加热熔化至较高温度，然后注入以上混合物中。

（2）唇膏

唇膏又称口红，涂抹在嘴唇上，勾勒唇形，赋予人娴雅或妩媚的气质，同时还可以保护嘴唇不干裂，使之红润美丽。其产品形式有棒状、自由活动的铅笔状和膏状。其中棒状较为普遍。

由于唇膏入口，对原料的毒性控制很严。原料主要有油性、色素与香精。色素是主要成分，其种类有溶解性颜料（溴酸红）及不溶性颜料（红色201号）；油性成分是骨干成分，有蓖麻油、单元醇及多元醇的高级酯；还有滋润性物质，如羊毛脂、凡士林等。

唇膏的制备工艺可分为四个工序。一是颜料的研磨，就是将着色剂分布于油中或全部的脂蜡基中，成为细腻均匀的混合体系，将溴酸红溶解或分布于蓖麻油中，或配方中的其他溶剂中。二是颜料相与基质的混合，将蜡类放在一起熔化，温度控制在比最高熔点略高一些。将软脂及液体油熔化后，加入其他颜料，经研磨机磨成均匀的混合体系。三是浇注成型，将上述三种体系混合再研磨一次，当温度下降至高于混合物的熔点5~10℃时，即进行浇注，并快速冷却。四是火焰表面上光，将脱模后的唇膏表面通过火焰加热，使其表面光亮平滑。

【配方】变色唇膏

组成	质量分数/%	组成	质量分数/%
蓖麻油	44.8	巴西棕榈蜡	10.0

肉豆蔻酸异丙酯	10.0	钛白粉	4.2
羊毛脂	11.0	曙酸红	3.0
蜂蜡	9.0	香精、抗氧化剂	适量
固体石蜡	8.0		

变色唇膏又称双色调唇膏，使用时在数秒内由淡橙色逐渐变为玫瑰红。

(3) 眼影、眼线、眉笔、睫毛膏

1) 眼影。眼影是涂敷于眼皮及外眼角形成阴影而美化眼睛的化妆品。眼影的品种较多，主要包括眼影膏和眼影粉饼等。

【配方】眼影粉

组成	质量分数/%	组成	质量分数/%
高岭土	47.5	纯白蜂蜡	2.0
二氧化钛	5.0	软脂酸十六醇酯	5.0
氧化铁黑	6.0	单硬脂酸甘油酯	0.5
氧化铁红	6.0	香料	适量
氧化铁黄	8.0	防腐剂、抗氧化剂	适量
珠光颜料	20.0		

将粉状颜料烘干，混合研磨，加入已混合熔化的油蜡等原料，拌匀后再研磨即得。

本品为眼部化妆品，搽于上下眼皮和外眼角，形成阴影，突出眼部立体感和神秘感，可产生特殊的魅力效果。

【配方】眼影膏

组成	质量分数/%	组成	质量分数/%
硬脂酸	16	防腐剂	0.2
凡士林	25.0	香料	0.4
羊毛脂	5.0	颜料	20.0
丙二醇	5.0	精制水	加至100
三乙醇胺	4.0		

水相组分与油相组分分别混合并加热至70℃，在搅拌下，将水相加入油相，搅拌冷却至40℃加香料成一般膏体，然后和颜料充分混合均匀。

2) 眼线化妆品。眼线化妆品是沿睫毛根部涂于眼皮边缘的美容化妆品，可突出眼睛的轮廓和强化眼睛层次，增加眼睛的魅力，主要包括眼线笔和眼线液。眼线笔的主要原料和配制方法均与眉笔类似，但笔芯较眉笔稍细，色彩更为均匀，质地较眉笔柔软，主要呈蜡状。眼线液是较为流行的品种，主要有薄膜型和乳液型两种。薄膜型眼线液中需添加成膜剂，主要采用纤维素衍生物等天然高分子化合物以及水溶性的合成高分子，还常以乙醇为溶剂，加快膜的干燥速度。

【配方】眼线笔

组成	质量分数/%	组成	质量分数/%
地蜡	6~12	十八醇	5~8
小烛树蜡	6~9	氢化蓖麻油	6~10
羊毛脂	4~6	尼泊金丙酯	适量

单硬脂酸甘油酯	3~5	色素	6~16
白油	20~30	香精	适量
钛云母珠光颜料	20~26		

先将钛云母珠光颜料、色素与氢化蓖麻油、白油混合，充分搅拌，使色素和颜料充分分散在油相中待用。另将其他原料（香精除外）混合加热熔融。充分熔混后加入上述所得物料中，再加入香精搅匀，进行真空脱气。在慢慢搅拌下，在高于物料熔点10℃时，注入模型制成笔芯，将其黏合在木杆中即成产品。产品硬度可由配方量进行调整。

3）眉笔。眉笔是用来修饰、美化眉毛的化妆品，可加深眉毛或修饰、美化眉毛的外形，以便改善容貌。

现代眉笔所采用的原料为油、脂、蜡和颜料。颜料除使用炭黑外，也可选择不同的氧化铁颜料。对制品的质量要求包括：软硬适度；描画容易；色泽自然、均匀；稳定性好；不出汗、不碎裂；对皮肤无刺激；安全性好。

【配方】眉笔

组成	质量分数/%	组成	质量分数/%
石蜡	33.0	蜂蜡	18.0
凡士林	10.0	18#白油	4.0
羊毛脂	10.0	颜料	13.0
川蜡	12.0		

将颜料和适量的凡士林、白油在三辊机里研磨均匀成为颜料浆，然后将油、脂、蜡全部在锅内加热熔化，再加入颜料浆搅拌均匀后，浇在模子里制成笔芯。

4）睫毛膏。睫毛膏是修饰、美化睫毛，使其增加色泽并促进生长的膏状美容制品，颜色以黑色、棕色为主，一般采用炭黑及氧化铁为颜料。使用时，用特制的刷子蘸取少量直接涂于睫毛上。

【配方】睫毛膏

组成	质量分数/%	组成	质量分数/%
聚丙烯酸酯乳胶	20~36	三乙醇胺	0.5~2
羊毛脂蜡	6~10	斯盘-80	2~5
地蜡（精制品）	6~10	尼泊金甲酯	适量
氧化铁黑	5~8	香精	适量
硬脂酸	3~6	去离子水	加至100

在带搅拌器的不锈钢或搪瓷容器中，加入羊毛脂蜡、地蜡、硬脂酸及尼泊金甲酯，加热至75~85℃，使各组分熔混待用，另将聚丙烯酸酯乳液、去离子水、斯盘-80及三乙醇胺加热至60~70℃，将所得物料倒入前面所得物料中，不断搅拌，降温至50℃左右时加入香精及氧化铁黑，充分搅拌均匀，再经胶体磨研磨，冷却至室温后灌装至软管中，使用时用特制的小刷子涂在睫毛上。

（4）指甲油

指甲油是涂在指甲上的，能保护指甲又能赋予指甲以鲜艳色泽，形成美丽指甲的化妆品。它应具备黏度适当、涂抹均匀、干燥迅速和颜料分散均匀的特点。指甲油的主要成分是成膜剂（硝化纤维素等）、增塑剂（柠檬酸酯、樟脑等）和色素。

【配方】光亮指甲油

组成	质量分数/%	组成	质量分数/%
醇酸树脂	10	乙醇	5
乙酸乙酯	20	柠檬酸三丁基乙酰醚	5
甲苯	32	氧化铁红	1
乙酸丁酯	16.67	苄基甲基硬脂基胺改性膨润土	0.3
硝基纤维素	10	硬脂酸镁	0.03

将一部分混合溶剂（醋酸乙酯、乙醇和甲苯）加入不锈钢容器中，搅拌下加入硝基纤维素，使其被湿润，然后依次加入剩余的溶剂及其他组分，搅拌数小时待全部溶解后，经压滤除去杂质。

美容化妆品为人们的生活增添了光彩，但在美容的同时，不能忽视对人体健康的保障。美容产品必须都符合国家规定的质量标准和卫生标准；消费者要提高识别能力，并且在使用时也要适度。

三、清洁用化妆品

1. 洗发香波

香波是英文 shampoo 的译音，原意为洗发。因洗后留有芳香，并被人们当作了洗发用品的称呼。

洗发香波不仅能除去头皮和头发上的污垢，还能促进头皮和头发的生理机能，使头发发亮、服帖。香波的主要活性物质是具有洗涤功能的表面活性剂，添加剂则使香波增添其他功能。

香波的制备工艺与乳液类制品相比是比较简单的。它的制备过程以混合为主。一般设备仅需配有适当搅拌器的有夹套的反应锅。由于香波的主要原料大多数是极易产生泡沫的表面活性剂，因此，加料的液面必须浸过搅拌桨叶片，以避免过多的空气被带入而产生大量的气泡。

【配方】调理香波

组成	质量分数/%	组成	质量分数/%
十六烷基三甲基纤维素溴化铵	10	2-溴二硝基丙烷-1，3-二醇	0.01
羟乙基纤维素	1	吡啶硫酮锌	0.35
NaOH	0.1	香精、色素	适量
季铵化乙基纤维素	0.5	水	加至100

该配方中含有吡啶硫酮锌药物，同时具有洗涤、调理、去头屑作用。

2. 洗浴剂

（1）泡沫浴液

泡沫浴剂是适合用于盆浴的沐浴制品，放在水中产生丰富的泡沫，能去污和促进血液循环。泡沫浴剂适用于各种水质，性质温和，对皮肤和眼睛的黏膜无刺激性，以液状制品为主。

【配方】泡沫浴液

组成	质量分数/%	组成	质量分数/%
食盐	2	月桂醇醚硫酸钠（K-12）	32
苯甲酸钠	0.1	椰油脂肪酰二乙醇胺（ALX-100）	4
色素	适量	椰油醇聚氧乙烯醚（$a=7$）	3
水	58.5	香精	0.3

将食盐、苯甲酸钠、色素、水混合溶解，将月桂醇醚硫酸钠、椰油脂肪酰二乙醇胺、椰油醇聚氧乙烯醚混合后逐步加入，搅拌均匀后加香精。

（2）浴盐

浴盐是一类粉末或颗粒状态的沐浴制品，也适用于盆浴。在其中加入了无机盐类物质，通过其在水中的溶解，提供保温和杀菌的作用。

【配方】矿化浴盐

组成	质量分数/%	组成	质量分数/%
硫酸钠	60	亚硫酸钠	5
碳酸氢钠	20	葡萄糖	3
氯化钠	10	香精	2

将除香精外的其他原料研成细粉状，然后混合，最后加香精，混合均匀即可。

（3）浴油

浴油是在洗浴后能涂在皮肤上的类似皮脂膜的油制品，可防止因为洗澡后皮肤发干，还可赋予皮肤以清香。

【配方】浴油

组成	质量分数/%	组成	质量分数/%
石蜡油	50	二丁基羟基甲苯（BHT）	0.05
精制花生油	32.95	油溶性香精	2
月桂醇聚氧乙烯醚（9）	15		

将石蜡油、精制花生油、月桂醇聚氧乙烯醚置于混合器中，搅拌均匀后加入二丁基羟基甲苯，最后加油溶性香精搅拌均匀即可。

3. 牙膏

牙膏是保护牙齿、防止口腔疾病的生活必需品。因与口腔相接触，所以要求无毒性，对口腔膜无刺激性。牙膏组成成分有摩擦剂、保湿剂、发泡剂、香味剂、着色剂、防腐剂、药效成分等。

【配方】普通透明牙膏

组成	质量分数/%	组成	质量分数/%
二氧化硅	20.0	糖精钠	0.05
山梨醇液	50.0	尼泊金乙酯	0.01
甘油	10.0	色素	适量
CMC	1.5	香料	适量
K12	1.8	去离子水	11.64

4. 肥皂

肥皂是高级脂肪酸盐的总称，其中香皂是带有宜人香味的块状硬皂，采用牛油、羊油、椰子油为原料。皂中除脂肪酸盐外，还加有各种添加剂（如抗氧化剂、香精及钛白粉）。香皂的性能温和，有乳状泡沫，对皮肤无刺激，常用于洗脸、洗澡，兼有清洁护肤功能，用后皮肤感觉良好，留香持久。

近年来，为了增加香皂品种的竞争力，在市场上出现了许多香皂新品种。

【配方】普通香皂

组成	质量分数/%	组成	质量分数/%
皂基	84.35	EDTA（20%）	0.09
尿素	11.25	丁基化羟基甲苯（BHT）	0.07
椰子油脂肪酸	4.22	香料/色素	适量

将上述成分混匀后，加热至140℃，喷雾干燥，制皂粉，含水量12%，然后按此皂粉100计，添加香料1%、TiO_2 0.3%、色素0.5%，搅拌后压成块状。

上述介绍的仅为清洁化妆品中几类典型例子，制作皮肤、毛发清洁用品所需原料和生产工艺都要精良一些，如选用性质温和、不刺激皮肤的表面活性剂等。在掌握了其中的规律后，可根据市场需求，不断开发新的品种。

四、功能性化妆品

功能性化妆品是通过其特殊作用达到美容、护肤、消除人体不良气味等目的的化妆品，也称特殊用途化妆品。主要包括防晒、祛斑、祛臭、健美等。

1. 防晒化妆品

防晒化妆品是指具有屏蔽或吸收紫外线作用，减轻因日晒引起皮肤损伤的化妆品。近年来，其产品类型和产量都获得大幅度增长，这类化妆品在膏霜类及奶液类的基础上添加防晒剂制得，其形态有防晒霜、防晒油、防晒液等。

美国FDA在1993年的终审规定，最低防晒品的防晒率SPF为2~6，中等防晒品的SPF为6~8，高度防晒品的SPF为20~30。皮肤病专家认为，一般使用SPF为15的防晒品已经足够。

【配方】防晒油

组成	质量分数/%	组成	质量分数/%
二甲基硅油	20.0	水杨酸薄荷酯	6.0
白油	37.45	尼泊金丙酯	0.05
橄榄油	36.0	香精	0.5

将各组分除香精外放入容器内，搅拌使其充分混溶，如有不溶物可适当微热，全溶后加入香精搅匀，经过滤即成产品。

【配方】防晒霜

组成	质量分数/%	组成	质量分数/%
硬脂酸	12.0	氢氧化钾	0.5
单甘油酯	8.0	蒸馏水	加至100
甘油	17.0	香精	1.0
芦根提取物 17.0			

将硬脂酸、单甘油酯两种成分加热至85℃，另将甘油、芦根提取物、氢氧化钾三种成分加热至70℃，然后加入前面配好的溶液内，搅拌，待温度降至45℃时加入香精，然后继续搅拌，至30℃时停止搅拌。

2. 减肥化妆品

在市场常见的减肥霜、减肥凝胶、减肥香皂、健美精华素等产品中，以减肥霜的效果最好。

【配方】减肥凝胶

组成	质量分数/%	组成	质量分数/%
苯甲醇烟酸酯	5	甘油	30

壬基酚聚氧乙烯（12）醚	50	香料	3
交联聚丙烯酸	10	防腐剂	3
乙醇	300	水	569
三乙醇胺	3		

将各物料分散于水中，即可制成凝胶状减肥化妆品。

3. 面膜

面膜是在面部皮肤上敷一层薄薄的物质，其作用是将皮肤与外界空气隔绝，使皮肤温度上升，这时敷在皮肤上的面膜中其他成分，像维生素、水解蛋白以及其他营养物质，就有可能有效地渗进皮肤里，起到增进皮肤机能的作用。经一段时间后，再除去面膜，皮肤上的皮屑等杂物也就随之而被除去，不仅使皮肤清洁，并且还可以滋润皮肤、促进新陈代谢。面膜可分为粉状面膜、剥离型面膜、膏状面膜等。

【配方】剥离型面膜

组成	质量分数/%	组成	质量分数/%
A. 聚乙烯醇	10.0	水溶性防腐剂	适量
丙二醇	5.0	香料	5.0
去离子水	44.1	C. 乙醇	30.0
B. 聚丙烯酸树脂	0.4	色料	适量
三异丙醇胺	0.5	D. 水解蛋白	5.0

工艺步骤：

（1）将水和丙二醇加热到 70～75℃，在不断搅拌下加入聚乙烯醇，加完后继续搅拌直至全部溶解，再加入组分 B，继续搅拌至全部溶解后，冷却至 40℃。

（2）在另一容器内将组分 C 混合，搅拌至全部溶解。

（3）将组分 C 加至上述 40℃的溶解液中，再加入组分 D，搅拌均匀后，冷却至 38℃，即得产品，产品的 pH 值等于 7.2。

4. 粉刺霜

粉刺又称痤疮，是一种毛囊、皮脂腺组织的慢性炎症性皮肤病。青年男女的发生率较高，多发于人的颜面、上胸部、背部等。主要原因是由于青春期性内分泌腺的活动加强，皮脂分泌量增加，逐渐积聚在毛囊口诱发粉刺。

轻度粉刺可用消炎药物治疗，但重要的在于预防，特别是在初发期，抹用除皮脂与消炎作用的粉刺霜，即可收到良好的防治效果。

【配方】粉刺霜

组成	质量分数/%	组成	质量分数/%
单甘油酯	3.0	十二烷基硫酸钠	10.0
十八醇	2.0	甘油	5.5
硬脂酸	10.0	薏苡仁提取物	4.0
蒸馏水	加至 100	香精/防腐剂	适量

将单甘油酯、十八醇、硬脂酸加热至 70℃，另将蒸馏水、十二烷基硫酸钠、甘油、薏苡仁提取物加热至 60℃，然后将前者加入后者，边加边搅拌，降温至 45℃时，加入香精、防腐剂，继续搅拌 0.5 h 即可。

功能性化妆品种类繁多，除上述列举之外，还有祛虫剂、脱毛霜、脱毛液等，随着时代的发展，将会不断开发出更多具有特殊功效的化妆品。

第九节　化妆品生产工艺技术

化妆品与一般的精细化学品相比较，生产工艺比较简单。生产中主要是物料的混合，很少有化学反应发生，常采用间歇式批量生产，生产过程中所用的设备也较简单，包括混合、分离、干燥、成型、装填及清洁设备。下面介绍化妆品生产中涉及的主要工艺技术。

一、混合与搅拌

化妆品是由动物、植物、矿物中提取的原料混合而成的专用化学品。以粉体为主的化妆品，则需要粉碎机、混合机、与油性成分相拌和的拌和机。对乳膏一类的乳化状态品种，要将水、油、乳化剂加以混合乳化，则需要乳化机。

化妆品生产中的物料混合，是指使多种、多相物料互相分散而达浓度场和温度场均匀的工艺过程。桨叶式搅拌器结构简单，转速为 20 ~ 80 r/min，适应于含有少量固体的悬浮液的搅拌；旋桨式搅拌器是由 2 ~ 3 片螺旋推进桨组成，叶片端部的圆周速度一般为 5 ~ 15 m/s，适用于低黏度液体的搅拌。此种搅拌的化妆品工业上使用较多，常用于搅拌黏度低的液体和制备乳化或含有固体微粒在 10% 以下的悬浮液。

二、乳化技术

化妆品中产量最大的是膏霜类化妆品，经乳化形成分散体系所占比例很大。在化妆品原料中，既有亲油成分，如油脂、脂肪酸、酯、醇、香精、有机溶剂及其他油溶性成分；也有亲水成分，如水、酒精；还有钛白粉、滑石粉这样的粉体成分。采用简单的混合搅拌即使延长搅拌时间也达不到分散效果，欲使它们混合均匀，必须采用良好的混合乳化技术。乳化技术是生产化妆品过程中最重要、最复杂的技术。

1. 乳状液与乳化剂

将互不相溶的两相以一定的粒度彼此分散所形成的分散体系，称为乳状液。乳状液中的两相一般分为油相和水相，油分散于水中形成的乳状液称为水包油型乳状液，用 O/W 表示；水分散于油中形成的乳状液称为油包水型乳状液，用 W/O 表示。另外还有水外包一层油，油外又包一层水的所谓的多重乳状液体系。

使用亲油性强的乳化剂易生成 W/O 型乳状液，使用亲水性强的乳化剂易生成 O/W 型乳状液。制备乳状液，首先应根据不同对象与不同乳状液类型来选择适当的乳化剂。乳化剂一般用量为 3% ~5%，如果乳化剂选择不恰当，用量增至 30% 也难以得到性能良好的乳状液。一般来说，亲水亲油平衡值（HLB）为 3 ~6 的表面活性剂主要作 W/O 型乳化剂，在 8 ~18 时主要作 O/W 型乳化剂。选择乳化剂要考虑经济性，在保证乳化的前提下，尽量少用或选择较便宜的乳化剂，同时还应考虑所选择的乳化剂要与配方中其他原料有良好的配伍性，不影响产品的色泽、气味、稳定性等。

2. 乳化方法

工业上制备乳状液的方法按乳化剂、水的加入顺序与方式大致可分为转相乳化法、自然乳化法和机械强制乳化法。

（1）转相乳化法

先将加有乳化剂的油类加热成液体，然后边搅拌边加入温水，开始时加入的水以微滴分散于油中，成 W/O 型乳状液，再继续加水，随水量的增加乳状液逐渐变稠，最后黏度急剧下降，转相为 O/W 型乳状液。

（2）自然乳化法

将乳化剂加入油相中，混合均匀后一起加入水相中，进行良好的搅拌，可得稳定的乳状液。此法适用于易于流动的液体，如矿物油等。若油的黏度较高，可在 40 ~ 60℃ 条件下进行。多元醇酯类乳化剂不易形成自然乳化。

（3）机械强制乳化法

工业上机械强制乳化时主要采用胶体磨和高压阀门均质器等设备。胶体磨是一种剪切力很大的乳化设备，主要部件是定子和转子，转子的转速可达 1 000 ~ 20 000 r/min，操作时液体自定子与转子间的余隙通过，间隙的宽窄可以调节，精密的胶体磨其间隙可调至 0.025 mm，产生的乳化体颗粒可小至 1 μm 左右。均质器的操作原理是将欲乳化的混合物，在很高的压力下自一个小孔挤出，从而达到乳化的目的。工业生产中所用的高压阀门均质器类似一个针形阀，主要部件是一个泵，用它产生 6.89 ~ 34.47 MPa 的压力，另有一个用弹簧控制的阀门。均质器可以是单级的，也可以是双级的。在双级均质器中，液体经过两个串联的阀门而达到进一步均化。

3. 乳化工艺

目前可供选择的工艺技术有间歇式、半连续式和连续式三种。由于化妆品生产过程主要是物料的混配，很少有化学反应发生，采用间歇式批量化生产技术较多。

乳化是最重要的一个工序，乳化过程中，油相和水相的添加方法、添加的速度、搅拌条件、乳化温度和时间、乳化器的结构和种类等对乳化体粒子的形状及其分布状态都有很大影响。为使乳液粒子均匀一致，应在均质器中进行乳化。

乳化时搅拌速度快，有利于形成颗粒较细的乳化体，但过分的强烈搅拌对降低颗粒大小并不一定有效，且容易将空气混入。一般来说，在开始乳化时采用较高速搅拌对乳化有利，在乳化结束而进入冷却阶段后，则以中等速度或慢速搅拌有利，这样可减少混入气泡。应该指出，由于化妆品组成的复杂性，配方与配方之间有时差异很大，对于任何一个配方，都应进行加料速度试验，以求最佳的混合速度，制得稳定的乳化体。

制备乳化体时，温度的控制非常重要。温度太低，乳化剂溶解度低，且固态油脂、蜡未熔化，乳化效果差；温度太高，加热时间长，冷却时间也长，浪费能源，加长生产周期。一般常使油相温度控制在高于其熔点 10 ~ 15℃，而水相温度则稍高于油相温度，最好水相加热至 90 ~ 100℃，维持 20 min 灭菌，然后再冷却到 70 ~ 90℃ 进行乳化。尤其是在制备 W/O 型乳化体时，水相温度稍高一些，形成乳化体后，随着温度的降低，水珠体积变小，有利于形成均匀、细小的颗粒。如果水相温度低于油相温度，当油相熔点较高时，两相混合后可能使油相固化，影响乳化效果。

三、分离与干燥

对于液态化妆品的生产，主要工艺是乳化。但对于固态化妆品涉及的单元操作主要有干燥、分离等。分离操作包括过滤和筛分。过滤是滤去液态原料的固体杂质。筛分是舍去粗的杂质，得到符合粒度要求的均细物料。干燥的目的是除去固态粉料，胶体中的水分或其他液体成分。化妆品中的粉末制品及肥皂需要干燥过程。有些原料和清洁后的瓶子也需要干燥。在化妆品制作的后阶段还需要进行成型处理、装填等过程，它们的关键在于设备的设计和应用。

四、化妆品生产设备

化妆品的制备，大多是物料间的物理混合、物态变化等，较少发生化学反应，因而所使用的生产设备无需为耐高温、高压设备；化妆品的制备多采用间歇操作，其涉及的单元操作主要有粉碎、研磨、粉末制品的混合、乳化和分散、分离和分级、物料输送、加热和冷却、灭菌和消毒、产品的成型和包装、容器的清洗等。

液态非均匀介质的混合与乳化设备主要是搅拌釜。搅拌釜由搅拌机构和搅拌釜壳所组成。搅拌机构包括传动机构、轴和搅拌器。通常，搅拌机构安装在釜盖上，也可装在独立组装的构件上，或是可移动的。搅拌釜的壳体多数是圆筒形的，如果在搅拌釜内还要完成换热过程，通常应设换热器。如果换热器置于外面，则做成夹套式；如果换热器放在釜内，则可用蛇管。此外，搅拌釜内还可装设内件、反射挡板、压料管、鼓泡器等。如图 7—3 所示为应用最广泛的立式搅拌釜，其特征是电动机变速器轴的中心线和搅拌轴的中心线相重合。

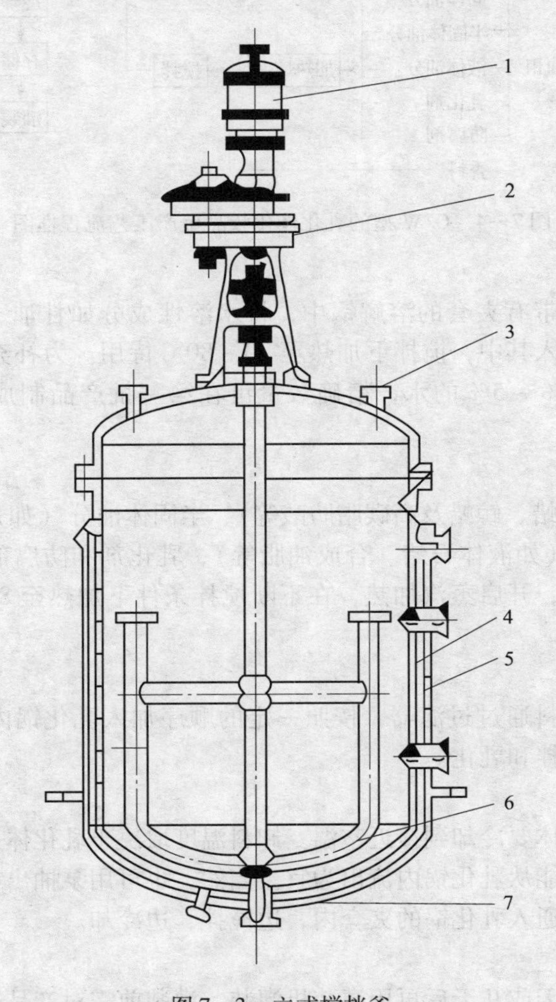

图 7—3　立式搅拌釜

1—电动机　2—变速器　3—加料管　4—壳体　5—夹套　6—搅拌器　7—出料管

通常，搅拌釜壳体材料用钢制成，但是如果搅拌釜用于酸、碱或酸碱交替的介质，则可用搪瓷或不锈钢制作。搪瓷搅拌釜壳体内表面涂搪瓷，该搪瓷层具有耐酸碱（高浓度碱除外）或其他腐蚀性介质的作用。

五、乳化体的生产工艺

化妆品中乳化体居多，如膏霜、乳液。在乳化体中，既有亲油性成分，如油脂、高碳脂肪酸及其他油溶性成分；也有亲水性成分，如水、酒精；还有钛白粉、滑石粉这样的粉体成分。要使它们均匀地混为一体，必须采用良好的乳化技术。

乳化体的制备过程包括水相和油相的调制、乳化、冷却、灌装等工序。以 O/W 型的乳化体为例，对生产各工序进行论述。其生产工艺流程如图 7—4 所示。

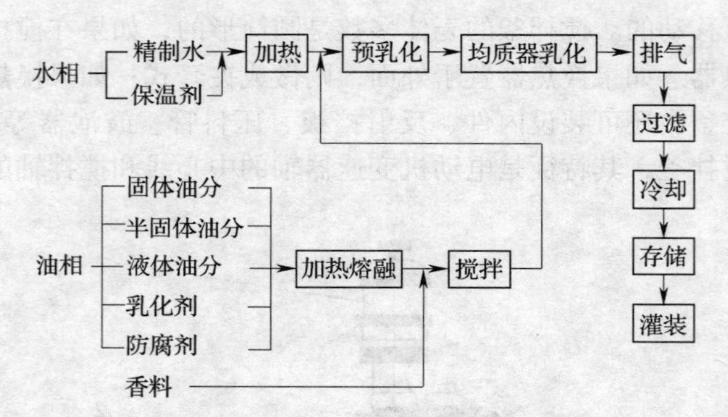

图 7—4　O/W 型的乳化体化妆品生产工艺流程框图

1. 水相的调制

先将去离子水加入带有夹套的溶解锅中，将水溶性成分如甘油、丙二醇、山梨醇、碱类、水溶性乳化剂等加入其中，搅拌下加热至 70～80℃ 待用。为补充加热和乳化挥发掉的水分，可按配方多加 3%～5% 的水，精确数量可在第一批产品制成后，分析成品水分而求得。

2. 油相的调制

将固体油分（如蜂蜡、鲸蜡及高碳脂肪酸等）、半固体油分（如凡士林、羊毛脂、甘油三酸酯等）、液体油分（如液体石蜡、合成油脂等）、乳化剂和防腐剂等其他油溶性组分加入带有夹套的溶解锅内，开启蒸汽加热，在不断搅拌条件下加热至 80℃，使其充分熔化或溶解均匀。

3. 乳化

上述油相和水相原料通过过滤器，按照一定的顺序加入乳化锅内，在一定的温度条件下，进行一定时间的搅拌和乳化。

4. 冷却

混合均匀后，乳化体要冷却到接近室温。卸料温度取决于乳化体系的软化温度，一般应使其借助自身的重力，能从乳化锅内流出为宜。当然，也可用泵抽出或用加压空气压出。冷却方式一般是将冷却水通入乳化锅的夹套内，边搅拌，边冷却。

5. 陈化和灌浆

一般是储存陈化一天或几天后再用灌装机灌装。灌装前需对产品进行质量评定，质量合格后方可进行灌浆。

6. 乳化设备

对于制备膏霜类化妆品，选择合适的设备是不可忽视的。通常采用的乳化设备有搅拌釜、胶体磨、均质机等。

第十节　牙膏的生产

一、牙膏的配方设计

牙膏主要由膏基、容器（软管）和包装物组成，使用时主要是膏基起作用，故一般称牙膏是指其膏基。膏基是复杂的混合物，根据各组分在膏基中的作用，膏基应由润湿赋形剂、胶黏剂、摩擦剂、洗涤发泡剂、香精与甜味剂、特殊添加剂与其他助剂及净化水组成。

牙膏按其形态可分为固相和液相，液相中又分油相和水相，因此，牙膏配方的设计必然涉及每一种原料的特性、理化性能，也要涉及胶态分散体中有关的表面化学和胶体化学的基本理论。还须综合考虑到牙膏的包装容器、生产成本和销售市场等因素。

配方设计中主要考虑的几种因素如下。

1. 固相与液相的物理平衡

牙膏膏基中的固相主要是摩擦剂等粉末原料，一般约占50%的份额。其液相主要是甘油、山梨醇、净化水和CMC等原料，实际上是溶胶溶液，呈网状结构的胶稠液，约占50%。还有不溶于水的香料以油相存在，约占1%。当固相粉末分散在液相介质中，其物理性质与固—液相的界面大小及特性有关，首先是固体被液体润湿，牙膏膏基的粉末应完全被润湿，其次是胶黏剂分散于液体中，形成溶胶黏稠液体，呈网状结构。此外，可溶性盐类被均质地分散在胶液中，稳定在这个网状结构里，而显示出一定的黏度，这两个因素构成膏体的物理平衡常数，当达到平衡时即配方比例恰当，使膏基不稠厚、不稀薄、光滑柔软、久藏不变质。

2. 甘油溶液比例平衡

甘油（或山梨醇、丙二醇）与水构成液相溶质，是牙膏配方中不可缺少的组分，称为润湿赋形剂。甘油、山梨醇或丙二醇的共同特性是：具有抗冻性、保湿性及共溶性。其与水的配比恰当时，膏体能发挥其耐寒、耐热与流变触变效应，反之，效果不佳甚至会产生副作用。甘油溶液浓度在35%左右时，膏体的触变性与流变性较好，冰点为-12.2℃，共沸点为102℃，使膏基在$-10\sim50$℃保持稳定。甘油溶液浓度大于66%时，冰点反而上升，而且失去甘油在膏体中保湿与吸湿的表面吸附物理平衡，往往会造成膏体出现渗水现象（出现于软管出口与尾部接触空气处），尤其是铝管牙膏更为明显。因此，甘油与水的比例恰当，使润湿赋形剂充分发挥效应，是使配方结构达到物理平衡的关键。

3. 油相与水相的乳化平衡

牙膏所使用的香料大多数是不溶于水的油状物，是牙膏膏基中的油相组分。牙膏中的洗涤发泡剂是一种表面活性剂，常用的是月桂醇硫酸钠，它是阴离子型表面活性剂，溶于水后即分成水相与油相（香精），在搅拌接触下形成乳化液，为O/W型，使水相成为乳化胶液。月桂醇硫酸钠作为一种优良的乳化剂，在分散相液滴周围形成坚固的薄膜，阻止液滴聚结，形成稳定的乳化态。可根据表面活性剂的亲水—亲油平衡值（HLB值）来设计出有效的乳化条件。在牙膏中包覆在乳状液界面膜的结构是复杂的，除了香精外，还有粉料与胶料存在，整个膏体呈粉末分散在乳化液的悬浮体中，由于颗粒之间发生相互黏附作用呈絮凝状态，使组成物呈一种稳定的网状结构。

从商品的使用需要，牙膏分为普通型、高档型、药物型、营养保健型、儿童型牙膏等类型，要求从选择原料着手经过多次小样试制、大样复制，并进行理化指标测定对比，得出鉴定性结论后才能定型。因此，牙膏的配方要通过实践检验，往往要通过 3 个月以上的架试方可初步得出结论。

4. 碳酸钙型牙膏配方

组成	质量分数/%	组成	质量分数/%
碳酸钙（方解石粉）	48.0～52.0	山梨醇（70%）	10.0～15.0
羧甲基纤维素钠（CMC）	1.0～1.6	香精	1.0～1.5
月桂醇硫酸钠	2.0～3.0	水玻璃或硝酸钾	0.05～0.30
糖精	0.25～0.35	磷酸氢钙	0.3～0.5
甘油	5.0～8.0	去离子水	加至 100.0

二、牙膏的制备工艺

配方是产品的基础，而工艺是产品的根本，因此，在研究牙膏产品配方时必须研究工艺条件，才能达到产品设计的质量、产量及技术指标的预期效果。牙膏的制备工艺包括间歇制膏和真空制膏。

1. 间歇制膏

间歇制膏是我国“合成洗涤型牙膏”冷法制膏工艺中普遍采用或曾经采用的老式工艺。有两种工艺制备方法：一种是预发胶水法；一种是直接拌料法。

第一种工艺方法是先将胶黏剂等均匀分散于润湿剂中，另将水溶性助剂等溶解于水中，在搅拌下将胶液加至水溶液中膨胀成胶水静置备用；然后将摩擦剂等粉料和香料等依次投入胶水中，充分搅匀，再经研磨均质，真空脱气成型。

第二种工艺方法是将配方中各种组分依次投入搅拌机中，靠强力搅拌和捏合成膏，再经研磨均质，真空脱气成型。

间歇制膏工艺主要特点是投资少，而它的不足之处是卫生难于达标，故已逐渐被真空制膏工艺取代。

2. 真空制膏

真空制膏是在负压下进行制膏，是当今国内外牙膏制备业普遍采用的先进工艺。真空制膏也是一种间歇制膏，只是在真空（负压）下操作，其主要特点是：工艺卫生达标；香料逸耗较少（新工艺比老工艺可减少香料逸损 10% 左右），因香料是牙膏膏料中最贵重的原料之一，因此可大大降低制备成本；可为程控操作打好基础。

真空制膏工艺目前在国内有两种方法：一种是分步法制膏，它保留了老工艺中的发胶工序，然后把胶液与粉料、香料在真空制膏机中完成制膏，它的特点是产量高，真空制膏机利用率高；另一种是一步法制膏，它从投料到出料一步完成制膏，其特点是工艺简化，工艺卫生，制备面积小，便于现代化管理。真空制膏的工艺流程如图 7—5 所示。

（1）分步法制膏的工艺操作要点如下：

1）根据配方投料量，完成制胶，并取样化验，胶液静置数小时备用。

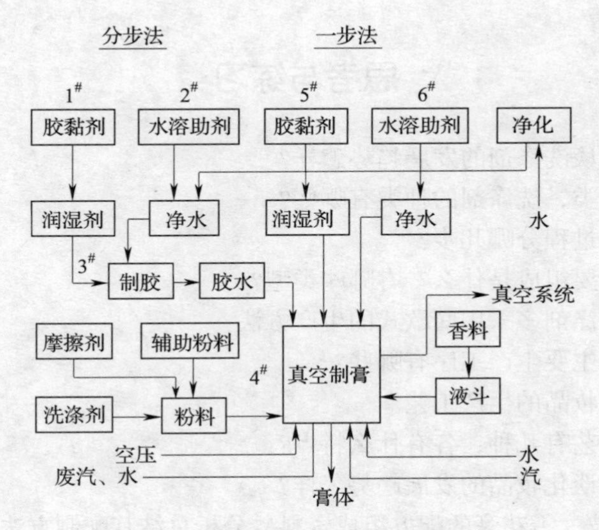

图7—5　牙膏生产工艺流程框图

2）根据配方称取胶液，用泵送入制膏机中，然后依次投入预先称量的摩擦剂及其他粉料与洗涤剂进行拌料，粉料由真空吸入，流量不宜过快，以避免粉料吸入真空系统内，还应注意膏料的溢泡，必要时要采取破真空加以控制，直至膏面平稳为止，开启胶体磨数分钟。

3）在达到真空度要求后（-0.094 MPa），投入预先称量的香精，投毕进行脱气，数分钟后制膏完毕。

4）将膏料通过输送泵送至储膏釜中备用，同时取样化验。

（2）一步法制膏的工艺操作要点

1）预混。预混制备部分分油相（根据配方投料量，将胶黏剂预混于润湿剂中）、水相（根据配方投料量，将水溶性助剂预溶于水，然后投入定量的山梨醇等）和固相（根据配方投料量，把摩擦剂及其他粉料计量后，预混于粉料罐中备用）的混合等。

2）制膏。真空制膏机开机前先开启电源并试启刮刀，无异常后才能开机。启动真空泵，待真空到达-0.085 MPa时开始进料。先进水相液料，开启刮刀，再进油相胶料，开始搅拌，注意胶液进料速度不宜过快，以免结粒起泡。进料完毕待真空度到位后开启胶体磨数分钟。停磨数分钟再第二次开启均质，数分钟后停磨，制胶完毕停机取样化验，胶水静置片刻。

拌膏开始前先开启刮刀，再开启搅拌及真空泵，待真空到达-0.085 MPa时开始进粉料，进料完毕待真空度到位，釜内膏面平稳后开动胶体磨数分钟，停磨数分钟后再开胶体磨数分钟均质，停数分钟后二次均质，再投入预先称量的香精，用适量食用酒精洗涤香料料斗，进料完毕，待真空度到位后均质数分钟，再脱气数分钟后停机，制膏完毕。将膏料通过输送泵送至储膏釜中备用，同时取样化验。

3）进、出料。进料时要先开制膏釜球阀再开料阀，进料完毕先关料阀，再关球阀；出膏时先开膏料输送泵，再开制膏釜球阀，出料完毕先关球阀，再关泵。

4）工艺参数控制。真空度为-0.094 MPa以上；膏料pH值为7.5~8.5（磷酸钙型），8~9（氢氧化铝型），8.5~9.5（碳酸钙型）；胶水黏度（30℃）为2 500~3 500 MPa·s；膏料相对密度为>1.48（磷酸钙型），>1.52（氢氧化铝型），>1.58（碳酸钙型）；膏料稠度为9~12 mm；制膏温度为25~45℃。

思考与练习

1. 查阅资料，谈谈洗涤剂的发展趋势怎样？
2. 按洗涤用途分类，洗涤剂的种类有哪些？
3. 洗涤剂的去污过程分哪几步？
4. 洗涤剂中的主要组成是什么？有哪些类型？
5. 为什么液体洗涤剂多采用间歇式的生产方法？
6. 粉状洗涤剂的主要生产工序有哪些？
7. 简述乳化体化妆品的生产工艺。
8. 牙膏的制作工艺有几种，各有什么特点？
9. 查阅资料，谈谈化妆品的发展趋势怎样？
10. 查阅洗发香波、雪花膏的配方组成资料，分析总结其配制方法。

技能链接

干燥工

一、工种定义

按工艺操作规程操作专用干燥设备及辅助设备，控制仪器、仪表，采用间歇或连续干燥过程，使湿物料中的水分或溶剂受热汽化而脱除，得到符合要求的产品。

二、主要职责任务

化工生产中的干燥是一个传热传质过程，将滤饼、液状、浆状、膏糊状等湿物料用厢式干燥器或喷雾干燥器、气流干燥器、流态化干燥器、耙式真空干燥器、红外线干燥器等辅助设备，采用空气对流、传导、辐射、冷冻、微波、远红外线等供热干燥的方法将固体产品（或半成品）中的湿分（溶剂）汽化除去，目的便于进一步加工、运输、储存和使用。

三、中级干燥工技能要求

（一）工艺操作能力

1. 能按工艺规程岗位操作法要求熟练进行多种干燥装置开、停车及正常操作。能稳定达到产量、质量、消耗等技术经济指标。
2. 能汇集多种干燥装置的操作经验，对于干燥过程具有分析判断能力。
3. 具有对多种干燥装置大修后的设备进行试车和试生产的操作能力。
4. 按工艺规程要求，对干燥终点进行判断和测定。
5. 能对本装置提出技术革新、合理化建议。

（二）应变和事故处理能力

1. 及时发现和报告，正确处理多种干燥装置的异常现象和事故（如不均匀、粘壁等），并分析和寻找原因、提出改进措施。
2. 能对干燥装置及操作进行安全检查、对不安全因素及时采取措施、消除隐患。

（三）设备及仪表使用维护的能力

1. 正确使用各种干燥装置的设备及机、电、仪、计量器具等设施。

2. 掌握干燥装置的设备、机、电、仪运行情况和判断故障，及时提出检修项目和检修后的验收试车。

(四) 工艺 (工程) 计算能力

本装置主要物料的收率、物耗、能耗等。

(五) 识图制图能力

看懂干燥装置的工艺流程图、设备布置图和绘制工艺流程示意图。

(六) 管理能力

1. 对干燥装置的工艺、质量、设备、仪表、安全等方面具有管理能力，能运用全面质量管理手段、针对存在问题制定改进措施组织实施和写出书面报告。

2. 能对干燥过程进行经济核算。

(七) 语言文字领会与表达能力

能写出生产小结并能带教初级工。

第八章　其他精细化工产品

学习目标

1. 了解功能高分子材料、染料、水处理剂、催化剂、无机精细化学品的含义及其在国民经济和高新技术发展中的作用、特点等知识。

2. 掌握功能高分子材料、染料、水处理剂、催化剂、无机精细化学品分类的相关知识。

3. 理解功能高分子材料、染料、水处理剂、催化剂、无机精细化学品等常用的生产技术、生产原理和工艺流程知识。

第一节　功能高分子材料

一、功能高分子材料及其分类

1. 功能高分子材料定义

功能高分子有时也称为精细高分子或特种高分子，至今还没有一个准确的定义，一般是指利用高分子本身结构或聚集态结构的特点，引入功能性基团，而形成的具有传递、转换或储存物质、能量和信息作用的特殊功能的高分子及其复合材料。“功能”反映的是这类高分子材料在原有力学性能的基础上，还具有高度选择能力的化学反应活性、光敏性、光导性、催化性、生物活性、药理性、选择分离性、膜选择透气性、透液性和透离子性、相转移性、能量转换性、磁性等特殊的功能。

各种塑料制品、薄膜、人造皮革、合成橡胶、合成纤维等已经成为人们生活中不可缺少的材料。功能高分子材料是 20 世纪 60 年代发展起来的新型领域，是高分子材料渗透到电子、生物、能源等领域后开发涌现出的一种新型材料，满足了计算机时代、信息时代、宇航时代的高科技的需要。

2. 功能高分子材料分类

功能高分子材料内容丰富，品种繁多，其分类有多种方法。从组成和结构上可分为结构型功能高分子材料和复合型功能高分子材料。所谓结构型功能高分子材料，是指在分子链上带有可起特定作用的功能基团的高分子材料，这种材料所表现的特定功能是高分子结构因素所决定的。而复合型功能高分子材料，是指以普通高分子材料为基体或载体，与具有特定功能的结构型功能高分子材料进行复合而得的复合功能材料。依据其功能分类，包括分离功能高分子、化学功能高分子（高分子试剂和高分子催化剂）、医学高分子（医用高分子和高分子药物）、光功能高分子、导电高分子、液晶高分子、电磁功能高分子、具有能量转换功能的高分子和生物高分子材料等。

（1）分离功能高分子材料

分离功能高分子材料是功能高分子中最令人瞩目的一类，也是应用最早的一类高分子材料。在各种工业，特别是化学工业中关于物质分离、分析、浓缩、富集是十分重要的课题，例如，硬水的软化、电子工业去离子超纯水的制备、液体混合物的分离、混合气体的分离、金属的富集等。此外，寻找新的功能树脂代替现有的耗能而又低效的蒸馏、分馏、淬化、冶炼等手段，并完成一般手段做不到的如血液中有毒物质的离析，手性化合物的分离等，也是具有分离功能高分子所需探讨的问题。如今，人们已经合成了多品种的离子交换树脂、螯合树脂、吸附树脂、混合气体分离膜、混合液体分离膜、透析用树脂等，避免了耗能的工艺，提高了效率。选择性螯合或吸附树脂的使用使得各种贵金属和稀有金属得到富集回收，这大大节省了能源和资源。

（2）化学功能高分子材料

1）高分子试剂。使用小分子试剂时常具有易燃、易爆、不易分离回收等问题，将小分子试剂用化学方法或物理方法与一定的聚合物相结合，或者与可聚合基团的试剂直接聚合即可得到高分子试剂。高分子试剂具有选择性好、使用安全以及可以重复使用等很多优点，同时由于具有自身的一些特性，即高分子效应，常常可以在特殊的化学反应中得到应用。目前已有的高分子试剂除了常见的高分子氧化还原试剂、高分子传递试剂外，还包括固化酶试剂以及固相肽合成试剂等。这种树脂负载试剂的合成方法，还在不断开发，“模板聚合”方法的出现，使人们可以按自己意图控制合成分子的序列结构，这对于生命科学、医药科学等领域开拓新的合成方法将会有十分重要的意义。

2）高分子催化剂。高分子催化剂的应用在化学工业中占有很重要的地位，高效性、高选择性的催化剂的合成非常重要，将催化活性中心负载于高分子上，使该高分子物质具有催化活性，并由于高分子链或聚集态的结构而使其具有选择性，同时使得反应产物与催化剂容易分离，既达到了均相配合催化的高效、高选择性，又解决了均相催化中催化剂难以分离回收使用的问题，甚至还可以避免或减少均相催化中的贵金属流失和设备腐蚀等问题。现在合成的高分子催化剂种类很多，可以用于选择性加氢、氧化、羰基化、异构化等。高分子催化剂的进一步研制正朝着模拟酶催化剂的方向发展，而半人工合成的固定化酶催化剂已在工业上得到了应用。

（3）医学高分子材料

医学高分子材料是指符合医用要求，并在医用领域应用的高分子材料及制品的统称。按其使用的范围，可分为体内用和体外用材料，如人工脏器、人工血管、人工关节等都是在人体内使用的材料；富氧口罩、一些医疗用材料都属于体外用的材料。

高分子材料用于人体内部的一般要求：

1）化学性能稳定、不活泼，不会因与血液、体液、体内组织接触而受到影响、发生变化。

2）组织相容性好，材料对周围组织不会引起炎症和异物反应等。

3）无致癌性，不发生变态反应。

4）耐生物老化性，长期放置在机体内的材料不会丧失抗拉强度和弹性，其力学性能不发生明显变化。

5）不因高压煮沸、干燥灭菌、药液和环氧乙烷等气体的消毒而发生变质。

6）材料来源丰富，易于加工成型。

除了以上一般要求外，根据用途的不同和植入人体的部位不同，还有特殊的要求。如果与血液接触，要求不产生凝胶；用于眼科，要求对角膜无刺激；用作人工心脏和指关节，要求能耐数亿次的曲折；作为体外使用的材料，要求对皮肤无毒，不使皮肤过敏，能耐唾液及汗水的侵蚀等。

（4）生物高分子材料

生物高分子材料包括人造酶、核糖核酸、蛋白质、纤维素、固定酶载体树脂、仿生传感器等。

（5）光学功能高分子材料

光学功能高分子材料包括感光性树脂、太阳能电池、光导纤维和棱镜材料等。

（6）电磁功能高分子材料

电磁功能高分子材料包括有机半导体、电绝缘材料、超导电材料、介电性树脂、磁性流体和压电材料等。

（7）机械功能高分子材料

机械功能高分子材料包括耐磨损材料、自润滑材料、高强度复合材料、超高强度纤维和工程塑料等。

（8）热功能高分子材料

热功能高分子材料包括耐高温材料、耐低温材料、绝热材料和发热材料等。

3. 功能高分子的合成方法

功能高分子的合成主要有三种方法：一是含有功能基的单体通过聚合或缩聚制备具有某种功能基的聚合物；二是利用现有的天然高分子或合成高分子通过高分子反应而引入预期的功能基；三是通过在高分子加工过程中引入一些小分子化合物或其他添加剂而使高分子具有某些功能性质。

（1）高分子的功能化反应

利用现有高分子或按设计合成的高分子骨架，通过高分子化学反应引入特定功能基，制取功能高分子是较为方便的一种方法。其主要优点是许多天然高分子或合成高分子都是现成的、价廉易得的原料，可选用的品种也较多，如天然高分子中的淀粉、纤维素、甲壳素等，合成高分子中的聚苯乙烯、聚乙烯醇、聚丙烯酸、聚丙烯酰胺、聚酰胺等。这些天然或合成的高分子母体链节都有可进行化学反应的基团，提供进行化学反应的结构。例如，淀粉、纤维素或甲壳素上的羟基或氨基、聚乙烯醇上的羟基、聚丙烯酸上的羧基、聚苯乙烯上的苯环等都可发生与小分子相似的反应，从而制备出各种各样的功能高分子。尽管有众多的高分子骨架可以选用，利用最多的还是聚苯乙烯，这是因为苯乙烯单体易得、价廉，而且可以通过选用不同交联剂和用量，不同致孔剂和用量，以及调节不同的悬浮聚合条件等来制得不同类型、不同孔径、不同粒径的苯乙烯聚合物或共聚物；其次，聚苯乙烯上的苯环可以像小分子苯环一样进行许多芳香族化合物的反应，因而许多功能高分子都是从聚苯乙烯的高分子功能化反应开始的，聚苯乙烯的功能化反应如图 8—1 所示。除聚苯乙烯外，通用高分子中的聚氯乙烯的氯原子和聚乙烯醇的羟基也可进行一系列的功能化反应，从而得到功能高分子。

（2）具有功能基的单体的聚合反应

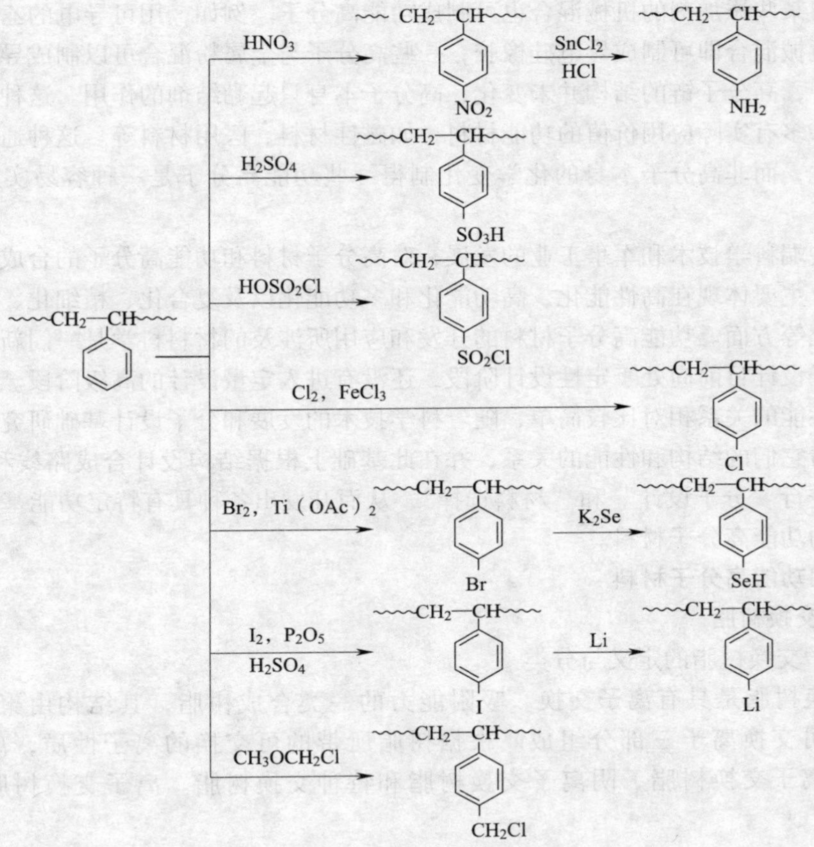

$\sim\sim CH_2-CH\sim\sim$ (polystyrene) →

- HNO_3 → $-NO_2$ → $SnCl_2$, HCl → $-NH_2$
- H_2SO_4 → $-SO_3H$
- $HOSO_2Cl$ → $-SO_2Cl$
- Cl_2, $FeCl_3$ → $-Cl$
- Br_2, Ti（OAc）$_2$ → $-Br$ → K_2Se → $-SeH$
- I_2，P_2O_5, H_2SO_4 → $-I$ → Li → $-Li$
- CH_3OCH_2Cl → $-CH_2Cl$

图 8—1　聚苯乙烯骨架上引入活性官能团的部分化学反应

由含有功能基的单体通过聚合或缩聚反应制备功能高分子的途径从理论上讲是容易的，然而在实际上功能单体的合成往往是复杂而困难的，原因是在制备这些单体的过程中必须引入可聚合或缩聚的反应性基团，而又要引入不破坏单体的功能基；同时功能基的引入也不能妨碍聚合或缩聚反应的进行。例如制备含有对苯二酚功能基的高分子，由于对苯二酚基团有阻聚作用，因此，得到此功能高分子必须先对单体进行酯化反应，保护羟基（—OH）不使其发生阻聚作用，聚合后再水解成羟基。这种制备方法是非常复杂的，首先单体合成相当困难，其次在具有活泼的乙烯基单体上进行酯化反应极不容易，再次含有的微量酚羟基对聚合反应有阻聚作用，但在制得的功能高分子上，其功能基在高分子链上的分布是均匀的，而且每个链节都有功能基，其功能基含量可达到理论计算值，如下式所示。

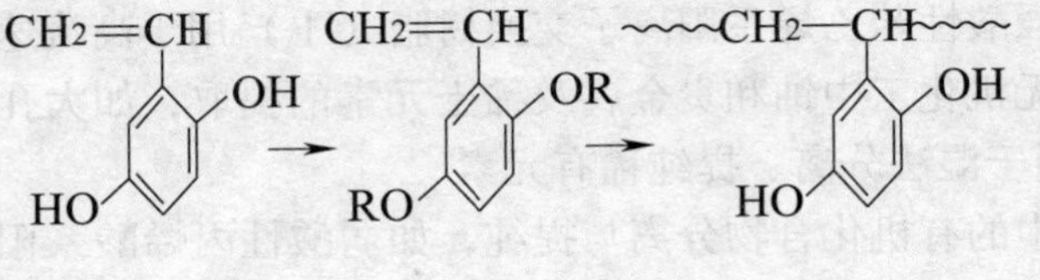

$CH_2=CH$ (OH, HO) → $CH_2=CH$ (OR, RO) → $\sim\sim CH_2-CH\sim\sim$ (OH, HO)

（3）与功能材料机械复合方法

高分子与某些添加剂的机械混合也可制成功能高分子。例如，用可导电的乙炔、炭黑与硅橡胶通过机械混合即可制成导电硅橡胶，一些高分子与金属粉混合可以制成导电的黏结剂等。在制备中，高分子链的结构并未变化，高分子本身只起黏结剂的作用。这种机械混合的方法制备了许多有实际应用价值的功能材料，如磁性材料、医用材料等。这种通过高分子加工工艺的变化，而非高分子本身的化学变化制得一些功能高分子是一种容易实施的工艺办法。

如今，尖端科学技术和军事工业的发展，对高分子材料和功能高分子的合成提出了越来越高的要求，主要体现在高性能化、高功能化和多功能化以及复合化、精细化、综合化、知识技术密集化等方面。功能高分子材料的开发和应用所涉及的材料科学是一门新兴的综合性学科，高分子设计目前尚处于定性设计阶段，还没有进入定量设计的高级阶段。但功能高分子的结构和性能的关系相对比较简单，随着科学技术的发展和分子设计基础研究的深化，完全有可能搞清它们的结构和性能的关系，并在此基础上根据结构设计合成路线和加工工艺，通过计算机进行“分子设计”和“材料选择”，从而开发出各种具有特定功能基或一定结构的性能优良的功能高分子材料。

二、常用功能高分子材料

1. 离子交换树脂

（1）离子交换树脂的定义与分类

离子交换树脂是具有离子交换、吸附能力的一类合成树脂，其结构由聚合物骨架、功能基团和可交换离子三部分组成。根据树脂所带的可交换的离子性质，离子交换树脂可分为阳离子交换树脂、阴离子交换树脂和特种交换树脂。离子交换树脂的种类见表8—1。

表8—1　离子交换树脂的种类

分　类	名　称	功能基
阳离子交换树脂	强酸树脂	磺酸基（$—SO_3H$）
	弱酸树脂	羧酸基（—COOH），磷酸基（$—PO_3H_3$）
阴离子交换树脂	强碱树脂	季铵基等［$—N^+(CH_3)_3$，$—N^+(CH_3)_2CH_2CH_2OH$ 等］
	弱碱树脂	伯、仲、叔氨基等（$—NH_2$，—NHR，$—NR_2$等）
特种交换树脂	螯合树脂	胺羧基［$—CH_2—N(CH_2COOH)_2$等］
	两性树脂	强碱弱酸［$—N^+(CH_3)_3COOH$］，弱碱弱酸（$—NH_2—COOH$）
	氧化还原树脂	硫醇基（$—CH_2SH$），对苯二酚等

（2）离子交换树脂的应用

1）水处理，如强酸性苯乙烯系阳离子交换树脂（Ⅰ）用于高流速水处理方面。

2）湿法冶金和无机化工中铀和贵金属及稀土元素的提取，如大孔强酸性苯乙烯系阳离子交换树脂（Ⅱ）用于湿法分离、提纯稀有元素。

3）医药、食品中的有机化合物分离与提纯，如弱酸性丙烯酸系阳离子交换树脂用于链霉素提取。

4）在化学工业中离子交换树脂除用于水处理外，还用于烯烃的水合反应制备醇、低分子醇与烯烃的醚化及醚的裂解反应，酯的水解、醇醛缩合、蔗糖转化等反应的催化剂和气体吸附剂。

2. 吸附树脂

（1）吸附树脂的分类

吸附树脂的吸附特性主要取决于吸附材料表面的化学性质、比表面积和孔径。按照吸附树脂的表面性质，吸附树脂一般分为非极性、中等极性和极性三类。

非极性吸附树脂是由偶极矩很小的单体聚合制得的不带任何功能基的吸附树脂。典型例子是苯乙烯—二乙烯苯体系的吸附树脂。这类吸附树脂孔表面的疏水性较强，可通过与小分子的疏水作用吸附极性溶剂（如水）中的有机物。

中等极性吸附树脂是含有酯基的吸附树脂。例如丙烯酸甲酯或甲基丙烯酸甲酯与双甲基丙烯酸乙二醇酯或三甲基丙烯酸甘油酯等交联的一类树脂，其表面疏水性和亲水性部分共存。因此，既可用于极性溶剂中吸附非极性物质，又可用于非极性溶剂中吸附极性物质。

极性吸附树脂是指含有酰胺基、氰基、酚羟基等含硫、氧、氮极性功能基的吸附树脂。它们通过静电相互作用和氢键等进行吸附，用于非极性溶液中吸附极性物质。

（2）吸附树脂的应用

吸附树脂主要的应用有：生化产品的分离与精制；食品生产中精制、脱色和提纯；环保中的应用，吸附树脂用于有机工业废水处理，如苯酚甲醛系吸附树脂可用于污水处理、糖类脱色等；色谱应用，吸附树脂可作为固定相来分离、富集、测定水中有机物，如大孔吸附剂广泛用于三废治理、药物提纯、气相色谱等。

3. 高吸水性树脂

高吸水性树脂又称为超强吸水剂，它是一种带有许多亲水基团的、交联密度很低的、不溶于水的、高水膨胀性的高分子化合物，它具有优异的吸水、保水功能，可吸收自身质量几百倍、上千倍，最高可以达到5 300倍的水，且保水能力非常高，吸水后，即使挤压也很难脱水，被冠以“超级吸附剂”的桂冠。因为其独特的吸水性能和保水能力，良好的加工和使用性能，使它在农、林、园艺、石油化学工业、日用品化学工业等领域，特别是在农业和医疗卫生方面发挥着重要的作用。

（1）高吸水性树脂的分类

高吸水性树脂的分类方法有很多，但通常按原料来源可将高吸水性树脂分成三大系列：淀粉系、纤维素系和合成树脂系，主要品种见表8—2。此外还有与橡胶共混的复合性吸水材料。

表8—2　高吸水性树脂的分类及主要品种

类别	主要品种
淀粉系	淀粉接枝丙烯，淀粉接枝丙烯酸盐，淀粉接枝丙烯酰胺，淀粉羧甲基化反应，淀粉黄原酸盐接枝丙烯酸盐，淀粉、丙烯酸、丙烯酰胺、顺丁烯二酸酐接枝共聚
纤维素系	羧甲基纤维素，纤维素（或CMC）接枝丙烯，纤维素（或CMC）接枝丙烯酸盐，纤维素（或CMC）接枝丙烯酰胺，纤维素黄原酸盐接枝丙烯酸盐，纤维素羧甲基化后环氧氯丙烷交叉交联

续表

类别	主要品种
合成树脂系	丙烯酸系：聚丙烯酸盐，聚丙烯酰胺，丙烯酸酯和乙酸乙烯酯共聚，丙烯酸和丙烯酰胺共聚
	聚乙烯醇系：聚乙烯醇—酸酐交联共聚，聚乙烯醇—丙烯酸接枝共聚，乙酸乙烯—丙烯酸酯共聚水解，乙酸乙烯—顺丁烯二酸酐共聚
	聚醚系

在上述各种类型中，研究开发较多的为树脂系中的聚丙烯酸酯类。它以丙烯酸和烧碱为主要原料，采用逆向聚合法而制得。由于工艺较为简单，易于操作，制得的树脂吸水率高，生产成本较低，因此发展非常迅速。

（2）高吸水性树脂的功能与应用

1）农林、园艺中的应用。如聚甲基丙烯酸吸水性聚合物用于土壤保水、苗木培育、育种等。高吸水性树脂是一种白色或微黄色、无毒无味的中性小颗粒。它与海绵、纱布、脱脂棉等吸水材料的物理吸水性不同，是通过化学作用吸水的。所以树脂一旦吸水成为膨胀的凝胶体，即使在外力作用下也很难脱水，因此可用作农业、园林、苗不移植用保水剂。在蔬菜，花卉种植中，预先在土壤中撒千分之几的高吸水性树脂，可使蔬菜长势旺盛，增加产量。在植树造林中，各种苗木移植期间往往因为保管不善而干枯死亡。如果将刚出土的苗木用高吸水性树脂的水凝胶液进行保水处理，其成活率可显著提高。有人做过山茶花、珊瑚树的移植试验，经保水处理的成活率达百分之百，而未作处理的成活率很低或全部死亡。高吸水性树脂还可作为种子涂覆剂，在飞播造林、干旱草原治理方面大显身手。

2）化工生产中的应用。高吸水性树脂用于化工生产，可大大提高各种化学试剂的浓度、纯度和产品的质量。它可以取代化工生产中的精馏塔，从根本上改革生产工艺，大大降低了生产成本，经济效益十分可观。高吸水性树脂除具有吸水量高，保水性好、吸水性快，吸氨力强、无毒副作用等特点外，其最突出的特点是它与苯、甲苯、丙酮、乙醚、甲醇、乙醇、二氯乙烷、三氯甲烷、四氯化碳、醋酸等化学试剂混合时，可使试剂脱水，却不与试剂发生化学反应。它吸收试剂中的水分后，变成一种凝胶状的物质。如果把吸足水分的保水剂分离出来，烘干后可重复使用。工业上制成脱水材料，可用于芳香烃、汽油、煤油的油水分离。

3）医疗、卫生中的应用。如聚丙烯酸类高吸水性树脂可做医疗卫生材料、包装及密封材料，做成吸血纸，代替医用药棉；反相悬浮聚合制备的聚丙烯酸钠高吸水性树脂可制造卫生巾、纸尿布、纸手帕以及纸餐巾等。

4）建材方面的应用。高吸水性树脂用于工业建筑工程中的淤泥干燥剂，如辐射法制造的超级复合吸水材料用于止水材料、填缝、堵水、防漏等；还可做室内空气芳香剂，蔬菜、水果、纸烟的保鲜剂、防霉剂，其他工业上的油水分离剂、阻燃剂、防水剂、防潮剂、固化剂以及吸水后体积膨胀的儿童玩具等。

5）其他。高吸水性树脂还可制成易剥离的临时保护性涂料，用于金属、汽车等的临时性保护，也可用于食品工业作为吸水剂。

4. 常用的医用高分子材料

（1）用于人工脏器的高分子材料

表8—3中所列出的是用于人工脏器的各种高分子材料。因部位不同，所选用的材料不一样。大致可分为聚丙烯酸羟乙酯等的聚丙烯酯系列、有机硅聚合物、聚乙烯、聚四氟乙烯、聚丙烯腈、尼龙、聚酯、聚砜、纤维衍生物等。

表8—3　　用于人工脏器的高分子材料

人工脏器	高分子材料
心脏	聚氨酯橡胶、聚四氟乙烯、硅橡胶、尼龙等
肾	赛璐珞粉末、聚丙烯、硅橡胶、乙酸纤维素、聚碳酸酯、尼龙6
肺	硅橡胶、聚硅氧烷/聚碳酸酯共聚物、聚烷基砜
肝脏	赛璐珞粉末、聚苯乙烯型离子交换树脂
气管	聚乙烯、聚乙烯醇、聚四氟乙烯、硅橡胶、聚氯乙烯
输尿管和尿道	硅橡胶、聚四氟乙烯、聚乙烯、聚氯乙烯
眼球和角膜	硅橡胶、聚甲基丙烯酸甲酯
耳	硅橡胶、聚乙烯
乳房	聚乙烯醇缩甲醛海绵、硅橡胶海绵、涤纶
喉	涤纶、聚四氟乙烯、硅橡胶、聚氨酯、聚乙烯、尼龙
血管	聚酯纤维、聚四氟乙烯
关节、骨	尼龙、硅橡胶、聚甲基丙烯酸甲酯
皮肤	火棉胶、聚酯、涂有聚硅氧烷的尼龙织物
人工红细胞	全氟烃
人工血浆	羟乙基淀粉、聚乙烯吡咯烷酮
玻璃体	硅油

（2）体外医用高分子材料

体外使用的医用高分子材料已大量用于临床检查、诊断和治疗医疗器具。如塑料输血袋、高分子缝合线、一次性塑料注射器、医用胶黏剂、高分子夹板和绷带托等。

高分子夹板和绷带托可采用乙酸纤维素及聚氯乙烯作材料，在加热下可按需求定型，冷却后变硬起固定作用。反式聚异戊二烯也是一种合适的固定材料。聚氨酯硬泡沫是一种较新颖的夹板材料，将试液涂布在患部，5～10 min即会发泡固化，其质量仅为石膏的17%。这种高分子材料正替代笨重、闷气、易脆断和怕水的石膏绷带，为骨折病人带来福音。

高分子医用胶黏剂主要采用氰基丙烯酸酯、血纤维蛋白、聚氨酯。如氰基丙烯酸酯，在临床运用中，可作为肝、肾、肺部、食道、肠管等脏器手术中胶黏剂和止血剂。

（3）药用高分子

药用高分子包括药物的载体、带有高分子链的药物、具有药效的高分子、药品包装材料等。天然高分子作为药物，如乳糖和葡萄糖的应用已有较长历史。合成高分子用于药物是从20世纪50年代初发展起来的。高分子药物具有长效、能降低毒副作用、增加药效、缓释和控释药性等特点。

一般的低分子药物在血液中停留时间短，很快排泄到体外，药效持续的时间不长。而高分子不易被分解，提高了药物的长效性，如将聚乙烯醇—乙烯胺的共聚物与青霉素相连接，其药理活性比低分子青霉素大 30 ~40 倍，同时提高了抗青霉素水解酶的能力，提高了稳定性。

高分子载体药物如微胶囊包裹的药物，具有缓释作用，可减少用药次数和延长药效。合成高分子如聚葡萄糖酸、聚乳酸、乳酸与氨基酸的共聚物、聚羟基乙酸、聚己内酯等，可作为药物的微胶囊材料。

5. 其他高分子材料

（1）导电高分子

导电高分子是指其电阻率在 100 Ω · cm 以下的高分子材料。有复合型导电高分子和结构型导电高分子之分，前者是通过一般高分子与各种导电填料复合，使其表面形成导电膜；后者是靠填充在其中的导电粒子或纤维的相互紧密接触形成导电通路。如热聚酰亚胺产物用于导电材料，聚乙炔用于电池和电子设备，如聚乙炔电池、二次光电池等。

（2）液晶高分子

液晶高分子是某些高分子在熔融状态或在溶液状态下所形成的有序流体，在物理性质上呈现各向异性，形成具有晶体和液体的部分性质的过渡状态，这种中间态称为液晶态，处在这种状态下的高分子化合物称为液晶高分子。如侧链液晶聚合物用作信息材料、光学记录材料和储存材料；带聚磷腈侧链的液晶用于液晶显示、数码显示、复杂的图像显示等。

（3）感光高分子

感光性功能高分子材料是指能够对光进行传输、吸收、储存、转换的一类高分子材料。主要包括光加工用材料、光记录材料、光学用塑料（如塑料透镜、接触眼镜等）、光转换系统材料、光显示材料、光导电材料、光合作用系统材料等许多类别。如重铬酸钾—聚乙酰亚胺系感光高分子可用于显像管的涂层；丙烯酸酯感光聚合物可制造印刷版、光固化材料、胶黏剂、油墨等。

第二节　染　　料

一、染料及其分类

1. 染料与颜料

染料是指能在水溶液或其他介质中使物质获得鲜明而坚牢色泽的有机化合物。染料必须对被染色物质有一定的亲和力和染色牢度。染色牢度是表示被染色物在其后加工处理或使用过程中，染料能在外界各种因素作用下保持原来色泽的能力。染色牢度是染色质量的一个重要指标。染料同时还要满足应用方面的要求：颜色鲜艳，使用方便，成本低廉，无毒等。与此不同，颜料是不溶性有色物质的小颗粒，颜料不像染料那样被基质所吸附，它常常分散悬浮于具有黏合能力的分子材料中，依靠胶黏剂的作用，机械地附着在物体上而着色的。有些物质由于使用方法不同，有时在一个场合下可作染料，但在另一个场合下却可作颜料。

2. 染料的作用

染料主要用于各种纤维的染色，同时在塑料、橡胶、油墨、皮革、食品、纺织、合成洗涤剂、造纸、感光材料、激光技术、液晶显示等领域都有广泛应用。

染料的作用有以下三个方面：

（1）染色

染料由外部进入到被染物的内部，从而使被染物获得颜色，如各种纤维、皮革、织物等的染色。

（2）着色

在物体最后形成固体形态之前，将染料分散在组成物之中，成型后便得到有颜色的物体，如塑料、橡胶及合成纤维的原浆着色。

（3）涂色

借助于涂料的作用，使染料附着于物体的表面，从而使物体表面着色，如涂料、印花油漆等。

3. 染料的分类

根据染料的应用分类，通常可分为酸性染料、酸性媒介染料及酸性络合染料、中性染料、活性染料（反应性染料）、分散染料、阳离子染料、直接染料、冰染染料、还原染料、硫化染料。

按化学结构分类，一般可分为硝基及亚硝基染料、偶氮染料、不溶性偶氮染料、蒽醌染料、靛族染料、硫化染料、芳甲烷染料、菁类染料、酞菁染料和杂环类染料。

4. 染料的命名

染料是分子结构比较复杂的有机化合物，若按有机化合物系统命名法命名较为繁复，也不能反映出染料的颜色和应用性能，因而采用专用的染料命名法，我国染料名称由三部分组成：

（1）冠称

冠称表示染料的应用类别，又称属名，将冠称分为31类，即酸性、弱酸性、酸性络合、酸性媒介、中性、直接、直接耐晒、直接铜盐、直接重氮、阳离子、还原、可溶性还原、硫化、可溶性硫化、氧化、毛皮、油溶、醇溶、食用、分散、活性、混纺、酞菁素、色酚、色基、色盐、快色素、色淀、耐晒色淀、颜料和涂料色浆。

（2）色称

色称表示染料在纤维上染色后所呈现的色泽。我国染料商品采用了30个色称，而色泽的形容词采用“嫩、艳、深”三字，如嫩黄、黄、深黄、橙、大红、桃红、品红、紫红、湖蓝、艳蓝、深蓝、蓝、艳绿、深绿、棕、红棕、橄榄、灰、黑等。

（3）字尾

字尾以拉丁字母或符号表示染料的色光、形态及特殊性能和用途。例如，B代表蓝光；C代表耐氯、棉用；D代表稍暗、印花用；E代表匀染性好；F代表亮、坚牢度高；G代表黄光或绿光；J代表荧光；I代表耐光牢度较好；P代表适用印花；S代表升华牢度好；R代表红光等，有时还用字母代表染色的类型，它置于字尾的前部，与其他字母间加半字线。如活性艳蓝KN－R，其中KN代表活性染料类别，R代表染料色光。

二、酸性染料

酸性染料是一类用于羊毛、蚕丝、聚酰胺纤维的染色和印花的染料，也可用于皮革、纸张、墨水、化妆品等的着色，色谱齐全，色泽鲜艳，因其染色过程均在酸性染浴中进行而得名。按染浴酸性强弱又分为强酸性染料、弱酸性染料和中性染料。强酸性染料分子结构较简单，含多个磺酸基团，水溶性好，匀染性好，日晒牢度好，但湿处理牢度差，在强酸性

(pH = 2.5 ~ 4）染浴中染色，对纤维损伤大，染后织物手感差。弱酸性染料多为在强酸性染料分子中引进相对分子质量较大的基团（如 $p—CH_3C_6H_4SO_2—$，$—CF_3$，$—C_{12}H_{25}$等）而成，在弱酸性染浴（pH = 4 ~ 5）中染色，对纤维亲和力高，湿处理牢度好，但匀染性较差。中性染料分子中多含弱亲水性基团（如$—SO_2NH_2$，—OH，$—NH_2$等），可在中性染浴中（pH = 6 ~ 7）染色，湿处理牢度好，但匀染性较差，色泽不够鲜艳。

酸性染料按化学结构又可分为偶氮类、蒽醌类、三芳基甲烷类、氧蒽类等。为了提高酸性染料与纤维间亲和力，提高湿处理牢度，可将其制成金属络合型。如在强酸性染料染色后，再加进金属络合剂（如 $K_2Cr_2O_7$），在纤维上生成金属络合型染料。此类染料被称为酸性媒介染料（在《染料索引》中被单独列为一类）。若在强酸性染料合成后，即加入金属络合剂（如甲酸铬）生成金属络合型染料，则常被称为酸性络合染料。以上两类金属络合染料分子中通常是一个金属离子与一个染料分子相络合，又称为1∶1型金属络合染料。若一个金属离子与两个染料分子相络合，制得1∶2型金属络合染料，称为中性染料。

因1∶1型金属络合染料造成的重金属离子污染问题，1∶1型金属络合染料品种和产量已逐渐减少，部分品种已被禁止使用。1∶2型金属络合染料，由于其金属离子相对含量较低，目前还不断有新品种面世，如带有磺酸基的1∶2型金属络合染料，以及1∶2型金属络合染料与活性染料混合型品种等。

羊毛、蚕丝等天然纤维纺织品深受人们喜爱，因此酸性染料的研究开发工作也极为活跃，新产品主要在提高染色坚牢度、减少纤维损伤、减少环境污染等方面做出努力。如引进杂环基团，如噻唑、异噻唑、噻吩、苯并噻吩等，既可作为重氮组分，也可作为偶合组分；开发聚酰胺纤维专用染料，改进配套助剂性能等，均有显著进展。

例如，酸性嫩黄G，分子式 $C_{16}H_{13}N_4O_4SNa$，相对分子质量380.40，结构式为：

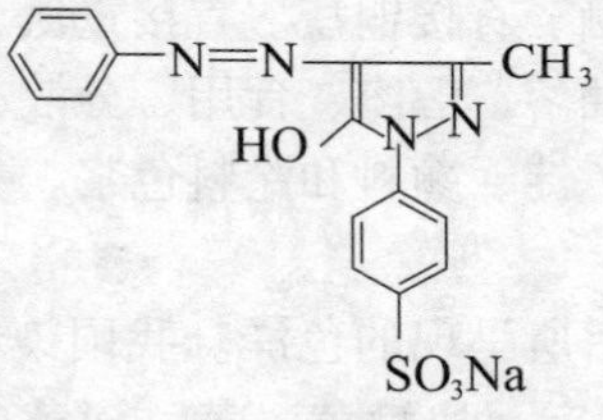

N=N CH3 N HO N SO3Na

它是由苯胺重氮化后与吡啉酮偶合的产物，经盐析、过滤、干燥、粉碎得成品。其合成过程：

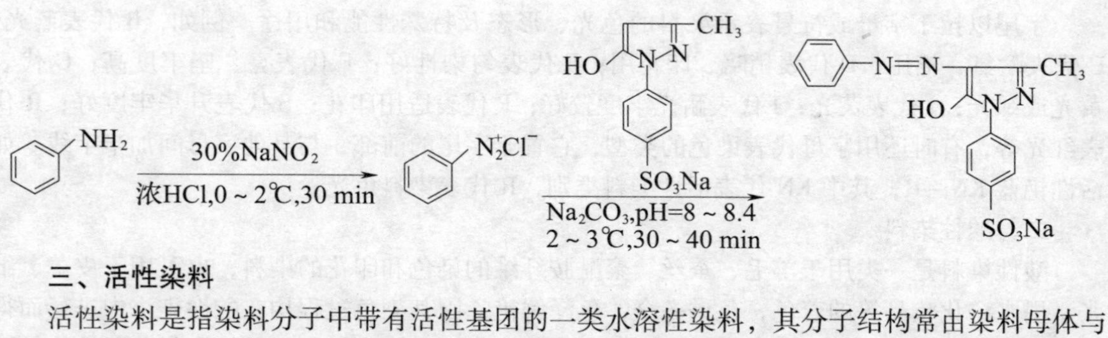

$$C_6H_5NH_2 \xrightarrow[\text{浓HCl},0\sim2℃,30\ min]{30\%NaNO_2} C_6H_5N_2^+Cl^- \xrightarrow[2\sim3℃,30\sim40\ min]{Na_2CO_3,pH=8\sim8.4}$$

(偶合组分：HO, CH3, N, SO3Na；产物：N=N, CH3, HO, N, SO3Na)

三、活性染料

活性染料是指染料分子中带有活性基团的一类水溶性染料，其分子结构常由染料母体与活性基两部分组成。染色过程中染料母体通过活性基与纤维反应生成共价键，得到稳定的

"染料—纤维"有色化合物的整体，使染色成品有很好的耐洗牢度和耐摩擦牢度。活性染料具有色泽鲜艳、色谱齐全、价格较低、染色工艺简便、匀染性良好等优点，主要用于棉纤维及其纺织品的染色、印花，也可用于麻、羊毛、蚕丝和一部分合成纤维的染色，是目前染料工业中一类重要的染料。

活性染料若按染料母体的结构分类，有偶氮型、蒽醌型、酞菁型等。但通常活性染料按其活性基的结构分类，如带有三聚氯氰基的常称为均三氮苯型（或均三嗪型）活性染料；带有乙烯砜基（$—SO_2CH═CH_2$）的称为乙烯砜型活性染料等。随着生产技术的发展，活性基团的类型在不断增多，活性染料的品种也日益繁多。

活性染料的染色机理包括两个过程：吸色和固色。吸色是染料与水分子同时进入纤维内部而被纤维吸着，因此活性染料分子中均含有亲水性基团，具有较好的水溶性；固色是染料分子中的活性基团与纤维分子中的基团（如—OH，$—NH_2$）发生反应，生成新的共价键而被染色。凡带有卤素（如—Cl，—F 等）的活性基团，均发生亲核取代反应，如：

$$染料—X + HO—纤维素 \longrightarrow 染料—O—纤维素$$

$$染料—X + H_2N—羊毛 \longrightarrow 染料—NH—羊毛$$

这类反应是不可逆反应。

带有活泼双键或活泼环构化合物的活性基团，均发生亲核加成反应，如：

$$染料—SO_2CH═CH_2 + HO—纤维素 \rightarrow 染料—SO_2CH_2CH_2—O—纤维素$$

这类反应通常为可逆反应。

由于活性染料性能优良，应用范围不断扩展，新产品也不断涌现。在当今发展趋势中，集中表现为开发高固色率、高着色坚牢度、适合低盐、低水、低能耗染色要求的染料新品种，以符合环境保护的要求。新品种的开发在染料母体方面是发展高直接性的活性染料发色体，主要是双偶氮类型发色体。新品种的开发更多的是新活性基的开发与完善，已经投入生产的新活性基有一氟均三嗪、烟酸均三嗪、三氯嘧啶、二氟一氯嘧啶、二氯喹嗯啉、α - 溴代丙烯。

例如，活性艳红 X - 3B，分子式 $C_{19}H_{10}C_{12}N_6O_7S_2$，相对分子质量 549，结构式如下：

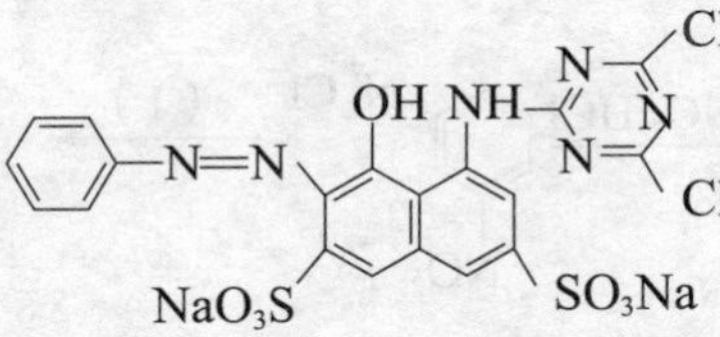

OH NH — (4,6-二氯-1,3,5-三嗪-2-基)；N=N—苯基；NaO₃S，SO₃Na

由苯胺、H 酸、三聚氯氰为原料，首先将 H 酸与三聚氯氰缩合，然后将苯胺重氮化，与前述缩合产物偶合，经盐析、过滤、干燥得成品。

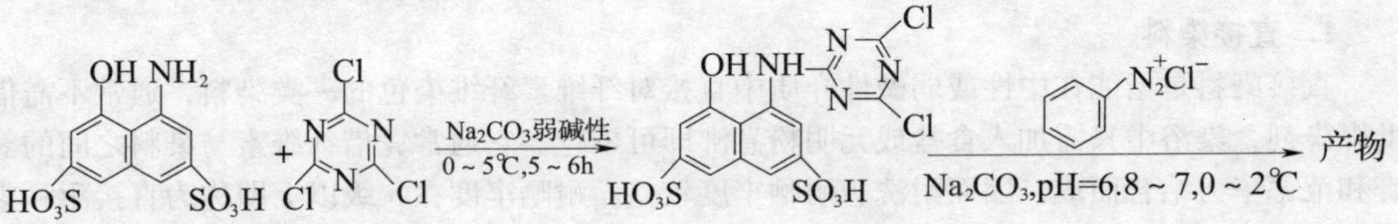

H 酸（OH NH₂，HO₃S，SO₃H）+ 三聚氯氰 $\xrightarrow[0 \sim 5℃, 5 \sim 6h]{Na_2CO_3 弱碱性}$ 缩合产物（OH NH—二氯三嗪基，HO₃S，SO₃H）$\xrightarrow[Na_2CO_3, pH=6.8 \sim 7.0 \sim 2℃]{C_6H_5N_2^+Cl^-}$ 产物

四、分散染料

分散染料是一类疏水性强的非离子型染料。通常相对分子质量小，结构简单，不含水溶性基团，但总含有一些强极性基团，如羟基、氨基，以及各种取代的羟基、氨基等，因而只

具有极低的水溶性。因此，分散染料染色时必须借助分散剂的作用成为均一的分散液，才能对纤维染色。分散染料也因此而得名。

分散染料按其应用特性可分为高温型（S型）、低温型（E型）和介于两者之间的中温型（SE型）。S型染料分子较大，耐升华牢度高，但扩散进入纤维速度慢，移染性差，适宜于热熔法染色，多属深色品种；E型染料分子小，耐升华牢度较低，但扩散进入纤维速度快，移染性好，适宜于竭染法染色，以浅至中色品种居多；SE型染料各种性能均介于两者之间，可在较低的热熔温度下染色，多为中至深色品种。分散染料按化学结构分，主要有偶氮类和蒽醌类，其他还有苯乙烯类、硝基二苯胺类、喹酞酮类以及非偶氮杂环类。蒽醌类由于合成工艺复杂、“三废”量大，产量在逐渐下降，因而开发其代用品的研究相当活跃。另外适应新的染色技术，如高温快速染色、涤棉混纺一浴一步法染色、超细涤纶纤维染色等专用染料的研究也受到重视。

例如，分散黄5G，分子式 $C_{16}H_{12}N_4O_4$，相对分子质量324.32，结构式如下：

O_2N　OH　N=N　O　N　CH_3

以间硝基苯胺、邻氨基苯甲酸和苯酐为原料，首先将邻氨基苯甲酸用硫酸二甲酯甲基化，然后与苯酐进行闭环得1-甲基-4-羟基-2-喹诺酮（Ⅰ）。再将间硝基苯胺重氮化与（Ⅰ）偶合得产物。经过滤、干燥得成品。

COOH　NH_2　$\xrightarrow{(CH_3)_2SO_4}$　COOH　$NHCH_3$　$\longrightarrow$（苯酐）　OH　O　N　CH_3　（1）

NH_2　NO_2　$\xrightarrow{NaNO_2,HCl}$　$N_2^+Cl^-$　NO_2　$\xrightarrow{(1)}$　产物

五、其他染料

除上述介绍的几种染料外，工业上应用的染料有直接染料、冰染染料、还原染料、阳离子染料、硫化染料及溶剂染料等，它们在纺织印染等方面发挥着各自的作用。

1. 直接染料

直接染料是指能在中性或弱碱性介质中直接对纤维素纤维染色的一类染料，通常不需借助媒染剂，染浴中只需加入食盐或元明粉煮沸即可染色。它通常凭借纤维素与染料之间的氢键和范德华力结合而成，因而耐洗、耐晒牢度较差。耐晒牢度在5级以上即称为直接耐晒染料。直接染料具有从黄到黑很齐全的色谱，生产工艺简单，价格低廉，使用方便，因而广泛地应用于针织、丝绸、棉纺、线带、皮革、毛麻、造纸等行业，也用于粘胶纤维的染色。

直接染料分子通常较其他各类染料分子大，以各种二胺类化合物衍生的双偶氮和多偶氮

结构为主。由于联苯二胺类化合物的致癌作用，目前已被世界各国禁止使用。一些新型结构的染料被开发应用，如尿素型、苯甲酰苯胺型、三聚氰酰胺型、苯并咪唑型、多偶氮类等。

2. 冰染染料

冰染染料通常由色基、色酚两种成分构成。染色时，先用色酚打底，即色酚吸附于被染纤维上，然后加入色基的重氮液进行显色，即在纤维上与色酚发生偶合反应，生成偶氮染料而显色。因而色基被称为重氮组分，色酚称为偶合组分。显色过程需在低温下（常需加冰）完成，故称为冰染染料。由于染料分子中不含水溶性基团（如磺酸基、羧基等），因而也称为不溶性偶氮染料。

色基为各种取代的不含水溶性基团的芳香族伯胺，其重氮盐均能与色酚偶合获得鲜艳而坚牢的颜色，其名称也根据颜色而定。如黄色基 GC，它与色酚 AS－G 偶合得到坚牢而鲜艳的黄色，当与其他的色酚偶合时，得到的颜色会有变化。

色酚即为能与色基的重氮盐偶合，生成不溶性偶氮染料的酚类化合物的统称。品种最多的是 2－羟基－3－萘甲酰芳胺类，其他还有乙酸乙酰芳胺、蒽及咔唑的羟基酰胺类等。色酚通常不溶于水，必须制成钠盐水溶液，对纤维打底，才能进行印染。色酚钠盐对光敏感，应避免光线直射。

3. 阳离子染料

阳离子染料（碱性染料）由于分子中带有一个季铵阳离子而得名。阳离子染料通常色泽鲜艳，水溶性好，在水溶液中离解成阳离子，是腈纶纤维的专用染料。

根据阳离子染料分子中阳离子和染料分子母体联结方式不同，可分为共轭型和隔离型两种。共轭型阳离子染料中季铵离子包含在染料分子共轭链中，称为菁型。如果分子中仅一端是含氮杂环，另一端是苯环则称为半菁。共轭型染料色泽鲜艳，上染率高，是阳离子染料中的主要品种。隔离型阳离子染料中季铵离子不和染料分子共轭系统贯通，通常被 2～3 个亚甲基（$—CH_2—$）隔离开。隔离型阳离子染料按染料母体分子结构不同，可分为偶氮类和蒽醌类。隔离型阳离子染料色光不是十分鲜艳，给色量稍低，但耐热、耐晒、耐酸碱的稳定性好，品种相对较少。分散型阳离子染料是传统阳离子染料分子中的阴离子被萘磺酸阴离子取代后的产物。这类产物几乎不溶于水，其分散性、扩散性均得以提高，因而使阳离子染料的匀染性得到改善，可与酸性染料同浴染毛腈混纺，也可与分散染料同浴染涤腈、改性涤纶、涤纶混纺织物，而不需加入防沉淀剂，是一类值得推广的产品。

阳离子染料不仅用于腈纶和腈纶混纺织物的染色和印花，也能用于改性涤纶、改性锦纶和丝绸的染色。阳离子染料除了单独使用外，还可以用几种染料混拼，以获得完整的色谱和鲜艳的色光，各阳离子染料的配伍值都在 1～5 之间。

第三节 水处理剂

一、水处理剂及其应用

水处理化学品又称水处理剂，包括阻垢剂、缓蚀剂、分散剂、杀菌灭藻剂、消泡剂、絮凝剂、除氧剂、污泥调节剂和螯合剂。此外，活性炭和离子交换树脂也是重要的水处理化学品。水处理剂用于冷却水、锅炉水和油田用水等工业水处理。

水处理化学品对于提高水质，防止结垢、腐蚀、菌藻滋生和环境污染，保证工业生产的高效安全和长期运行，对节水、节能、节材等方面有重大作用。水处理产品包括三大类：

1．通用化学品，指用于水处理的无机化工产品。

2．专用化学品，包括活性炭、离子交换树脂、有机聚合物絮凝剂（如聚丙烯酰胺、聚季铵盐）。

3．配方化学品，包括缓蚀剂、阻垢剂、杀菌剂等。

我国自行研制的一些絮凝剂、缓蚀剂、阻垢剂、杀菌剂及配套的预膜剂、清洗剂、消泡剂已达到世界先进水平，并为我国水资源的有效利用做出了卓越贡献。1995 年全国工业废水排放量为 280 亿 ~ 300 亿吨，处理率 70%。到 2010 年排放量达到 763 亿吨，处理率达到 84%。据此推测，2010 年我国需要水处理剂 367.8 万吨，其中絮凝剂 10 万吨，凝聚剂 335 万吨，阻垢剂 10 万吨，杀菌剂 5 万吨。因此水处理剂的研究开发大有可为。目前我国和发达国家的差距是：产量少、品种不全、系列化不够、质量尚待提高。

今后我国水处理剂的发展应以开发创新为主，重点开发高效价廉、特色性好、专用性强的水处理剂。如含磺酸基和羟基的水溶性共聚阻垢分散剂，尤其是三元共聚物及天然高分子聚合物。在缓蚀剂方面应注意非磷有机缓蚀剂，尤其是无毒无公害的钼系药剂应抓紧研究开发。絮凝剂应重视天然高分子絮凝剂的化学改性。杀菌剂要扩大品种，除季铵盐外，国外已广泛应用醛类、有机硫化合物、异噻唑啉酮，并取得较理想的效果。

二、絮凝剂

絮凝剂是指使水中浊物形成大颗粒凝聚体的药剂。絮凝技术在原水处理中可以除浊、脱色、除臭及除去其他杂质，在废水处理中用以脱除油类、毒物、重金属盐等。

絮凝剂分为无机絮凝剂和有机絮凝剂两类。絮凝机理是复杂的，其基本原理是增加水中悬浮离子的直径，加快其沉降速度。具体絮凝作用是通过物理作用和化学作用两种因素实现的。化学因素是使粒子的电荷中和，降低其电位，使之成为不稳定的粒子，然后聚集沉降。这类絮凝剂多为低分子无机盐。而物理因素则是絮凝剂通过架桥、吸附，使小粒子聚集体变为絮团。这类絮凝剂多为高分子物质。我国无机高分子絮凝剂发展较快，同时复合型的开发速度也在加快，除国内应用外，已有部分出口。

三、阻垢分散剂

阻垢分散剂指能抑制或分散水垢和泥垢的一类化学品。早期采用的阻垢剂多为改性天然化合物如碳化木质素、单宁等。近年来主要是无机聚合物、合成有机聚合物等。其阻垢分散机理表现为螯合作用、吸附作用和分散作用。例如有机多元磷酸或有机磷酸通过螯合作用与水中的 Ca^{2+}、Mg^{2+}、Zn^{2+} 等离子形成水溶性的络合物阻止污垢形成。磷酸钠、聚丙烯酸钠及水溶性共聚物，经过它们的吸附，离解的羧基和羟基，提高了结垢物质微粒表面的电荷密度。使这些物质微粒的排斥力增大，降低了微粒的结晶速度，使晶体结构畸变而失去形成垢键的作用，使结垢物质保持分散状态，阻止了水垢和污垢的形成。

阻垢剂的选择原则有：

1．阻垢消垢效果好，在硬水中仍有较好的阻垢分散效果。

2．化学性质稳定，在高浓度倍数和高温条件下，或与其他水处理剂并用时，阻垢分散效果不降低。

3．与缓蚀剂、杀菌剂并用时，不影响缓蚀效果和杀菌灭藻效果。

4. 无毒或低毒，制备简单，投加方便。

四、缓蚀剂

缓蚀剂是添加到腐蚀介质中能抑制或降低金属腐蚀过程的一类化学物质。缓蚀剂通常用于冷却水处理，化学研磨、电解、电镀、酸洗等行业。缓蚀剂的种类很多，按成膜机理可分为钝化型、沉淀型、吸附型。钝化型缓蚀剂包括铬盐（因有毒已被禁用或限制使用）、钼酸盐、钨酸盐。沉淀型缓蚀剂包括磷酸盐、锌盐、苯并噻唑、三氮唑等。吸附型缓蚀剂包括有机胺、硫醇类、木质素类葡萄糖酸盐等。在世界水处理技术中缓蚀剂品种发展很快。主要产品有马来酸和膦羧酸型及羟膦乙酸缓蚀剂。

国内常用的缓蚀剂有铬盐、锌盐、磷酸盐，随着环保要求的提高，现在大量使用有机磷酸盐、有机磷酸酯等。钼酸盐、钨酸盐也开始使用。

五、杀菌剂

杀菌剂是指能杀灭和抑制微生物的生长和繁殖的药剂，也称为杀菌除藻剂。当冷却水中含有大量微生物时，管道会因微生物的繁殖而堵塞，严重降低热交换器的热效率，甚至造成孔蚀，使管道穿孔。为了避免这种危害，必须投加杀菌灭藻剂。目前使用的杀菌灭藻剂有氧化型和非氧化型两种。氧化型杀菌剂包括氯气、次卤酸钠、卤化海因二氧化氯、过氧化氢、高铁酸钾，作用使微生物体内一些与代谢有密切关系的酶发生氧化反应而使微生物死亡。非氧化型杀菌灭藻剂包括醛类、咪唑啉、季铵盐等，其杀菌机理是通过微生物蛋白中毒而使微生物死亡。

目前国内使用较普遍的是氯气、季铵盐。这是因为它们杀菌率高，价廉，便于操作。但在碱性条件下氯气会残留在水中，造成二次污染。目前大有用二氧化氯替代之势。同时臭氧的开发利用也颇受重视，因为臭氧在水中溶解度大，半衰期短，不存在有害残留物。总之，今后杀菌剂的发展方向是杀菌灭藻效率高，使用范围广，毒性低，易于降解，适用的 pH 值范围宽，对光、热、酸碱性物质有良好的稳定性，与其他水处理剂有较好的相容性。

第四节 催 化 剂

一、催化剂的作用及工业意义

在化学反应体系中，因加入某种少量物质而改变了化学反应速度，这种加入的物质在反应前后的量和化学性质均不发生变化，则该种物质称为催化剂（或触媒），这种作用称为催化作用。加快反应速度的催化剂作用称为正催化作用，减慢反应速度的称为负催化作用。

活化能的数值反映了化学反应速度的相对快慢和温度对反应速度影响程度的大小，催化剂的作用就是改变化学反应的途径，降低了反应的活化能，从而加快了化学反应的速度。

在化工生产中催化剂的作用表现在以下五个方面：

1. 加快化学反应速度，提高生产能力。

2. 对于复杂反应，可有选择地加快主反应的速度，抑制副反应，提高目的产物的收率。

3. 改善操作条件、降低对设备的要求，改进生产条件。

4. 开发新的反应过程，扩大原料的利用途径，简化生产工艺路线，从而提高设备的生产能力和降低产品成本。

5. 消除污染，保护环境。

某些化工产品在理论上是可以合成得到的，但由于反应速度很慢，没有有效的催化剂，长期以来不能实现工业化生产。此时，只要研究出该产品合成适宜的催化剂，就能有效地加快化学反应速度，使该产品的工业化生产得以实现。

现代的许多大型化工生产，如合成氨、石油裂解、高分子材料的合成、油脂加氯、脱氧、药物的合成等无不使用催化剂。据统计，在现代化工生产中80%～90%的反应过程都使用催化剂。催化剂的应用，提高了原料的利用率、扩大了原料来源和用途，在环境保护、能源开发等方面也具有突出的作用。因而，催化剂作用的研究已成为现代化学研究领域的一个重要分支。

催化剂的发展促进了工业技术的进步，例如，20世纪初合成氨系列催化剂的开发和生产推动了化肥工业的发展，使农业上了新台阶；20世纪中期由于新型催化裂化分子筛催化剂的开发和生产，使炼油工业迅速发展成为当今巨大产业；烯烃聚合催化过程的开发和新型催化剂的研制成功和生产，使高分子材料成为一个新兴的产业。目前在工业化国家，催化剂技术支持的产值已经占国民经济生产总值20%以上。

二、固体催化剂的组成

化工生产上常用的催化剂有液体催化剂和固体催化剂两种形式，其中固体催化剂使用更普遍。液体催化剂一般是先配制成浓度较高的催化剂溶液，然后按反应需要的用量配比加入到反应体系中，溶解均匀而起到加速化学反应的作用。固体催化剂是具有不同形状（如球形、柱状或无定形等）的多孔性颗粒，在使用条件下不发生液化、气化或升华。

哪些物质可以作为催化剂使用是由它本身的物理性质和化学组成决定的，有的物质不需要经过处理就可作为催化剂使用，如活性炭、某些黏土、高岭土、硅胶和氧化铝等。更多的催化剂是将具有催化能力的活性物质和其他组分按一定的配方，经过处理制备而得到。所以一般固体催化剂可能包括的组分如下：

1. 主催化剂

在固体催化剂所含物质中，对主反应具有催化活性的主要物质称为主催化剂，也称活性组分或活性物质。主催化剂是催化剂不可缺少的组分，其单独存在具有显著的催化活性，例如，加氢催化剂的活性组分则为金属镍；邻二甲苯氧化生产苯酐催化剂的活性组分是五氧化二钒。

主催化剂常由一种或几种物质组成，大多数为过渡金属、金属的合金、金属的氧化物、金属陶瓷、金属氯化物、金属的盐类、金属络合物类等，如Pd、Ni、V_2O_5、MoO_3等。

2. 助催化剂

助催化剂是单独存在时不具有或无明显的催化作用，若以少量与活性组分相配合，则可显著提高催化剂的活性、选择性和稳定性的物质。

助催化剂可以是单质，也可以是化合物。如在醋酸锌中添加少量的醋酸铋，可提高醋酸乙烯酯生产的选择性；乙烯法合成醋酸乙烯酯催化剂的活性组分是钯金属，若不添加醋酸钾，其活性较低，如果添加一定量的醋酸钾，可显著提高催化剂的活性。

在催化反应中，加入助催化剂有时是为了提高主催化剂的活性，有时是为了提高其选择性，有时是为了改善主催化剂的形态或其他特征。有些助催化剂在反应初期加入，在反应开始起引发激活作用；有些助催化剂是在反应到一定程度或一定温度下加入；有些助催化剂实际上就同主催化剂混合配料，成为“共同催化剂”。有的催化剂其活性组分本身性能已很好，也可不必加助催化剂。

3. 抑制剂

用来抑制一些不希望出现的副反应，从而提高催化剂的选择性，这类物质称为调节剂，也称抑制剂。例如，在乙烯氧化制环氧乙烷的银催化剂中，加入适量的硒、碲、氯、溴等物质，均能起到抑制二氧化碳生成，达到提高催化剂选择性的作用。

4. 载体

载体是催化剂组分的分散、承载、黏合或支持的物质。当催化剂使用载体时，载体是催化剂组成中含量最多的一种成分。载体作为催化剂的支架，可以把催化剂的活性组分和其他添加剂载于其上。载体的主要功能是：提高催化剂的机械强度和热传导性（载体一般具有很高的导热性、机械强度、抗震强度等优点），还能减少催化剂的收缩，防止活性组分烧结，从而提高催化剂的热稳定性；增大催化剂的活性、稳定性和选择性，因为载体是多孔性物质，比表面积大，可使催化剂分散性增大，另外载体还能使催化剂的原子和分子极化变形，从而强化催化性能；降低催化剂的成本，特别是对贵重金属（如 Pt、Pd、Au 等）催化剂显得更为重要。选择载体应考虑载体本身的性质和使用条件等因素，如结构的特征（无定形性、结晶性、化学组成、分散程度等）、表面的物理性质（多孔性、吸附性、机械稳定性）、催化剂载体活化表面的适应性等。

固定床使用的催化剂，为了提高其比表面，往往把催化剂加工成多孔状。最简便的方法是让催化剂金属或金属氧化物分布在多孔骨架的载体上，这种多孔物质种类繁多，可以是天然的无机氧化物，如硅酸盐类硅藻土、蒙脱石、沸石等，也可以是人工合成的多孔物质，如硅胶、活性炭、人造沸石、分子筛等具有高比表面积的固体物质。有时这些骨料载体本身就是催化剂，当金属、金属氧化物被吸附在这些多孔物的孔表面时，催化剂会表现出较强的催化活性。

三、固体催化剂性能指标

1. 活性

催化剂的活性是指催化剂改变化学反应速度的能力，是判断催化效能高低的标准。工业催化剂的活性用转化率和选择性表示。

工业生产中常以给定条件下，单位时间内所生成的生成物（目的产物）质量，即空时收率来表示活性，其单位可用 kg/(L·h) 或 t/(m^3·d)，如合成氨催化剂的空时收率约为 15 t/（m^3·d)，即在每立方米催化剂上每天可以生成氨 15 t。

2. 选择性

催化剂的选择性反映的是催化剂促使反应向主反应方向进行而得到目的产物的能力，也就是主反应在主、副反应总量中所占的比率。所以，衡量催化剂的选择性也就是衡量化学反应效果的选择性（即以参加反应原料计算的理论产率）。

选择性是催化剂的重要特性之一，催化剂的选择性好，可以达到减少化学反应过程的副反应，降低原料消耗定额，从而降低产品成本的目的。

3. 耐热和抗毒稳定性

（1）耐热性

催化剂要具有抗温度波动的能力，因催化剂在较高温度下活性组分会烧结失活，在温度剧烈波动时，催化剂结构会破坏而不能使用，因此，工业催化剂需要有较宽温度范围的耐热性。

（2）抗毒性

工业催化剂所处理的原料往往含有较多杂质，这些杂质有的会使催化剂中毒失活，因此工业催化剂应具有较高抗毒性。

4. 机械强度

工业固体催化剂应有足够的强度来承受不同的应力作用，而不致破碎。首先要能经得住在搬运、安装、装填时引起的不可避免的撞击、碰撞、摩擦等作用；其次能经受使用时因反应介质作用所发生的化学变化、流化床等反应器中颗粒的摩擦和撞击等作用；另外必须能承受催化剂的自身重量以及气流冲击等作用。对不同的工业催化剂均有使用强度指标要求。

5. 寿命

工业催化剂在保持良好活性的前提下，其使用时间的长短是催化剂寿命。工业催化剂的活性变化可分为三个阶段。

（1）诱导期（或称成熟期）

这段时间内活性逐渐增加而达到极大值。

（2）稳定期

催化剂活性达到最大值后会略有变动而后趋于稳定，可以在相当长的时间内（几周，几月乃至几年）保持不变。这个稳定期长短一般就代表催化剂寿命。

（3）衰老期

随着使用时间的增长，催化剂的活性迅速下降，有时因偶然的外部原因如操作失误等使催化剂的结构发生变化，以致活性完全消失，不能再继续使用。因此，寿命既决定于催化剂本身的特性，也决定于使用者的操作水平。

催化剂的使用寿命越长，催化剂正常发挥催化能力的使用时间就越长，其总收率（催化剂的生产能力×使用时间）也就越高。催化剂的使用寿命长对生产过程的好处是：可以减少更换催化剂的操作以及由此而带来的物料损失，在经济上可以减少催化剂的消耗量从而降低产品成本。因此，尤其是对价格昂贵的贵重金属催化剂，提高其性能质量，合理地使用，保护催化剂性能的正常发挥，延长使用寿命更具有重要意义。

6. 催化剂颗粒大小、分布、形状和重度

因催化反应器结构和使用条件的不同，对催化剂外形和重度亦有不同要求。所以，合理地选择催化剂外形和物理性质，有利于流体的传质和传热过程，可减少生产过程中的能耗和催化剂的损耗。

四、固体催化剂的制备方法

催化剂的制备过程复杂，影响因素很多，到目前为止还缺乏全面的制备技术和理论，所以固体催化剂的制备和生产仍停留在按经验制备的阶段。一般常采用溶解、沉淀、浸渍、洗涤、过滤、干燥、混合、熔融、成型、煅烧、还原、离子交换等单元操作的一种或几种来进行配制。

催化剂制备应保证所得催化剂具有预定（或设计）的化学结构、物理结构和物性，从而保证其活性和稳定性。现常用的催化剂制备方法有沉淀法、浸渍法、机械混合法、热分解法以及由此派生出来的沉淀—沉积法、溶胶—凝胶法，采用新技术而创造出的新方法，如超声波法和超临界法等。

1．沉淀法

沉淀法是最常用的催化剂制备方法，广泛用于多组分催化剂的制备。该法通常是将金属盐水溶液和沉淀剂分别加入不断搅拌的沉淀槽中，生成固体沉淀。生成的沉淀经洗涤，除去有害杂质，再经干燥、煅烧、活化等步骤而制得成品。金属盐溶液按催化剂所要求的化学组成来配制。常用的沉淀剂有：碱类，如氨水、NaOH、KOH 等；碳酸盐，如（NH_3）$_2CO_3$、Na_2CO_3等；有机酸，如乙酸（CH_3COOH）、草酸（$H_2C_2O_4$）等。

2．特殊沉淀法——溶胶—凝胶法

胶体化学中，被分散的胶体粒子称为分散相，粒子所在的介质称为分散介质（溶剂）。当分散相颗粒大小具有或小于可见光波长的数量级（1～100 nm）时，普通显微镜看不见溶液中的颗粒，这种溶液称为胶体溶液，简称溶胶。溶胶中胶体粒子彼此合并，互相凝结而生成凝胶沉淀。它是一种体积庞大、疏松、含水很多的非晶体沉淀，经脱除溶剂后，可得到立体网状结构的多孔大表面固体，很适合用来制备大比表面催化剂、载体和涂膜。溶胶—凝胶法分为两个过程来进行：分子或离子凝聚生成溶胶；溶胶中的胶体粒子凝结成凝胶。

3．浸渍法

浸渍法是将一种或多种活性组分（包括助催化剂）以盐溶液浸渍到多孔载体上，使金属盐溶液吸附或储存在载体毛细管中，除去过剩的溶液，经干燥、煅烧和活化而制成催化剂，这类催化剂常称为负（附）载型催化剂。

载体浸渍一般在干载体上进行，也可以在不干的沉淀或凝胶上进行。根据催化剂使用条件的不同，制成合适外形。载体大致可分为人工合成和天然矿物加工两类。常用浸渍方法包括过量金属盐水溶液的浸渍法、等体积浸渍方法和蒸气浸渍法。

（1）过量金属盐水溶液的浸渍法

将载体浸泡在超过载体最大吸附量的金属盐溶液里，经过一定时间后，过滤取出浸泡过的载体，经干燥和煅烧，获得所需催化剂。如生产上常用的浸没法。

（2）等体积浸渍法

测定载体的最大吸附量后，用吸附量同容积的水溶解所需要的金属盐，将溶液全部吸附在载体上，无残余溶液。

（3）蒸气浸渍法

把活性物质在蒸气中沉淀到载体上。适用于这一方法的是活性组分为金属盐类或氧化物，它们的沸点都比较低，在低温下会升华。如 B_2O_3、MoO_3 等。工业上正丁烷异构化过程中所用催化剂就是用该法制成的。

4．沉淀与浸渍相结合的方法——沉积—沉淀法

沉积—沉淀法涉及浸渍和沉淀两个过程，由于溶液向载体微孔内渗透需一定的时间，即有一定的浸渍速度，造成载体孔内外有浓度差。这种局部浓度可以超过整体相化合物（指非表面化合物）的过饱和度，其结果是溶液在局部地区形成晶核，并可长大成很稳定的大晶粒，以致在悬浮液搅拌均匀以后也不能再溶解，因此将沉淀剂加入到有悬浮载体的活性物溶液时，并不能使溶液均匀地增加以实现沉积—沉淀过程。为了降低载体悬浮液中的局部浓度差，采用两种方法：一是把沉淀剂的加入和反应分开，如通过尿素水解提高 OH^- 浓度，因为在高于60℃时水解速度比较明显，所以溶液可以先在低温混合均匀，然后再提高温度使反应快速进行。二是将沉淀剂溶液注射到载体悬浮液中。为了使气—液界面不形成足够大的剪切应力，注射口必须低于液面，沉淀剂保证不间断地稳态流动，并使悬浮液激烈搅动来减少局部浓度差。

5．混合法和熔融法

（1）混合法

两种或两种以上的固体组分经湿法或干法在球磨机或碾子上混合后，再进行压缩或挤条成型。如由沉淀法制得的 Fe_2O_3 和铬酐（CrO_3）及其他一些助剂在碾子上混合后，经挤条或压片制成一氧化碳中温变换催化剂。

（2）熔融法

将催化剂组分、金属或金属氧化物，在加热熔融状态下互相混合，形成合金和固溶体。它实际上是在高温下进行催化剂组分混合，有利于催化剂混合均匀，熔融温度是该法的关键性控制条件。

用于氨合成的铁系催化剂就是将精选后的磁铁矿与助催化剂在感应电炉中于 1 500 ~ 1 600℃的高温下熔融，冷却、粉碎而制得。

五、主要催化剂

1．活性氧化铝制备（沉淀法）

氧化铝含有多种变体，目前已知的有 6 种，即 $\alpha-Al_2O_3$、$\kappa-Al_2O_3$、$\delta-Al_2O_3$、$\gamma-Al_2O_3$、$\eta-Al_2O_3$、$\rho-Al_2O_3$。其中 $\gamma-Al_2O_3$ 和 $\eta-Al_2O_3$ 具有较高的化学活性（酸性），称为活性氧化铝，是一种良好的催化剂及其载体；$\alpha-Al_2O_3$（刚玉）因其晶体结构最稳定（其他变体加热到 1 200℃以上都会转变为此变体），是一种高温低表面高强度的载体。

为了适应催化剂或载体的特殊要求，各类氧化铝变体通常由相应的水合氧化铝加热失水而制备。水合氧化铝变体也很多，常见的有 α－三水铝石（$\alpha-Al_2O_3\cdot3H_2O$）、β－三水铝石（$\beta-Al_2O_3\cdot3H_2O$）、β－2－三水铝石（新 $\beta-Al_2O_3\cdot3H_2O$）、一水软铝石（$\alpha-Al_2O_3\cdot H_2O$）、一水硬铝石（$\beta-Al_2O_3\cdot H_2O$）、假一水软铝石（$\rho-Al_2O_3\cdot nH_2O$，$H_2O:Al_2O_3=1.5\sim2.0$）及无定形氢氧化铝凝胶（$\rho-Al_2O_3$）。

在热转变过程中，起始水合物的形态（如晶型、晶粒度），加热的快慢、存在的气氛及杂质等对产物氧化铝的形态均有很大的影响。

制取水合氧化铝的实例很多，以沉淀法居多。沉淀法又可分为酸法和碱法两大类，我国多数采用碱法生产活性氧化铝，最近也有酸法工艺的报道，下面选择一例（酸法）介绍。

活性氧化铝酸法生产流程如图 8—2 所示。将工业硫酸铝粉碎，于 60 ~ 70℃温水中溶解（温度不可过高，防止铝盐水解变成胶体溶液），制成相对密度 1.21 ~ 1.23 的 $Al_2(SO_4)_3$ 溶液（60 g Al_2O_3/L），同时配制 20%（质量分数）Na_2CO_3 溶液。将此两种溶液分别加入各自的高位槽，然后经过热交换器（50 ~ 60℃）预热，通过活塞开关并流混合，pH 值控制在 5 ~ 6。沉淀槽要不断搅拌，以使充分混合，形成无定形氢氧化铝（或碱式硫酸铝）沉淀。沉淀浆液送入过滤器抽滤分离，沉淀移入洗涤槽打浆洗涤，洗液为 50 ~ 60℃的蒸馏水，洗涤至不显 SO_4^{2-} 反应为止。洗净的沉淀转入氨水溶液静置熟化 4 h，熟化溶液 pH 值在 9.5 ~ 10.5 之间，温度为 60℃左右。熟化后沉淀物又重复过滤、洗涤至滤液的比电阻超过 200 Ω/cm。将沉淀移至磁盘，于 100 ~ 110℃温度干燥，制得半结晶状的假一水软铝石（$\rho-Al_2O_3\cdot nH_2O$）。研细（200 目网）后在 500℃电炉中活化 6 h，制得 $\gamma-Al_2O_3$。

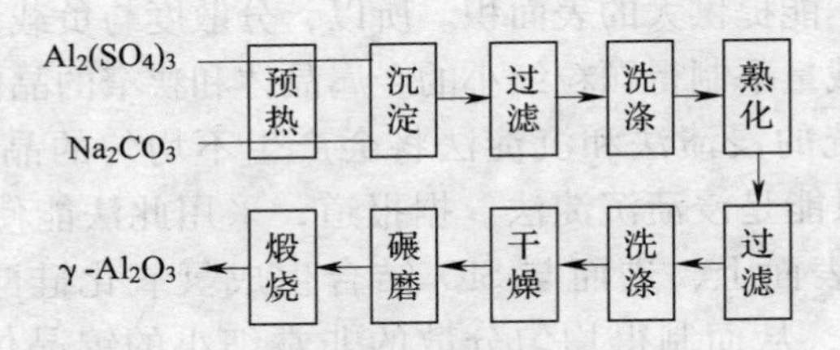

图 8—2　活性氧化铝酸法生产流程

2. 低压合成甲醇催化剂

甲醇是一个重要的化工原料，近 20 年来，由于需求量猛增，大大促进了甲醇工业的发展。甲醇合成均在 30 ~ 35 MPa 的高压下操作（温度 350℃左右）。使用的是 $ZnO - Cr_2O_3$ 系催化剂。1966 年英国帝国化学工业公司（ICI）和德国鲁奇（Lurgi）公司提出了 5 MPa 的低压流程及其铜系催化剂。此类低压合成甲醇工艺（2 ~ 10 MPa，250℃左右）在工业上已应用十多年，具有技术上和经济上的许多优点：

（1）由高压转向低压，可减少压缩能量消耗，这对小于 100 t/d 的中小型工厂十分合适。

（2）反应温度较低，副产物少，甲醇纯度高。

（3）设备费用少，成本低

工业上所用的低压合成甲醇催化剂有 $CuO - ZnO - Al_2O_3$ 和 $CuO - ZnO - Cr_2O_3$ 两类，它们耐热性差，不允许在 300℃以上操作，对硫、氯毒物极为敏感，对合成气净化要求较高。

低压合成甲醇 $CuO - ZnO - Al_2O_3$ 或 $CuO - ZnO - Cr_2O_3$ 催化剂可用湿式混合法或共沉淀法制备。相比之下，共沉淀法能够制取性能最好的催化剂。通过比较，$CuO - ZnO - Al_2O_3$ 系催化剂显得更可取。

如图 8—3 所示为 $CuO - ZnO - Al_2O_3$ 催化剂生产流程。将给定浓度和比例的 $Cu(NO_3)_2$、$Zn(NO_3)_2$、$Al(NO_3)_3$ 混合溶液与 Na_2CO_3 沉淀剂并流加入沉淀槽，在强烈搅拌的同时，注意调节加料流速，以控制沉淀介质的 pH 值稳定在 7 ± 0.2 之间，沉淀温度 70℃。洗除 Na^+ 之后，于 110℃温度将沉淀烘干，并在空气中于 300℃煅烧。然后将煅烧过的粉末以 50 MPa 的压力压缩成为圆柱体（ϕ15 mm × 80 mm），破碎，筛分，选取 1 ~ 2 mm 的颗粒作为试验产品。Al_2O_3 组分也可以在铜、锌两组分共沉淀之后加入。

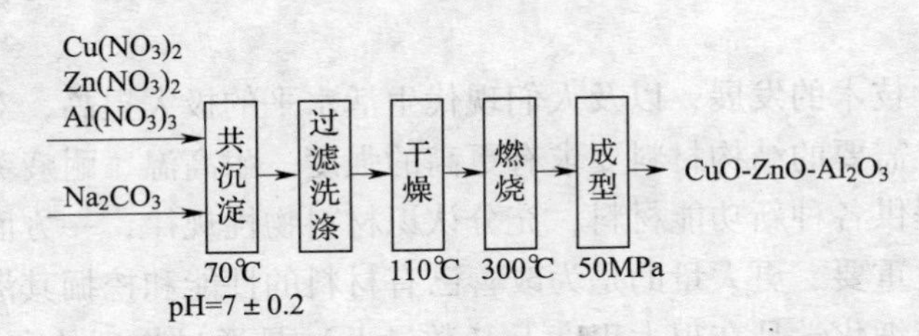

图 8—3　$CuO - ZnO - Al_2O_3$ 催化剂生产流程

3. 负载型镍催化剂的制备

加氢催化剂中比较典型的是镍催化剂，主要制成骨架型镍催化剂和负载型镍催化剂，其目的在于展开镍的表面积。负载型催化剂的镍表面积随负载量增大而出现一个极大值，通常处在 30% ~ 50%（质量分数）。过高的镍含量因烧结作用反而降低镍的比表面积；镍浓度过低固然晶粒细小，但也不能提供大的表面积。所以，分散度与负载量的最佳组合才是调制催化剂的有效措施。高负载量下制得颗粒细小的金属晶体和狭窄的晶体尺寸分布是催化剂设计中的一个重要目标。传统的浸渍法和沉淀法将会产生不均匀的晶粒大小（除非负载量 < 50%），实现这个目标只能是浸渍沉淀法。据报道，采用此法能使氢氧化镍均匀地沉积在水悬浮液中的 SiO_2 载体表面上，进而与 SiO_2 结合生成氢氧化硅酸镍 [$Ni_3(OH)_4Si_2O_5$]，后者足以阻止表面凝结，从而制得均匀分散的非常细小的镍晶体（半径 1 ~ 2 nm）。此工艺对于晶体大小分布的控制是一个有效的方法，有扩大应用到工业生产过程的可能性。

如图 8—4 所示为 Ni－SiO_2 催化剂制备过程。反应器是 2 L 的三口烧瓶，配有搅拌棒和温度计。在反应器中配制 Ni（NO_3）$_2$ 水溶液混合固体 SiO_2 的悬浮液，加热升温至 90℃（开始沉淀温度），加入尿素开始反应，产生绿色沉淀物。起始 pH 值通常为 4.0；为了研究酸度这一影响因素，有时特意加入适量硝酸，调节起始 pH 值降至 2.5。到达给定时间后冷却降温，停止反应。沉淀物过滤后以热水洗涤之。滤饼移入烘箱，于 120℃ 温度下干燥。然后破碎成型为 0.25 mm 的小颗粒。取出部分样品以不同的温度和时间进行焙烧，最后通入氢气还原，并以混合气（空气—氮气）钝化之。

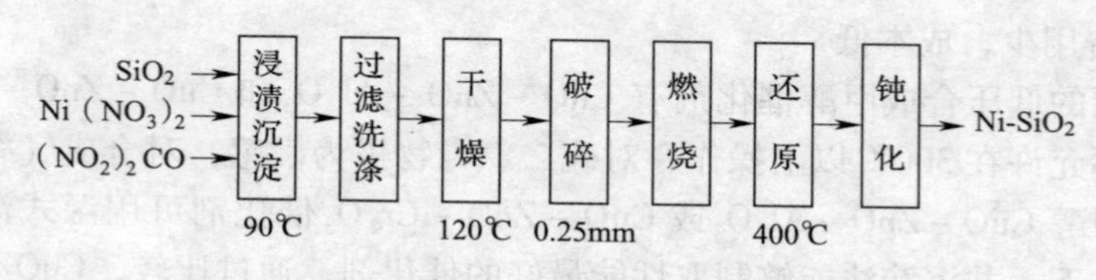

图 8—4　Ni－SiO_2 催化剂制备过程

第五节　无机精细化学品

以前人们对无机物的认识和应用只停留在表面的、容易认识的宏观特性上，随着人类的进步和科学的发展，特别是近代化学和物理学的发展，为揭示物质本质的奥秘提供了理论基础，加上各种分析方法和精密测试技术的发明，有力地推动了人们对无机物特性的更深层次的认识。

随着生产和科学技术的发展，以及人们现代生活水平的极大提高，对物质功能的要求也在不断提高。工程上需要的结构材料要求有更高的强度、耐高温、耐疲劳、轻重量等；发展各种高新技术需要提供各种新功能材料，充分认识材料物性规律，一方面为合成新材料提供了理论和方法；但更重要、更大量的是为改善已有材料的性能和挖掘其潜在的特殊功能开辟了道路。现代无机精细化学品在很大程度上（数量上）是通过物理的和化学的新工艺方法，对已有的无机物进行精细化加工而制得的。现已开发的新的无机精细化深度加工方法有十多种。

一、超细化与超细颗粒材料

任何固态物质都有一定的形状，占有相应的空间。通常所说的粉末或颗粒一般是指粒径为 1 mm 以下的固态物质。当固态颗粒的粒径在 0.1 ~ 10 μm 之间时称为微细颗粒，或称为亚超细颗粒。空气中飘浮的尘埃，多数属于这个范围。当粒径达到 100 nm 以下时，则称为超细颗粒。超细颗粒还可以再分为三档：即大、中、小超细颗粒。粒径在 10～100 nm 之间的称大超细颗粒；粒径在 2～10 nm 之间的称中超细颗粒；粒径在 2 nm 以下的称小超细颗粒。目前中小超细颗粒的制取仍较为困难，因此超细粉体材料一般是指粒径在 0.1～0.01μm 之间的固态颗粒。由此可见，这里所述的超细颗粒是介于大块物质和原子或分子之间的中间物质态，是人工获得的、数目较少的原子或分子所组成的，它保持了原有物质的化学性质，而处于亚稳态的原子或分子群，在热力学上它是不稳定的，所以对它们的研究和开发，是了解微观世界如何过渡到宏观世界的关键。随着电子显微镜的高度发展，超细颗粒的存在及其大小形状已经可以观察得非常清楚。

超细颗粒与一般粉末比较，具有一系列奇特的性质，如熔点低、化学活性高、磁性强、热传导好、对电磁波的异常吸收等特性。这些特性主要是由于"表面效应"和"体积效应"所引起的。尽管超细颗粒有些特性和应用尚待进一步研究开发，上述的奇特性质已为其广泛应用开辟了美好的前景。

超细颗粒的粒径越细，熔点降低越显著，如银块的熔点为900℃，其超细颗粒的熔点可降至100℃以下，可以溶于热水；金块的熔点是1 064℃，而其粒径为 2 nm 的超细颗粒的熔点仅为327℃。由于熔点降低，就可以在较低的温度下对金属、合金或化合物的粉末进行烧结，制得各种机械部件，这不仅节省能耗、降低制造工艺的难度，更重要的是可以得到性能优异的部件，如高熔点材料 WC、SiC、BN、Si_3N_4等作为结构材料使用时，其制造工艺需要高温烧结，当使用超细颗粒时，就可以在很低的温度下进行，且无需添加剂就可获得高密度烧结体，这对高性能无机结构材料开辟更多更广的应用途径有着非常好的现实意义。

超细颗粒的直径越小，其总比表面积就越大，表面能相应增加，有较高的化学活性，可用作化学反应的高效催化剂，也可以用于火箭固体燃料的助燃添加剂。已有的实践表明，以超细颗粒的 Ni 和 Cu－Zn 合金为主要成分制成的催化剂，在有机物氢化方面的效率是传统催化剂的10倍，在固体火箭燃料中加入不到1%（质量分数）的超细颗粒的铝粉或镍粉，每克燃料的燃烧热量可增加1倍左右。

目前，超细颗粒的制备途径大体上有两个方面：一是通过机械力将常规粉末材料进一步超细粉化；二是借助各种化学和物理的方法，将新形成的分散状态的原子或分子逐渐生长成或凝聚成所希望的超细颗粒。前者难以得到微米级以下的粉末，这有待于技术的进一步发展来实现；后者是当今超细化的主要方法，其最大优点是容易制得超细粉末，具体方法很多，若按原料物质的状态分，可分为气相法、液相法和固相法。虽然液相法在产品质量的某些方面还赶不上气相法，但具有设备简单、易于操作、成本低等优点，所以成为首选的方法。

二、单晶化与单晶态材料

固态是多数无机化合物存在或被使用的形态。它有单晶态、多晶态和非晶态，以及由三者相互组合成的复合态。一般固体都是以多晶态形式存在的，如金属、陶瓷等，它是许多微小单晶的聚合体，即由许多取向不同的晶粒组成；以单晶态存在的物质为单晶体，其结构特点是整个固体中的原子规则有序排列，如单个晶粒；而非晶态物质是短程有序而宏观无序的周期性结构，如玻璃。晶体物质的热学、电学、光学、磁学以及力学等性质与晶体内部原子排列的特点是紧密相关的，所以若改变其原子排列形式，就可使原物质获得新的特性和功能。使其具有更多更大的使用价值，成为新型功能材料。其中单晶化是将多晶体转变为单晶体的方法，目前应用的单晶化工艺主要有焰熔法、引上法、导膜法和梯度法。利用不同的单晶体制备方法可以制备出各种各样的单晶体，如用于太阳能电池的单晶硅、用作集成电路衬底材料的蓝宝石、激光使用的红宝石等，为科技的发展发挥了重要的和特殊的贡献。

三、非晶化与非晶态材料

非晶化的目的是将多晶态物质转变为非晶态物质。非晶态是相对晶态而言的，它是物质的另一种结构形态。晶态与非晶态相比区别在于：在晶态物质（晶体）中的原子排列规则、有序，共有32种基本排列方式，从一个原子位置出发，在各个方向每隔一定距离，一定能找到另一个相同的原子。而在非晶态物质（非晶体）中，原子的排列是混乱的，排列方式也不是32种，是千变万化无章可循。所以非晶态材料区别于晶态材料的基本特征是：非晶态材料中原子排列不具有周期性、非晶态材料属于热力学的亚稳态。因此，非晶态材料也称为无定型材料、无序材料或玻璃材料。

“非晶态”是相对晶态而言的，是物质的另一种结构状态，由于它们往往比同类晶态材料具有更优异的物理和化学性能，因此越来越受到材料科学的青睐和重视。近年来，非晶态材料已成为现代材料科学中广泛研究的十分重要的新领域，也是一类发展迅速的重要的新型材料。目前，非晶态材料包括非晶态金属及合金、非晶态半导体、非晶态超导体、非晶态电介质、非晶态离子导体、非晶态高聚合物以及传统的氧化物玻璃。

非晶态合金被称为“理想新金属”，它的高强度使高强度钢望尘莫及，可用于制作轮胎、传送带、水泥制品及高压管道的增强材料；以及制作各种切削刀具、刀片等。非晶态合金的显微组织均匀，没有位错、层错、晶界等缺陷，使腐蚀液“无隙可钻”，且活性很高，能够在表面迅速形成均匀的钝化膜，或一旦钝化膜局部破裂，也能立即自动修复，使其耐腐蚀性全面胜过不锈钢。因此，可以制造耐腐蚀的管道和设备、电池的电极，可用作海底电缆的屏蔽等。非晶态合金具有磁导率和磁感应强度高、矫顽力高以及损耗低的特性，如铁基—镍基软磁合金的饱和磁感应强度高，可代替配电变压器和电动机中的硅钢片，使变压器本身的电耗降低一半，使电动机的铁损耗降低75%，可节省能量。钴基非晶态合金不仅初始磁导率高、电阻率高；而且磁致伸缩接近于零，是制作磁头的理想材料。而非晶态合金的高硬度、高耐磨性，使其使用寿命较长。非晶态合金可以用作超导材料，可制作精密零件等。

非晶态硅是一种优良的半导体材料，可用于制作太阳能电池、电光摄影器件、光敏传感器、热电动势传感器及薄膜晶体管（TFT）等。非晶态硅在太阳能电池领域应用最广，是太阳能电池理想的材料，光电转换效率已达13%，这种太阳能电池是无污染的特殊能源。与晶态硅太阳能电池相比，它具有制备工艺简单、原材料消耗少、价格比较低等优点。

非晶态硅可由真空蒸发、溅射、辉光放电、化学气相沉积等方法制备。目前主要的制备方法是利用 SiH_4 及 SiF_4 气体辉光放电法。

四、表面改性化材料

表面改性就是对固体物质的表面通过改性剂的物理化学作用或某一种工艺过程，改变其原来表面的性能或功能。在科技发展迅速的当今世界，各领域对性能优异的材料的需求日益增长，这使一些早先未经开发的或被认为是不可能实现的新材料、新用途涌现出来，其中有很多是对原来材料进行表面改性（表面处理）而获得的，特别突出的是通过对粉体的表面改性来制备具有特殊功能的材料。

粉体表面改性后，由于表面性质的变化，其表面晶体结构和官能团、表面能、表面润湿性、电性、表面吸附、分散性和反应特性等一系列的性质都发生变化，从而满足现代新材料、新工艺和新技术发展的需要。

粉体表面改性的方法有很多种，分类的方法也有很多种。根据表面改性剂的类别可分为无机改性、有机改性和复合改性；根据改性方法的不同分为物理方法、化学方法和包覆方法；根据具体工艺的差别分为涂覆法、偶联剂法、煅烧法和水沥滤法等。

五、薄膜化与薄膜材料

薄膜是目前新型材料应用的一种形式。膜材十分广泛，可以是单质、化合物或复合物，也可以是无机物或有机物。薄膜的结构可为非晶态、多晶态或单晶态。薄膜的性能是多种多样的，有磁学性能、催化性能、电性能、超导性能、光学性能、力学性能等。特有的性能使其具有广泛的用途，可应用于化工、电子、医药、冶金、食品、生物技术和环境治理等许多部门。

薄膜制备方法有很多种，除前面提到的溅射法、气相沉积法和辉光放电法等以外，还有薄膜技术在工业上有着广泛的应用，例如，半导体超薄膜层结构材料，已成为当今半导体材料研究的最新课题。从普通的薄膜电阻器、薄膜电容器的介电体层，到大规模集成电路的门电极、绝缘膜、钝化晶体管膜，显示和记录用的透明电膜，光电薄膜的发光层，以及储存信息用的磁盘、光盘、光磁盘等，几乎应有尽有，琳琅满目，为当代电子信息技术的发展和小型化立下了汗马功劳。

六、纤维化与纤维材料

纤维材料是材料学科的一个重要组成部分。光导纤维的问世使信息产业、医学器件等领域发生了“大革命”。随着科学技术的发展，将会涌现出各种各样的具有特殊功能的纤维材料。

纤维一般分为两类，即天然纤维和人工合成纤维，而每一类中又有无机纤维和有机纤维之分。人工合成无机物纤维是后起之秀，如光导纤维中的光纤芯为石英玻璃丝等，它们的特殊功能加速了其他领域的发展，同时也带动了无机材料纤维化的发展。

无机纤维若按晶相来分有单晶、多晶、非晶及多相四种。从形态上来分有单晶纤维、短纤维和连续纤维三类。其中单晶纤维又称晶须，由于它没有晶格缺陷，所以抗张强度很高，且性质不受温度变化的影响，是用作高强度复合材料、补强材料的理想材料；短纤维是品种和用量较多的一种，可用作隔热、隔声、过滤轻质材料等；连续纤维也称长纤维，可与玻璃、陶瓷或金属制成复合材料，用途甚广。

无机纤维作为保温、隔热、隔音、耐火、耐腐蚀的节能材料，始终受到人们的青睐。它不仅具有经济效益，而且还具有社会效益和生态效益。高性能无机纤维主要是指碳纤维、硼纤维、碳化纤维和氧化铝纤维，用于树脂、金和陶瓷基体的增强，它的高比强度和高比模量使复合材料具有比纯金属更佳的物理性能，尤其是碳化纤维和氧化铝纤维的复合材料在军事和空间技术方面起着无可比拟的作用。

无机纤维的制备方法有很多种，在前面介绍到的制备超细粉体、薄膜、非晶态物质等方法多可用于制备无机纤维。

思考与练习

1. 什么叫功能高分子？
2. 功能高分子材料分哪些类型？
3. 医用高分子的特点有哪些？
4. 什么叫染料？其是怎样进行分类的？
5. 染料命名由哪几部分组成？
6. 水处理剂有哪几类？
7. 什么叫催化剂？催化剂的主要性能有哪些？
8. 举出实际使用的无机精细化工材料，说明无机精细化深度加工方法有哪些？

技能链接

催化剂制造工

一、工种定义

操作机械设备、电器、仪表，运用沉淀、浸渍、熔融、混碾等工艺方法，根据工艺技术规程、岗位操作法和作业计划将原料或半成品制成不同用途的催化剂或净化剂。

二、主要职责任务

执行生产技术规程、岗位操作法和安全技术规程，按工艺要求，生产出各种用于有机工业、无机工业符合要求的催化剂以及用于脱硫、脱氧、脱氯、脱水、脱氮等的净化剂。

三、中级催化剂制造工技能要求

（一）工艺操作能力

1. 能按照岗位操作法，完成多岗位的正常操作和开停车。

2. 能对生产运行状况进行分析、判断、调整，使生产工况达到工艺规程要求的产品质量和能源消耗指标，具有达到技术经济指标合理化的能力。

3. 具有对初级工传授技艺的能力。

4. 能参加多岗位的设备检修后的试车验收工作。

（二）应变和事故处理能力

1. 能及时判断出相关岗位生产中出现的不正常情况，正确处理，使生产恢复正常。

2. 能妥善处理着火、爆炸、停电、停汽、停水等紧急事故。

3. 能对中毒、烫伤等事故进行自救和互救。

4. 能担任相关岗位动火、入塔进罐清理和检修的监护人。

5. 能按照有关规定，正确办理各种安全证。能全面、正确地反映或记录所发生的各类大小事故。

（三）设备及仪表使用维护能力

1. 能熟练使用多岗位的设备、仪表，能根据静止设备、传动设备及仪表的不同特点进行维护保养。

2. 能正确判断多岗位的设备故障，指出损坏部位，提出修理内容，参与设备的修理。

（四）工艺计算能力

能进行多岗位的配料、加料量、物料消耗等工艺计算，能根据配料要求，由一种物料算出另外几种物料的加入量，由已知溶液的浓度配成要求的浓度。

（五）识图制图能力

1. 能看懂本产品的设备简图、零件图等，能看懂本产品带控制点的工艺流程图。

2. 能绘制设备示意图。

（六）管理能力

1. 能对多岗位的工艺、质量、设备运行状态进行分析、判断，完成日常工作。

2. 会运用全面质量管理多种方法，进行质量管理。

（七）语言文字领会与表达能力

1. 能识别、理解、运用本产品的技术资料、技术文件、图纸。

2. 能处理例行文字和通报有关情况，能查阅一般资料。

参考文献

1. 姚蒙正. 精细化工产品合成原理. 北京：中国石化出版社，2000

2. 劳动部，化学工业部联合颁发. 中华人民共和国工人技术等级标准（化学工业）. 北京：化学工业出版社，1992

3. 浙江大学，华东理工大学编. 化学工艺学. 北京：高等教育出版社，2001

4. 强信然等编. 最新塑料制品的开发配方与工艺手册. 北京：化学工业出版社，2001

5. 刘曾宁，王光建主编. 消毒剂生产及应用. 北京：化学工业出版社，2003

6. 唐培堃. 精细有机合成化学与工艺学. 天津：天津大学出版社，1997

7. 化学工业出版社组织编写. 化工生产流程图解（增订二版）（下册）. 北京：化学工业出版社，1993

8. 吴指南主编. 基本有机化工工艺学（修订版）. 北京：化学工业出版社，2004

9. 张天胜. 表面活性剂应用技术. 北京：化学工业出版社，2001

10. 周菊兴主编. 合成树脂与塑料工艺. 北京：化学工业出版社，2000

11. 化学工业出版社组织编写. 中国化工产品大全（上卷）（第3版）. 北京：化学工业出版社，2005

12. 现代化工. 现代化工编辑部，2006.1

13. 石万聪，石志博，蒋平平. 增塑剂及其应用. 北京：化学工业出版社，2002

14. 崔克清主编. 化工过程安全工程. 北京：化学工业出版社，2002

15. 陶子斌主编. 丙烯酸生产与应用技术. 北京：化学工业出版社，2007

16. 仓理主编. 涂料工艺. 北京：化学工业出版社，2009

17. 唐冬雁等主编. 化妆品配方设计与制备工艺. 北京：化学工业出版社，2004

18. 王大全主编. 精细化工品生产流程图解. 北京：化学工业出版社，1999

19. 张小华等主编. 有机精细化工生产技术. 北京：化学工业出版社，2008

20. 刘德峥主编. 精细化工生产工艺学. 北京：化学工业出版社，2002

21. 宋小平主编. 精细化工品实用生产技术手册. 北京：科学技术文献出版社，2006

22. 刘志皋. 食品添加剂基础. 北京：中国轻工业出版社，2006

23. 周学良. 精细化工产品手册. 北京：化学工业出版社，2002

24. 李和平. 精细化工工艺学. 北京：科学出版社，1997

25. 冷士良. 精细化工实验技术. 北京：化学工业出版社，2008

26. 李浙齐. 精细化工实验. 北京：国防工业出版社，2009

27. 张友兰. 有机精细化学品合成及应用实验. 北京：化学工业出版社，2005